21世纪本科院校土木建筑类创新型应用人才培养规划教材

土木工程概论

主　编　邓友生

副主编　吕小彪　胡军安

参　编　白应华

主　审　赵明华

北京大学出版社
PEKING UNIVERSITY PRESS

内 容 简 介

本书主要针对土木工程专业所设置的“土木工程概论”课程而编写，该课程设置的目的是帮助土木工程专业及其相关专业学生进行专业方向选择。本书的主要内容有城市规划与建筑设计、土木工程材料、地基与基础工程、建筑工程、交通土建工程、桥梁工程、港口工程、地下工程、水利水电工程、市政工程与建筑环境、土木工程防灾与加固及改造工程、土木工程建设管理、房地产与物业管理、现代土木工程与计算机技术等。

本书可供普通高等学校土木工程专业学生使用，也可供非土木工程专业的学生选用，还可供土木工程科研人员、技术人员和业余爱好者参考。

图书在版编目(CIP)数据

土木工程概论/邓友生主编. —北京：北京大学出版社，2012.7
(21世纪本科院校土木建筑类创新型应用人才培养规划教材)
ISBN 978-7-301-20651-5

Ⅰ. ①土… Ⅱ. ①邓… Ⅲ. ①土木工程—高等学校—教材 Ⅳ. ①TU

中国版本图书馆CIP数据核字(2012)第095901号

书　　　名：土木工程概论
著作责任者：邓友生　主编
策 划 编 辑：卢　东　吴　迪
责 任 编 辑：卢　东　林章波
标 准 书 号：ISBN 978-7-301-20651-5/TU·0238
出　版　者：北京大学出版社
地　　　址：北京市海淀区成府路205号　100871
网　　　址：http://www.pup.cn　http://www.pup6.cn
电　　　话：邮购部010-62752015　发行部010-62750672　编辑部010-62750667
电 子 邮 箱：编辑部pup6@pup.cn　总编室zpup@pup.cn
印　刷　者：北京虎彩文化传播有限公司
发　行　者：北京大学出版社
经　销　者：新华书店
787毫米×1092毫米　16开本　17.25印张　393千字
2012年7月第1版　2024年9月第11次印刷
定　　　价：34.00元

前　　言

土木工程概论是一门综合概括土木工程领域中主要涉及的基础学科与专业学科的引导启发性的课程，主要针对高校土木工程专业学生开设，非土木工程专业可在大学任一学期开设该课程。

本书具有以下特点。

(1) 涵盖学科专业面广。

本书全面介绍了土木工程的各个学科的知识内容：城市规划与建筑设计、土木工程材料、地基与基础工程、建筑工程、交通土建工程、桥梁工程、港口工程、地下工程、水利水电工程、市政工程与建筑环境、土木工程防灾与加固及改造工程、土木工程建设管理、房地产与物业管理、现代土木工程与计算机技术。

(2) 紧密跟踪学科前沿。

本书与时俱进，将土木工程中一些新型结构和工程及前沿研究成果编入其中，如智能混凝土、结构健康监测、建筑物平移、智能建筑、高速公路生态护坡、深水超长大直径群桩基础等，反映了土木工程的一些最新研究成果。

(3) 科普知识趣味性强。

本书在每章的前面和后面都分别附有饶有兴趣的"引例"和耐人寻味的"阅读材料"。这些内容都是经过编者多年积累精心筛选提炼的，有的引发读者的思考，有的激发读者的阅读兴趣，有的扩充读者的科普知识。因此，本书不仅适合土木工程专业人员使用，也适合非土木工程专业的人员使用。

土木工程的建设首先都要涉及用地，尤其是随着中国城市化的快速推进，城市建设用地更需要科学规划，合理布局，以免大拆大建，因此，本书将"城市规划与建筑设计"纳入其中。

本书由湖北工业大学邓友生教授组织编写，具体章节分工如下：邓友生编写第 1、3、6、7、8、9、10、11、12、13、14、15 章，第 4 章的第 1 节及第 5 章的第 2、4、5 节；湖北工业大学吕小彪编写第 2 章；湖北工业大学胡军安编写第 4 章第 2、3 节；湖北工业大学白应华编写第 5 章第 1、3 节；各章的引例(第 2 章除外)和全部阅读材料均由邓友生撰写。全书由邓友生统稿并修改；湖南大学赵明华教授审阅了全书，并提出了一些学科专业合理化分类建议；郑建强对大部分章节进行了小结，并提炼了思考题。

最后，感谢湖北工业大学土木工程与建筑学院的肖本林教授、中铁大桥局集团的时一波高级工程师和刘荣高级工程师，他们为本书的编写提供了一些宝贵素材。

由于编者学识有限，书中疏漏之处在所难免，恳请来函斧正(邮箱：dengys2009@126.com)。

邓友生

2012 年 2 月　武汉

目　　录

第1章 绪 论

教学目标

本章主要讲述土木工程的含义、类型、历史及其未来发展。通过本章学习，应达到以下目标。

(1) 掌握土木工程的定义。

(2) 熟悉土木工程的类型。

(3) 了解土木工程的历史及发展趋势。

教学要求

知识要点	能力要求	相关知识
土木工程的含义	(1) 理解国内土木工程的概念 (2) 理解国外对土木工程的定义	(1) 土木工程在日常生活中的作用 (2) 土木工程的起源
土木工程的类型	熟悉土木工程所包含的工程类型	各类土木工程的特点
土木工程的发展	(1) 了解土木工程发展的3个阶段及各时期土木工程的对应特点 (2) 了解未来土木工程的发展趋势	(1) 各时期典型土木工程 (2) 未来土木工程的发展方向

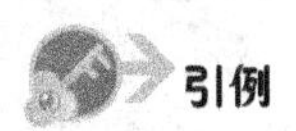

基本概念

土木工程、建筑工程、公路与城市道路工程、铁道工程、机场工程、隧道工程、桥梁工程、港口工程、地下工程、水利水电工程、给水排水工程。

引例

谁设计了天安门

天安门以其造型优美和气势恢弘而享誉全球。究竟是谁设计了这座永垂史册的经典建筑呢？随着若干珍贵史料的发掘和公开，人们开始了解天安门的设计者——蒯祥。

蒯祥(1398—1481)是苏州吴县香山人。明朝建立后，朱元璋征召工匠建造南京都城，蒯祥少年时就加入了建造行列。明成祖朱棣继位后，迁都北京。1417年，蒯祥被召到北京，这时蒯祥年富力强，被任命为“营缮所丞”，即现在的设计师和施工员。蒯祥按照南京的“奉天”、“华盖”、“谨身”三殿建造，在午门前设端门，端门前设承天门。当时的承天门就是现在的天安门。

蒯祥设计技艺高超，受到皇帝的赞赏，后来提升为工部侍郎。1440 年，他受命建造乾清、坤宁二宫及重建外朝三大殿的工程，还负责建造英宗朱祁镇的陵墓。1465 年，蒯祥参加承天门的第二次建造工程，此时他已年过花甲，但仍一丝不苟。明宪宗朱见深称他为"蒯鲁班"。1651 年，清顺治帝爱新觉罗·福临将承天门改名为天安门后，沿用至今。

1.1 土木工程的含义

《辞海》对"土木工程"的定义："建造各类工程设施的科学技术的统称。既包括所应用的材料、设备、机具和所进行的规划、可行性研究、勘测、设计、施工、管理维修等技术活动；也指工程建设的对象，即建造在地上、地下或水中，直接或间接为人类生活、生产、军事和科学研究等服务的各种工程设施，如房屋、道路、铁路、管道、桥梁、隧道、运河、堤坝、港口、电站、飞机场、海洋平台、电视塔、给水和排水、集中供热和供燃气及防护工程等。"

"土木"在中国是一个古老的术语，意指建筑房屋等的工事，如把大量建造房屋称为大兴土木。古代建房主要依靠泥土和木料，故称土木工程。在国外"土木工程"一词是 1750 年设计建造艾德斯通灯塔的英国人 J. 斯米顿首先引用的，意即民用工程，以区别于当时的军事工程。1828 年，伦敦土木工程师学会对土木工程定义如下：Civil Engineering 是利用伟大的自然资源为人类造福的艺术。此定义与中国"土木工程"的含义相近，故译做土木工程。

土木工程与人类生活息息相关。人类生活中的衣、食、住、行均离不开土木工程。其中"住"是与土木工程直接相关的；"行"则需要建造铁道、公路、机场、码头等交通土建设施，与土木工程关系非常紧密；而"食"需要打井取水，筑渠灌溉，建水库蓄水，建粮食加工厂、粮仓等；而"衣"需要的纺纱、织布、制衣，也必须在工厂内进行，也都离不开土木工程。

1.2 土木工程的类型

土木工程是工程学科之一，也是一门古老的学科。随着近现代工程建设和科学技术的迅猛发展，土木工程逐渐分成一些专门学科，其包含的内容和涉及的范围非常广泛，包括建筑工程、公路与城市道路工程、铁道工程、机场工程、隧道工程、桥梁工程、港口工程、地下工程、水利水电工程、给水排水工程等。

建筑工程就其实体而言又称建筑物，是指人工修建的，供人们进行生活、生产或其他活动的房屋或场所。建筑工程主要是指房屋工程，也包括纪念性建筑、陵墓建筑、园林建筑和建筑小品等。建筑工程是兴建房屋的规划、勘察、设计、施工的总称。人们对建筑物的基本要求是安全、舒适和经济。

公路与城市道路工程、铁道工程、机场工程、隧道工程等属于交通土建工程。城市道路工程影响着一个城市的发展，城市人口居住密集，交通量大。为了缓解城市交通压力，城市交通工程逐渐向三维空间发展(高架桥、地面交通及地下交通系统)。铁道工程是关系国民经济的重要通道，具有其他交通工程不可替代的重要作用；机场工程虽不及公路及铁道工程普遍，但航空运输具有快速、安全和高效率的特点，在交通工程中也不可缺少；隧道工程是跨越大山大河的一种重要形式，较桥梁具有安全和跨越能力大的特点。交通工程是一个国家的国民经济命脉，是经济发展的基础，交通建设在土木工程建设中占有重要的地位。

桥梁工程是土木工程中属于结构工程的一个分支学科。桥梁是交通工程中的关键性枢纽，对于道路的贯通起到关键作用。好的桥梁既是人们通行的工具，又是一件赏心悦目的艺术品。随着经济的发展和科技水平的提高，现代桥梁将向着大规模、大跨度和高安全性的方向发展。

港口工程是水陆交通的交汇点，是重要的基础建设之一。港口规划是国家和地区国民经济发展规划的重要组成部分，港口的建设关系到一个城市的后续发展。

地下工程是指修建在地面以下土层或岩体中的各种类型的地下建筑物或结构。开发地下空间已成为拓展人类生存空间、缓解城市用地紧张的有力途径。现在许多西方国家对地下空间的开发已经达到了相当的规模，中国对地下工程起步较晚，但现已加大力度，并已取得了一定的成绩。

水利水电工程是土木工程的重要组成部分。修建水利水电工程的目的是调节宝贵的水资源，使其能根据需要进行分配，并同时借助水的势能发电，创造巨大的经济效益。中国的江河众多，水利资源丰富，兴建水利水电工程，合理利用水资源，为中国经济建设提供了有力支撑。

给水排水工程指用于用水供给、废水排放和水质改善等工程，简称给排水工程，分给水工程和排水工程两部分。给排水工程是土木工程的一个分支，但它与房屋建筑、铁路、桥梁等工程存在学科特征上的差异。给排水工程的学科特征：①用水文学和水文地质学的原理解决从水体内取水和排水的有关问题；②用水力学原理解决水的输送问题；③用物理、化学和微生物学的原理进行水质处理和检验。因此，物理、化学、水力学、水文学、水文地质学和微生物学是给排水工程的基础学科。

1.3 土木工程的历史

土木工程的发展可以分为 3 个阶段：古代土木工程、近代土木工程和现代土木工程。

1.3.1 古代土木工程

古代土木工程的历史跨度很长，大致从旧石器时代(约公元前 5000 年)到 17 世纪中叶。在这一时期内，人们修建各种设施主要依靠经验，没有设计理论指导，所运用的材料也大多取之于自然，如石块、草筋、土坯等，大约在公元前 1000 年才采用烧制的砖。这一时期，所用的工具也很简单，只有斧、锤、刀、铲和石夯等手工工具。尽管如此，古人还是以他们卓越的智慧建造了许多具有历史价值的建筑。

1) 建筑工程

在建筑方面，中国古代大多为木结构或砖石结构。公元 1056 年建成的山西朔州市应县木塔(又称佛宫寺释迦塔，见图1.1)，高67.3m，共9层，横截面呈八角形，底层直径达30.27m。该塔经历了多次大地震，历时近千年仍巍然耸立，足以证明中国古代木结构的高超技艺。该塔也是世界上现存的最高的木结构。其他木结构如北京故宫、天坛等均是历史悠久的优秀建筑。中国古代的砖石结构建筑物也拥有伟大成就，其中最著名的当数世界七大奇迹之一的万里长城(见图1.2)，东起山海关，西至嘉峪关，全长7000余千米，是世界上工程量浩大的工程之一。

图1.1 应县木塔

图1.2 万里长城

西方遗留下来的宏伟建筑(或建筑遗址、遗迹)大多数是砖石结构。例如，埃及的金字塔(见图1.3)，建于公元前2700年～公元前2600年，其中最大的一座是胡夫金字塔，该塔基底呈正方形，每边长230.5m，高约140m，用230余万块巨石砌成；又如，希腊的帕特农神庙、古罗马斗兽场(见图1.4)以及法国巴黎的卢浮宫(见图1.5)等都是古代石结构建筑物的代表作品。

图1.3 埃及金字塔

图1.4 古罗马斗兽场

2) 其他土木工程

古代土木工程在建筑方面取得了巨大成就的同时，其他土木工程(如桥梁、水利等)也取得了重大的成就。

桥梁工程方面，如中国河北省赵县赵州桥(见图1.6)，建于1400多年前，为单孔圆弧弓形石拱桥，全长50.82m，桥面宽10m，单孔跨度37.02m，矢高7.23m，用28条并列的石条拱砌成，拱肩上有4个小拱，既能减轻石桥的自重，又便于泄洪，且显得美观，历经千年仍可正常使用，不愧为世界石拱桥的杰作。

图1.5 巴黎卢浮宫

图1.6 赵州桥

水利工程方面较著名的有中国的都江堰工程，它修建于公元前3世纪中叶，由当时的蜀太守李冰父子主持修建，建成后使成都平原成为“沃野千里”的天府之国。该工程被誉为世界上最早的综合型大型水利工程。其他著名的水利工程还有郑国渠和京杭大运河等。

1.3.2 近代土木工程

近代土木工程是指从17世纪中叶至20世纪中叶这段历史时期。这一时期总共近300年，伴随着力学理论和新材料在这期间的发展，土木工程在各方面都取得了飞跃式的进步。

在力学理论方面，1638年意大利学者伽利略发表了“关于两门新科学的对话”，首次用公式表达了梁的设计理论。随后，在1687年牛顿总结出力学三大定律，为土木工程奠定了力学分析的基础。1825年法国的维纳在材料力学、弹性力学和材料强度理论的基础上，建立了土木工程中结构设计的容许应力法。

在材料方面，1824年英国人J. 阿斯普丁发明了波特兰水泥。1856年转炉炼钢法的成功使得钢材得以大量生产并应用于房屋、桥梁的建筑中。1867年钢筋混凝土开始应用，1930年预应力混凝土开始广泛应用于土木工程。混凝土及钢材的推广应用，使得土木工程师可以运用这些材料建造更为复杂的工程设施。在近代及现代建筑中，高耸、大跨、巨型、复杂的工程结构，绝大多数应用了钢结构或钢筋混凝土结构。

在这一时期内，土木工程施工也因其他产业(如施工机械等)的发展而取得了较大进步，这也为快速高效地建设土木工程创造了条件。

在这300年间，特别是在钢筋混凝土得到广泛应用后，世界各地建设了一大批具有划时代意义的土木工程。

1825年，英国修建了世界上第一条长21km的铁路；1863年，伦敦修建了世界上第一条地下铁道；1875年，法国修建了一座长达16m的钢筋混凝土桥梁；1889年，法国建成了高达300m的埃菲尔铁塔(见图1.7)，该塔总重8500t，现在已成为了巴黎乃至法国的标志性建筑；1890年，英国在爱丁堡附近修建了福斯桥，该桥主跨达到521m；1931年美国纽约建成102层的帝国大厦，378m高的钢骨架总重超过50000t，这一建筑高度保持世界纪录长达40年；1936年美国旧金山建成了金门大桥，该桥主跨1280m，是世界上第一座主跨超过1000m的桥梁。

在这一时期，我国由于近代历史原因，土木工程的发展长期处于落后状态。直到洋务运动后，我国才开始学习西方现代技术，并建造了一批有影响力的土木工程。例如，1909年詹天佑主持修建的京张铁路，全长200km。京张铁路的建成在我国近代土木工程史上具有重要的历史意义；1934年上海建成了24层的国际饭店；1937年，茅以升主持建造了钱塘江大桥(见图1.8)，它是公路、铁路两用的双层钢结构桥，是我国近代土木工程的优秀成果。

图1.7　巴黎埃菲尔铁塔

图1.8　钱塘江大桥

1.3.3　现代土木工程

现代土木工程的时间跨度是20世纪中叶的第二次世界大战(以下简称“二战”)结束后至今的这段时期。在这段时间内，战后各国经济迅速复苏，科学技术得到飞速发展，现代土木工程以此为依托，进入了繁荣发展时期。这一时期中的土木工程具有如下特点。

(1) 工程功能多样化。现代的土木工程不仅仅要求“徒有四壁”、“风雨不侵”的房屋骨架，而且要求具有舒适、智能、环保等功能。

(2) 基础设施建设立体化。随着现代城市经济和人口的增长，城市用地越来越紧张，为了缓解这一矛盾，迫使房屋建筑向高层化、城市交通向立体化发展。这也使得大城市中出现了大量高楼和地铁及立交桥。

(3) 交通运输高速化。由于市场经济的繁荣，运输系统朝着快速、高效的方向发展。高速公路、高速铁路和航空运输得到了快速发展。

(4) 工程材料轻质高强化。现代土木工程中的新型材料不断出现，为土木工程的进一步发展提供了条件。新型工程材料具有轻质、高强、多功能的特点。

(5) 施工过程机械化。各种先进的施工机械及施工方法，为现代化的大规模土木工程的建设提供了有利条件，使得土木工程的建设可以大型化、快速化。

(6) 设计理论精确化、科学化。设计理论的分析由线性到非线性，由平面到空间，由静态到动态，由数值分析到精确的模拟分析，这些都使得现代土木工程的设计更加科学化。现代土木工程中优秀的建设实例不胜枚举，下面仅介绍建筑、桥梁隧道以及其他土木工程中的一些典型工程。

建筑方面，美国的高层建筑数量最多，其中高度在200m以上的就有100余幢。许多发展中国家在经济起飞过程中也争相建造高层建筑。近20年以来，中国、马来西亚、新加坡等国家的高层建筑得到了迅猛发展。目前，世界第一高楼为阿联酋的哈利法塔(见图1.9)，共160层，高828m，总耗资达80亿美元，该楼已于2010年建成完工。其他的还有中国台北101大厦，高508m，居世界第二；上海环球金融中心大厦，(见图1.10)高492m，居世界第三；马来西亚的石油双塔大厦高452m，居世界第四；美国芝加哥的西尔斯大厦高443m，居世界第五。

图1.9 阿联哈利法塔

图1.10 上海环球金融中心大厦

桥梁方面，无论在形式还是在跨度上都有较大的突破。首先，在二战之后出现了一种新型桥梁形式——斜拉桥，这种桥梁形式具有优越的性能，在中大型跨度的桥梁中具有较强的竞争力，目前世界上跨度最大的斜拉桥为中国的苏通长江公路大桥（以下简称“苏通大桥”），其主跨达到1088m。其次，其他桥型的跨度也都有较大的提高，如悬索桥，从金门大桥的1280m到日本明石海峡大桥(见图1.11)的1991m，主跨提高超过700m。隧道方面，得益于施工机械的发展，隧道在近40年内取得了较大的突破。目前世界上最长的山区隧道为瑞士勒奇山隧道，总长 33.8km。最长的海底隧道为 1985 年建成的日本青函海底隧道，隧道总长 53.8km。

在其他土木工程方面，世界各国也都取得了较大的发展，如我国的三峡水电站(见图 1.12)，其总装机容量达 1.82×10^7kW，居世界第一。

图 1.11　日本明石海峡大桥

图 1.12　三峡水电站

1.3.4　土木工程的展望

土木工程是一门古老的学科，迄今为止已取得了巨大的成就。现在世界正处于经济社会的高速发展期，土木工程拥有良好的发展机遇。信息化的进一步发展、人类人口与资源的矛盾等问题，使得土木工程将在今后相当长的一段时间得以继续发展。

1）重大工程项目将陆续兴建

为了解决城市土地供求矛盾，城市建设将向高层建筑和地下工程方向发展。例如，日本竹中工务店技术研究所提出了一个摩天城市的方案，底座为 400m×400m，地下深 60m，地上高 1000m，总建筑面积 8×10^6 m^2，可居住 3 万～4 万人。在中国除了修建标志性的大厦以外，还要大量修建商品房。目前我国城市人口人均住宅面积在 10m^2 左右，而发达国家多在 20m^2 以上。考虑到我国人口基数巨大，加上城市化进程加速，住宅的需求量仍然很大，这也为土木工程师们提供了广阔的就业机会和施展才能的舞台。

在公路和铁路交通方面，今后在我国乃至世界上仍有很大的发展空间。我国在道路长期规划中的国道主干线系统有“五纵”、“七横”，这些干线贯通了首都、直辖市和各省市自治区的省会或首府，连接了人口 100 万的大城市和人口 50 万以上的多数城市。这个系统还有完善的安全保障、通信和综合服务系统，为各城市间提供了快速、直达、舒适的运输系统。在铁路建设方面，高速铁路的建设在全国范围内展开，我国现已建成的高速铁路 8000km，预计到 2020 年我国还准备将高铁线路总里程扩建至 1.6×10^4 km。普通铁道中，江苏北部到福建的南北铁路、四川内江到昆明、西安到南京的铁路线均在建设之中。此外，从昆明经缅甸、孟加拉国到印度的铁路，从缅甸经马来西亚到新加坡的国际铁道也正在讨论研究，这些都为将来土木工程的发展提供了良好的契机。

2) 工程材料向轻质、高强、多功能化发展

(1) 传统材料的性能改善及品种增加。常用砌体材料的发展方向是努力改善其传统性能，如提高强度、增加延性、改进形状和模数大小、改善孔型、增加空洞率、减轻自重等。混凝土材料应用很广且耐久性好，但其抗拉性能差、韧性小、自重大、易开裂。为此需要改善这些不良性能，如在混凝土中加入微型纤维可在一定程度上改善其韧性等。在强度方面，目前常用的混凝土强度可达C50～C60(强度为50～60MPa)，特殊工程可达C80～C100，今后将会有C400的混凝土出现，而常用的混凝土可达C100。

(2) 化学合成高分子材料的广泛应用。目前，化学合成材料主要用于门窗、管材、装饰材料，今后的发展方向：一是扩展用于大面积围护材料及结构骨架材料；二是改善建筑制品的性能，包括保温、隔热、隔声、耐高温、耐高压、耐磨、耐火等新的需求；三是在深入研究、开发其受力和变形的性能后广泛用于抗力结构，国外已有经聚合物处理的碳纤维钢筋和碳纤维钢绞线，可用于混凝土结构。

3) 计算机及信息技术的利用

计算机及信息技术的发展使得工程技术人员对土木工程的设计与计算变得更加精确和高效。在19世纪与20世纪，力学分析的基本原理和有关微分方程已经建立，用其指导土木工程设计也取得了巨大成功。但是由于土木工程结构的复杂性和人类计算能力的局限性，人们对工程的设计计算还比较粗糙，有一些还主要依靠经验。计算机的快速计算能力及现代化的数值模拟技术，为大规模土木工程的精确计算分析提供了有力的计算保障。

复杂结构的大体积混凝土块在受到较大外力作用下，其整体受力特性极其复杂，如水电站大坝、核电站、大型桥梁等，用数值法分析它们的应力分布，其方程组可达几十万甚至上百万个，用传统的手算方法显然难以实现，计算机的出现使之得以解决。同时计算机辅助设计、计算机辅助制图等软件的出现也使得设计由手工走向自动化。另外还有现在的大型仿真模拟软件，可以在计算机上模拟原型大小的工程结构在灾害荷载作用下从变形到倒塌的全过程，从而揭示结构不安全的部位和因素。用此技术指导设计可大大提高工程结构的可靠性。

信息技术的发展则使得现代土木工程更加智能化、自动化。例如，土木工程施工的信息化，对工期、人力、材料、机械、资金、进度等信息进行收集、存储、处理和交流，并加以科学地综合利用，为施工管理及时准确地提供决策依据。信息化施工可大幅度提高施工效率和保证工程质量，减少工程事故，有效控制安全、可靠、高效。

4) 土木工程将向太空、海洋、荒漠开拓

地球表面只有约30%的面积为陆地，而这其中又有大约1/3为沙漠或荒漠地区。随着地球上人口的不断增长，资源枯竭，随之带来的人类的生存问题已迫在眉睫。因此，人类大力开发海洋、荒漠甚至太空资源已成为一种趋势。

现在世界各国已有许多这类成功案例，如中国澳门机场、日本关西国际机场均修筑了海上的人工岛，在岛上建跑道和候机楼。中国香港大屿山国际机场劈山填海，荷兰Deft围海造城。在中国西北部，利用兴修水利、种植固沙植物、改良土壤等方法，使一些沙漠变成了绿洲。这些都是成功的造福人类的宏大工程。在外太空，从人类已有的探测资料显示，外太空星球上拥有丰富的资源，有些星球甚至有可能适宜人类居住，届时移民外太空将成为可能，这也将很大程度上扩大人类的生存空间。

5）土木工程的可持续发展

面临人口的增长、生态失衡、环境污染、资源枯竭，人类生存环境恶化问题，在20世纪80年代人们就提出了“可持续发展”这一概念，现在已被广为认可。“可持续发展”是指“既满足当代人的需要，又不对后代人满足其需要的发展构成危害”。例如，一代人过度消耗能源(如石油)以致枯竭，后代人则无法继续发展。这一原则具有远见卓识，我国政府已将“可持续发展”作为基本国策。

我国人口众多，可利用开发的资源有限，多数自然资源的人均占有率处于世界平均水平以下。改革开放后，我国经济取得了飞速的发展，但在发展过程中，许多地方在建设中忽视了对环境的保护，没有对工程进行环境评估，生态环境也遭到较大的破坏。工程建设对资源的利用也较粗放，一些不合理的规划对资源造成了一定的浪费。发展可持续的土木工程，降低工程的能耗，合理利用有限资源，重视环境保护，对我国经济和社会的可持续发展具有重大意义。

本章小结

通过本章的学习，可以加深对土木工程的含义、类型、发展历史及其未来的发展趋势的认识，建立对土木工程的学习兴趣，明确土木工作者的责任。

土木工程与人类的衣食住行密切相关，凝聚着广大劳动者的智慧与汗水。土木工程以科学技术为依托，以其他学科发展和新材料的发明为契机，以社会需求为动力，取得了巨大的发展。在历史的长河中，出现了不少的经典建筑，它们是人类发展史中“凝固的音符”，更推动着历史的发展。未来的土木工程将向着材料新型化、信息化、学科综合化、可持续发展化的方向发展。

通过对土木工程的学习，可以加强对土木工程重要性的认识，明确学习目的，形成个人责任意识。

思考题

1-1　什么是土木工程？土木工程对人们生活有何重要意义？

1-2　简述土木工程所包含的工程类型，并结合生活各举一个工程实例。

1-3　简述土木工程的发展历史。

阅读材料

建筑是凝动的音乐——亭、塔、楼、阁

1）亭

亭，在古时候是供行人休息的地方。“亭者，停也。人所停集也。”(《释名》)亭的历

史十分悠久，但古代最早的亭并不是供观赏用的建筑，如周代的亭，是设在边防要塞的小堡垒。到了秦汉时期，亭的建筑扩大到各地，秦时十里设一亭，这时候的亭有围墙，有住所，行旅可以停留食宿，属驿道上的驿站。魏晋南北朝时，亭不仅作为供人旅途歇息的场所，同时也开始作为景点建筑出现在园林中。

亭是我国园林中最富魅力的建筑。亭或伫立于山冈，或依建筑之旁，或临水塘之畔，以其玲珑美丽、丰富多彩的形象，成为风景之魂。园林中的亭一般有顶无墙，供人小憩、避雨、观景，其形状千姿百态。《园冶》中说，亭“造式无定，自三角、四角、五角、梅花、六角、横圭、八角到十字，随意合宜则制，惟地图可略式也”。例如，杭州三潭印月的三角亭是三角亭，苏州拙政园的绿漪亭是四角亭，北京颐和园的荟亭为六角亭等。在整体构造上有的亭子轻巧简练，有的亭子沉重朴实，有的亭子青瓦素木、轻盈淡雅，有的亭子彩屋多瓦、富丽堂皇。

古往今来，我国所建造的亭子不计其数，其中大多数随着时代的变迁而坍塌湮灭，但也有许多著名的亭子因为其所包含的历史文化意义而流传久远。例如，绍兴兰亭(见图1.13)，相传为著名书法家王羲之当年所作《兰亭集序》之地；安徽醉翁亭(见图1.14)，因欧阳修的《醉翁亭记》而闻名，其初建于北宋年间，距今已有900多年的历史；北京陶然亭，以唐代诗人白居易的诗句“更待菊黄家酿熟，与君一醉一陶然”而命名，其建于清康熙年间。

图1.13 兰亭

图1.14 醉翁亭

2) 塔

塔是一种非常独特的东方建筑，在东方文化中，塔的意义不仅仅局限于建筑学层面。塔承载了东方的历史、宗教、美学、哲学等诸多文化元素，是探索和了解东方文明的重要载体。塔起初伴随着佛教的传入而出现，后来塔在中国化的过程中也为道家所用；另一方面，塔也逐渐脱离了宗教而走向世俗，衍生出观景塔、水风塔、文昌塔等不同功能的塔。

我国现存塔2000多座。塔的种类繁多，有方塔、圆塔、六角形塔、八角形塔、三十七重塔、十七重塔、十五重塔、十三重塔、九重塔、七重塔、五重塔、三重塔等。塔的材质也多种多样，有土塔、木塔、砖塔、石塔、琉璃塔、铁塔以及通过不同材料混合建造的塔。

我国最早的造塔记载可以追溯到三国时期，其后经过南北朝、隋唐、宋辽、元、明清的历朝发展，塔的形式、风格不断丰富，各朝也都留下了许多具有代表性的塔建筑。例如，河南登封嵩岳寺塔，是我国现存最早的砖塔，建于北魏孝明帝正光元年(公元520年)，距今已有1470年的历史。云南大理千寻塔(见图1.15)，高69.13米，是座方形密檐式的砖塔，共有16层，为唐代典型的塔式之一。公元1055年建成的河北定县料敌塔，11层筒体结构，高84.2m，是我国现存最高的古塔(见图1.16)。

图1.15　千寻塔

图1.16　料敌塔

3) 楼

楼是指两层或两层以上的房屋。楼在我国自古有之，楼除了供一般的居住用之外，还有登高观景用的观景楼，战时防御用的城楼、角楼、箭楼，传号议事用的钟楼、鼓楼。

观景楼是最常见的楼之一，它一般修建于山水园林之内，或江河湖泊之畔，或山巅峰峦之上，是人们用于登临望远的建筑物。我国古代留存的著名观景楼较多，例如，岳阳洞庭湖畔的岳阳楼(见图1.17)、武汉长江之滨的黄鹤楼(见图1.18)、具有天下第一长联的大观楼(见图1.19)。

图1.17　岳阳楼

大观楼长联是乾隆年间名士孙髯翁登大观楼有感而作。全联如下：五百里滇池，奔来眼底，披襟岸帻，喜茫茫空阔无边。看：东骧神骏，西翥灵仪，北走蜿蜒，南翔缟素。高人韵士何妨选胜登临。

图 1.18 黄鹤楼

图 1.19 大观楼

趁蟹屿螺洲，梳裹就风鬟雾鬓；更苹天苇地，点缀些翠羽丹霞，莫孤负：四围香稻，万顷晴沙，九夏芙蓉，三春杨柳。数千年往事注到心头，把酒凌虚，叹滚滚英雄谁在？想：汉习楼船，唐标铁柱，宋挥玉斧，元跨革囊。伟烈丰功费尽移山心力。尽珠帘画栋，卷不及暮雨朝云；便断碣残碑，都付与苍烟落照。只赢得：几杵疏钟，半江渔火，两行秋雁，一枕清霜。

另外，在楼“家族”中较常见的还有修建于城墙之上的城楼。这些楼主要用于军事防御之用，在我国古城墙保存较好的一些城市(如西安、北京等)和长城上，这种类型的城楼现存较多，如“天下第一关”的山海关城楼(见图 1.20)。

图 1.20 山海关城楼

钟鼓楼，主要建于城中，作为普通市民的议事之所，目前在北京、西安等地保存较好；藏书用的藏经楼，则在北京、南京、苏杭等地较多。

4) 阁

阁主要用于远眺、游憩、供佛和藏书之用。我国现存的古阁数以百计，在建筑形式上也多种多样，有方形、八角形、圆形等，在结构形式上有木结构的，也有砖石发券结构的。

阁是登高赏景、点缀园林的主要建筑。例如，江西南昌赣江之滨的滕王阁(见图 1.21)，王勃在《滕王阁序》一文中道尽了滕王阁的美丽风景。“海上有仙山，山在虚无缥缈间”的山东烟台蓬莱阁(见图 1.22)与岳阳楼、黄鹤楼、滕王阁齐名，并称“中国四大名楼”。还有天津蓟县城内的独乐寺观音阁，总高 22.5m，是我国现存最早的一座木构阁。颐和园万寿山中的佛香阁，高 41m，是我国现存最高的古阁。

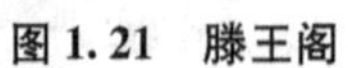

图 1.21　滕王阁

图 1.22　蓬莱阁

除了作为观景、供佛之用外，阁还随着社会的发展逐渐成为收藏珍贵书画和经书的地方。建于明朝嘉庆年间的宁波天一阁，是我国现存最早的藏书阁。

第2章 城市规划与建筑设计

教学目标

本章主要讲述城市规划与建筑设计的基本理论和方法。通过本章学习，应达到以下目标。

(1) 掌握城市形成和发展的基本特征。

(2) 熟悉城市化的基本特征和发展规律。

(3) 熟悉城市规划的基本体系和主要工作内容。

(4) 掌握建筑的基本构成要素，理解建筑设计的流程和方法。

教学要求

知识要点	能力要求	相关知识
城市的形成和发展	理解城市的形成和发展的一般历史过程和规律	城市形成的历史过程和城市发展的阶段特征
城市化	(1) 掌握城市化水平的度量指标 (2) 理解城市化的进程与特点	(1) 城市化的概念 (2) 城市化的意义
城市规划的基本概念	(1) 了解城市规划的授权和作用 (2) 理解城市规划体系的内容 (3) 了解城市规划与其他相关规划、相关部门的关系	(1) 城市规划的法规体系和编制体系 (2) 城市规划的授权和作用
城市规划的工作内容	(1) 理解城市性质分析与规模预测及城市用地布局规划的内容 (2) 了解城市道路交通规划的内容与城市居住区详细规划和城市工程系统规划的内容	(1) 城市发展战略意义 (2) 城市用地布局规划的意义
城市规划的实施管理	(1) 了解城市规划管理的行政原则 (2) 理解城市规划管理的基本制度	(1) 城市规划管理的基本制度 (2) “一书两证”的具体内容
建筑设计	(1) 了解建筑的基本构成要素和建筑设计的流程和方法 (2) 理解建筑的空间组织和建筑空间构型的基本方法	(1) 人体尺度与人体活动空间 (2) 建筑设计的原则与要求

基本概念

城市、城市化、城市规模、城市规划、城市交通、城市居住区、城市工程系统、建筑设计、建筑空间构型。

引例

何为城市

历史上城市的定义分为两个概念——城和市。

城：防御性的构筑物。“筑城以为君，造郭以为民”(《吕氏春秋》)。市：交易场所。“日中为市，致天下之民，聚天下之货，交易而退，各得其所”(《易经》)。“城市”是有着商业交换和防御职能的居民点。

“城郭”之构：频繁的战争使城市成为兼具统治中心和经济中心双重功能的空间实体。“城”、“郭”相套布局方式，“城”集中了宫殿官署；“郭”是地主、商人、手工业者的居住区、市场、手工业作坊，如图 2.1 所示。

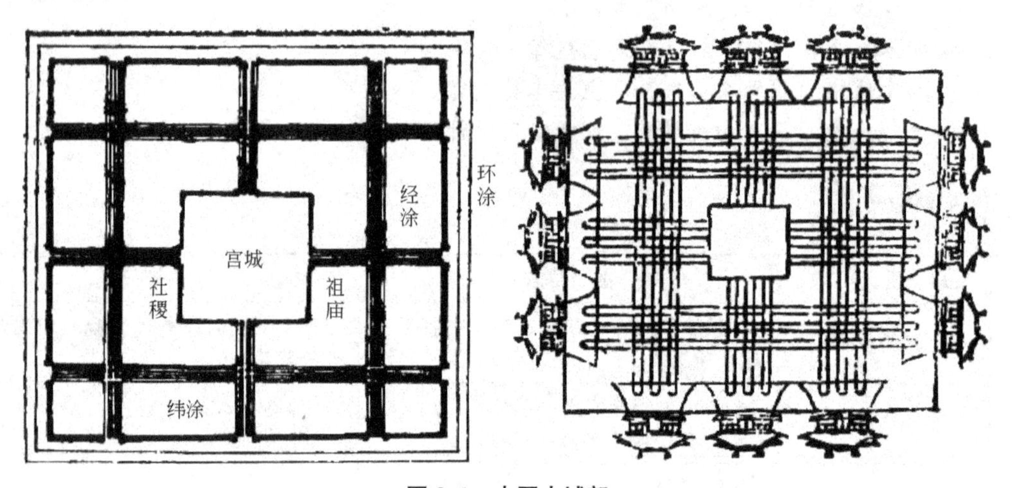

图 2.1　中国古城郭

2.1　城市的形成与发展

2.1.1　城市的形成

城市发展是一个连续的过程。任何一个城市的产生、演变和发展都会明显地打上政治、经济和宗教的烙印。城市作为一种区别于农村的聚落，是在由原始社会向奴隶社会过渡的时期产生的。人类社会大分工是城市产生的根本原因。当人类第一次劳动大分工时，出现了固定的居民点——城市的雏形。随着生产力的不断发展，人类对生产方式的不断改进，特别是商业、手工业从农业中分离出来，城市开始了一个漫长的发展进程，城市的数目在增加，城市的规模在扩大。在这一历史阶段，城市的建设行为受到了生产力的制约，只是建立在农业文明基础上的“数”的积累。近代工业革命使人类摆脱了风力、水力等天然动力的制约，使工业、人口和资本的任意聚集变为可能，城市化的进程大大出乎人们的预料，城市规模出现了前所未有的爆炸式发展。城市在社会、生产力大发展的同时，也面临诸多的城市问题和资源紧缺问题。

1）人类社会第一次劳动大分工与原始聚落的出现

原始社会主要使用石制工具进行劳动，人们过着完全依附于自然的狩猎与采集生活，基本上居无定所，其临时栖居的方式为穴居和巢居。穴居多发生于干燥的高地、山林地区之中，巢居多发生于近水、潮湿地区之中。在原始社会后期，人类在长期的采集劳动实践中，逐步发现了一些植物的生长规律，并摸索到栽培的方法，同时开始使用经过磨光或钻孔加工的工具，从而产生了原始农业。在长期的狩猎劳动实践中，人类发现一些动物是可以驯化成为家畜的，于是开始了原始的畜牧业。历史上将由“采集”和“狩猎”向原始农业和原始畜牧业的演进称为人类社会第一次劳动大分工。

原始农业和畜牧业的出现，使人类能够通过自身的劳动来增加动植物的生产，生活有了保障，人口不断增长，开始出现固定的原始聚落。原始聚落的出现是人类社会第一次劳动大分工的产物。早期的原始聚落多发育于自然资源较为优越的地区，大都靠近河流、湖泊，那里有丰富的水源、肥沃的土地，适宜耕作，宜于居住。中国的黄河中下游、埃及的尼罗河下游、西亚的两河流域(今天的伊拉克地区)，是农业最早发达的地区，在那里最早出现原始聚落。

原始聚落一般选址在近水的二级阶地或者向阳坡地上，便于取水，利于卫生。聚落内建筑成群、成片分部，有一定的功能分区。从已发掘的中国西安半坡村遗址可以看出，原始聚落已有简单的功能分区：在遗址范围内，住宅群位于中心，被河流和壕沟包围；壕沟外围，东部为烧制陶器的窑址，北部为集中的墓葬地(见图 2.2)。

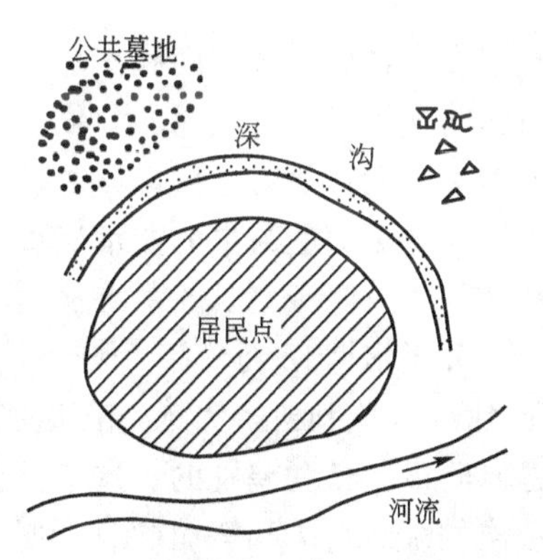

图 2.2 西安半坡村遗址平面图

2）人类第二次社会大分工与城市的出现

当农业生产力的提高产生了剩余产品时，人们需要进行剩余产品的交换，于是产生了私有制、出现了劳动分工。此时，商业和手工业从农牧业中分离出来，商业和手工业的聚集地逐渐发展成为城市。因此，最早的城市是人类社会第二次劳动大分工的产物，出现在从原始社会向奴隶社会的过渡时期。在人类文明的各个发源地，虽然城市产生的年代有先有后，但是城市产生的历史过程是几乎相同的(见图 2.3)。

随着生产力(主要是农业)的发展，出现了生活必需以外的剩余产品和私有财产和社会成员贫富分化的现象。少数氏族成员，特别是首领，利用自身的地位和职能，积累越来越多的财富而成为富人，继而成为奴隶主，同时多数氏族成员则成为穷人，继而沦为奴隶。于是社会分化成为剥削者和被剥削者两大对立阶级，最终导致奴隶制国家的出现。各部落间由于生存资源的争夺而发生频繁的战争，一方面，奴隶主为了保护自身的生命财产安全，开始在其居住地周围筑城防卫，即所谓的“筑城以为君，造郭以为民”(《吕氏春秋》)；另一方面，城郭内也是氏族成员剩余产品交换的最方便场所，《易经》中记载原始居住聚集地的商品交换：“日中为市，致天下之民，聚天下之货，交易而退，各得其所。”

文字、宗教以及礼制等级制度的出现，对城市的产生也起到了重要作用，促使城市成为社会政治、文化的中心。阶级的分化，逐渐形成了以阶层为划分的礼制等级制度，这一

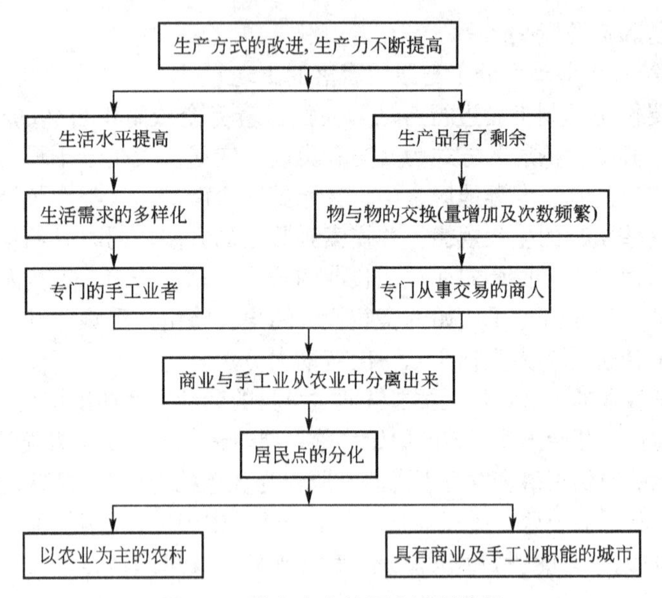

图 2.3　城市产生的历史过程简图

制度成为维护社会秩序和支配社会生活的准则，同时也成为城市空间布局的理论基础。城市的出现促成人类聚落的分化，城市逐渐成为一定地域的政治、经济、文化中心，城市以外聚落逐渐转化为乡村，城乡差别开始形成。

人类历史上最早的城市出现在公元前 4000 年左右的西亚两河流域的苏美尔地区。该地区的第一座城市名叫伊瑞杜(Eridu)，是一个容纳有数千人房屋的城市。到公元前 3500 年，苏美尔拥有 15～20 个城市，如乌尔(Ur)、伊来斯(Erech)等。乌尔城的用地规模达到了 $4km^2$，人口近 5 万人。在这些用城墙包围的城市里，房屋的大小不一，都显示出居民是有阶级和权利差别的。这个社会的金字塔由底层的农民和奴隶，中层的管理者和军人，顶层的统治官员和祭司构成。城中有高大而精致的高台庙宇，并且讲究准确的坐落方位，显示出对庙宇的崇拜(见图 2.4)。从乌尔城遗址可以看出，城市首先是一个宗教圣地，城市又是一个货物集散地、军事堡垒和统治中心。

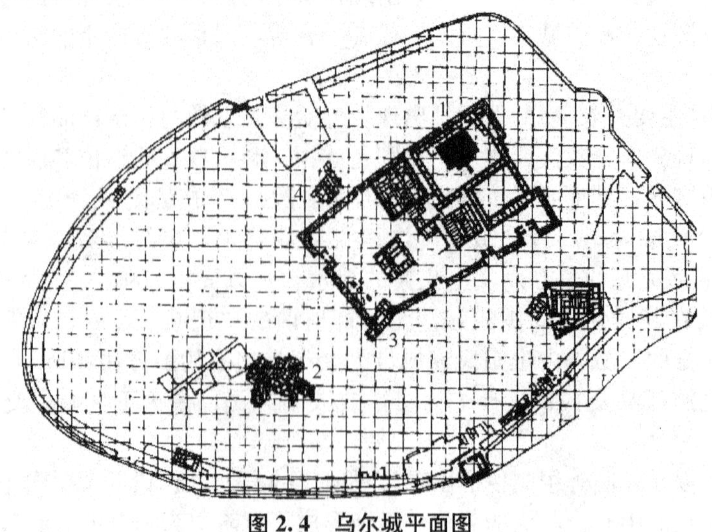

图 2.4　乌尔城平面图

目前所知，中国的城市最早出现在新石器时代的晚期，大约在公元前4000年～公元前2000年，相当于从传说中的黄帝时代，经尧、舜、禹直到夏朝的前期。共发现史前时期的古城50余座。郑州西山城址始建和使用年代约在公元前3300年～公元前2800年；考古工作者在对洛阳偃师二里头遗址的发掘中，发现了一座距今4000余年的大型古代宫城。

2.1.2　城市发展的阶段特征

世界各国城市的发展存在不同的特点，但是，如果将其置于人类文明发展历史进程的大背景中考虑，基本可以判断城市的发展经历了两个不同的阶段：古代城市发展阶段和近现代城市发展阶段，以18世纪末蒸汽机的发明为界。不同的发展阶段对应着人类社会不同的发展时期，并表现出不同的发展特征。

1. 古代城市的发展

古代城市发展的历史时期包括：奴隶社会、封建社会。自从第一个城市诞生以来，至今历经6000余年。在6000余年的城市文明发展史中，人类社会经历了漫长的农业经济时代。在农业社会历史中，尽管出现过相当规模的城市(人口都为100万左右，如中国的唐长安城和西方的古罗马城)，并在城市建设方面留下了十分宝贵的人类文化遗产。由于农业社会的技术水平和生产力低下，且提高缓慢，决定了农业社会的城市发展缓慢，城市数量和规模都极其有限。

对中国古代城市的历史研究表明，奴隶社会和封建社会的重要城市都是具有政治统治作用的都城和州府城市(如唐长安城、明清北京城等)。只是到了封建社会后期的明清时代，在一些交通条件较好的地区开始出现较具规模的以商业和手工业为主要职能的城市(明清扬州城、明清景德镇等)。西方研究成果也同样证实了农业社会的城市发展是非常缓慢的。在1600年，只有1.6%的欧洲人生活在10万以上人口规模的城市；到1700年，相应的数字仅上升到1.9%；到1800年，世界城市总人口数仅为2930万人，只占同期世界总人口的3%。在这些时期，城市发展缓慢，持续时间长；城市结构简单，规模小；城市职能简单，更多的是政治军事职能；城市化水平低。

2. 近现代城市的发展

爆发于18世纪末、以蒸汽机的发明为开端的工业革命，是古代城市向现代城市演进的重要里程碑。18世纪末，煤成为工业的主要能源，铁路替代河道成为运输的主要方式。工业生产所依赖的能源和交通条件发生了根本性变革，为工业企业摆脱原料基地的束缚向城市大规模聚集提供了条件。同时也出现了更多的新兴工业门类。工业向城市的聚集直接导致了城市人口的剧增和城市用地的扩张，城市用地开始由过去的政治军事职能向经济职能转变。工业经济时代只有200余年的历史，城市在这一时期出现了前所未有的爆炸式发展，人口、经济、基础设施等迅速向城市聚集。

工业革命解放了生产力，大规模的机器生产方式引发了人口的聚集，彻底破坏了原有城市的结构关系。资本家唯利是图的本性决定了其在瓜分社会财富时不可能关注城市的发展状况、城市问题，如城市规模的扩大，城市布局的混乱，建筑质量的低劣，贫民窟的蔓延，卫生条件的恶化，疾病、瘟疫的流行变得日益尖锐与复杂，其结果必然是城市整体环境质量和城市运转效率的急剧下降。19世纪末，日益严重的城市问题变成了一个广泛的社会问题，社会各个阶层都对这一问题进行了不同方式的探讨。由于职业性质、社会阅历，特别是对工业革命的看法等方面存在着差异，因此，针对城市问题的解决主张各不相同，形成了城市规划学界各不相同的学术观点、理论思想。这些针对近现代城市问题作出的各种探索和研究，对现代城市规划的理论、实践具有极其深远的影响。

近现代城市的发展经历了3个大的发展阶段：城市绝对集中发展阶段、城市相对分散发展阶段和城市区域协同发展阶段。城市的发展遵循着由“点”及“圈”、由“圈”及“群”的系统发展模式。

1）城市绝对集中发展阶段

工业革命促成人类社会向工业化迈进，在工业化初期，人口从农村向城镇大规模迁移。那些位于交通枢纽的城镇，开始快速扩张，城市人口越来越多，用地规模越来越大，呈由中心向外围圈层扩展的态势。这一时期是城镇发展的“绝对集中”时期。以伦敦城为例，城市人口从1801年的约100万人增加到1844年的约250万人，城区范围从2英里(约3.2km)半径扩展到近3英里(约4.8km)半径。1860年以前的英国城市交通以步行为主；1860年后，英国城市开始发展公共交通，从公共马车到公共电车和公共汽车。1910年，伦敦人口猛增到650万，成为当时欧洲乃至世界最大的城市。城市发展的“绝对集中”时期，城市的集中发展有利于发挥聚集效应和规模经济效应。但是当这种集中发展超过一定规模后，其弊端开始显现，主要表现为所谓的“城市病”：城市交通组织越来越困难，环境污染加剧，人们越来越远离大自然。

2）城市相对分散发展阶段

19世纪末20世纪初，小汽车等机动交通工具的出现将西方城市发展推向新的阶段，人们为了逃避城市病的困扰，纷纷迁居于城市郊区，使得郊区的增长开始超过城区的增长，学术界将这一现象称为“郊区化”。城市，特别是大城市进入相对分散的发展时期。英国伦敦东部郊区，在1890年～1900年，人口增加了3倍之多；伦敦西部郊区人口增加了87%，北部郊区人口增加了55%，南部郊区人口增加了30%。1942年由英国著名规划师阿伯克龙比主持编制了大伦敦规划，即基于通过开发城市远郊地区的卫星城镇，分散中心城区的人口压力。这一模式在二战后纷纷被欧洲各国效仿，进一步推动了城市向郊区的分散发展。美国在1956年～1972年期间的州际高速公路建设计划推动了郊区化进程，1970年美国的城市郊区人口超过了城区人口。

3）城市区域协同发展阶段

20世纪70年代，发达的市场经济国家开始进入后工业社会的成熟期，第三产业的主导地位越来越显著。从农村向城镇的人口迁移已经消失，取而代之的是区域内部从城区到郊区的人口迁移，导致城区人口的下降和郊区人口的上升，这被称为城市人口分布的“绝对分散”趋势。根据发达国家的经验，城镇化水平达到75%～80%以后，城镇化进程趋于稳定，但产业和人口的空间分布趋于在一定区域内的分散和重组。城市开始摆脱自身孤立发展的束缚，向区域内大、中、小城市协同发展的阶段迈进。

城市区域协同发展的典型现象是，在那些经济社会发展基础较好、基础设施完备、交通条件优越的地区，大、中、小城市连绵发展，形成巨型城市群或城市带。这些巨型城市群或城市带对世界经济或一国经济的发展具有举足轻重的影响。西欧和美国是工业化和城市化进程开始最早的地区，城市化水平高，城市数量多，密度大，均以多个城市集聚的形式形成城市群，如英国的伦敦—伯明翰—利物浦—曼彻斯特城市群集中了英国 4 个主要大城市和 10 多个中小城市，是英国产业密集带和经济核心区。美国东北部大西洋沿岸大城市连绵区(Megalopolis)，以波士顿、纽约、费城、巴尔的摩、华盛顿五大城市为中心，大、中、小城镇连绵成片，在长为 600 多千米，宽 100 多千米的地带内形成一个有 5 个大都市和 40 多个中小城市组成的超大型城市群 。

长江三角洲城市群是目前中国城市化水平最高的地区。它跨越上海、浙江、江苏三省(直辖)市，包括上海、南京、苏州、无锡、杭州、宁波等 15 个城市(见图 2.5)。土地面积 9.9 万平方千米。经过多年发展，长江三角洲城市群有了较为合理的产业分工。技术和资本密集型产业留在上海，劳动密集的工业则到苏州、昆山等地区。珠江三角洲城市群包括广州、深圳、珠海、佛山、江门、中山、东莞、惠州等 14 个市县，土地面积 4.1 万平方千米(见图 2.6)。珠江三角洲经过 20 多年的发展，已形成了城市、产业和市场三大集群，进人工业化成熟期，并崛起了深圳、东莞两座 600 万人口以上的特大城市，和珠海、惠州、中山、佛山、江门等 10 座 200 万以上人口的大中城市。

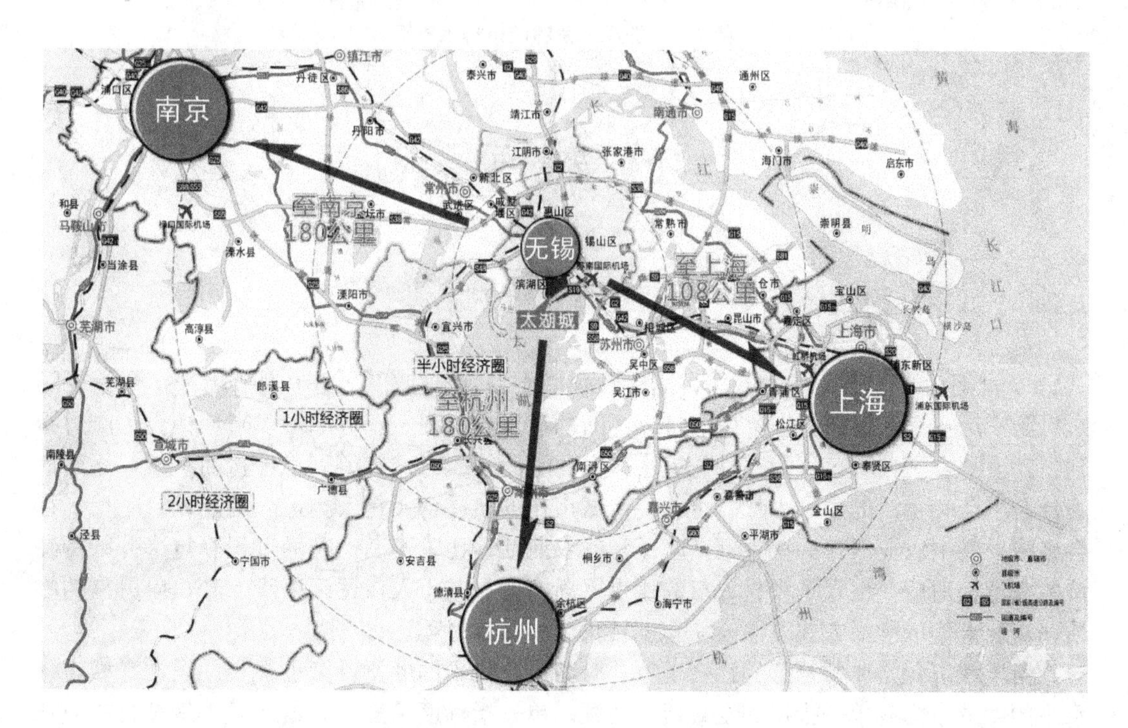

图 2.5　长江三角洲城市群示意图

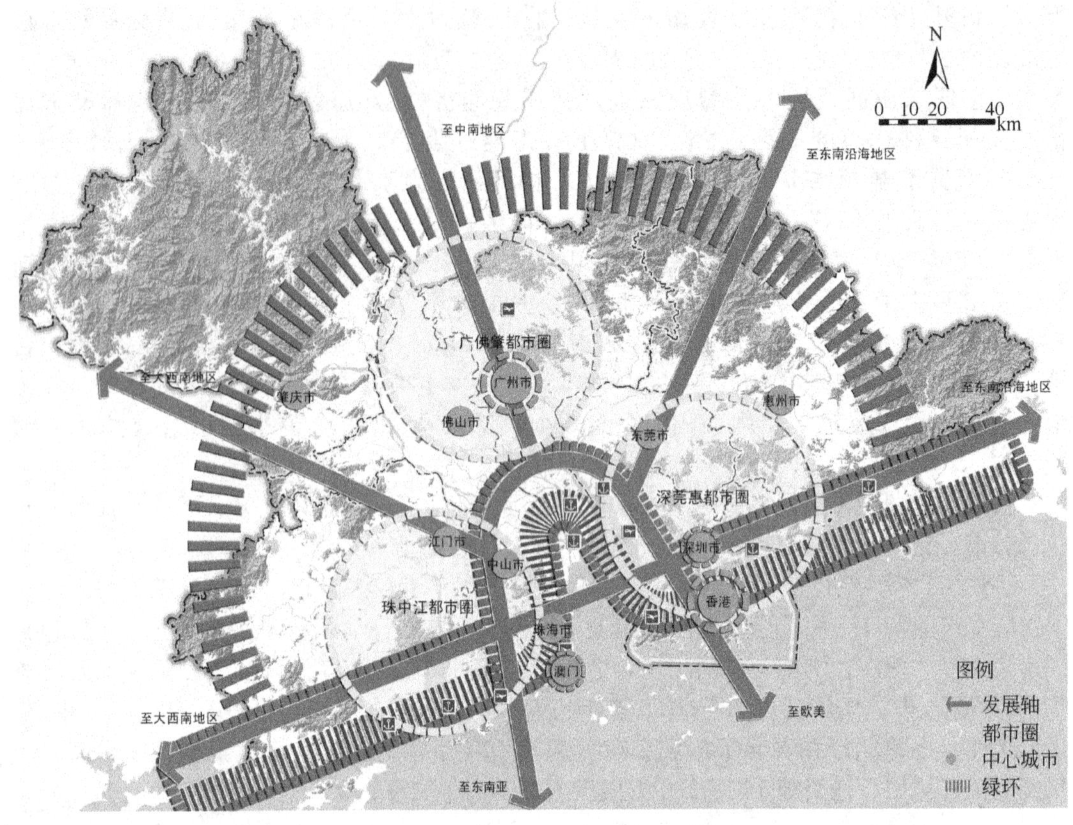

图 2.6　珠江三角洲城市群示意图

2.2 城　市　化

2.2.1　城市化的概念

18 世纪后半叶工业革命开始以后，现代工业从手工业和农业中划分出来，开始了第二、第三产业和人口向城市集中的持续不断的世界性过程。工业革命以来，社会生产力得到了巨大的发展，城市作为这种先进生产力的空间组织形式也得到了迅猛的发展，逐渐成为社会生产和生活的主导力量。可以说，城市化的实质含义是人类进入工业社会时代，社会经济发展中农业活动的比重逐渐降低和非农业活动比重逐渐上升的过程。与这种结构经济的变动相适应，出现了乡村人口的比重逐渐降低，城市人口逐渐稳步上升，居民点的物质面貌和人们的生活方式逐渐向城市型转化或强化的过程。

由于城市化是非常复杂的社会现象，对城市化水平的度量难度也很大。通常对城市化水平的度量指标有单一指标和复合指标两种。单一指标度量法，即通过某一最具有本质意义的且便于统计分析的指标来描述城市化水平。虽然有多个指标在一定程度上都可以反映城市化水平，但能被普遍接受的是人口统计学指标，其中最简明、资料最容易得到的也

是最常用的指标是城镇人口占总人口的比重。它的实质是反映人口在城乡之间的空间分布，具有很高的实用性。计算公式为

$$PU=U/P \tag{2-1}$$

式中，PU——城市化水平；

U——城镇人口；

P——总人口。

城镇人口占总人口的比重作为城市化水平指标的主要缺陷是各国城镇定义标准相差甚远，缺乏可比性。这使得一些地理位置相邻、人口规模相近、经济水平相当的国家，出现了城市化程度的不合理差异。例如，北欧的瑞典、丹麦、冰岛(设市标准为200人)的城市化水平分别为83%、84%和88%；而同时期挪威、芬兰(设市标准为2万人)的城市化水平却只有44%和62%，这显然是因为同期设市标准相差100倍而导致的不真实反映。另外，行政区划的变更和社会政治因素的影响，也会导致城镇人口的突变，造成城市化水平忽高忽低，缺乏连续性。

2.2.2 城市化的进程与特点

1. 城市化的阶段规律

城市化作为世界性现象，其过程有着一般阶段性规律。从世界范围来看，工业革命的浪潮从英国起源，继而席卷欧美乃致全世界。从此，世界从农业社会迈向工业社会，从乡村时代进入城市时代。1979年，美国城市地理学家诺瑟姆在研究了世界各国城市化过程所经历的轨迹后，把一个国家和地区城市化过程分成3个阶段，即城市化水平较低和发展较慢的初期阶段、人口向城市迅速聚集的中期加速阶段和进入高速城市化以后城市人口比重的增加又趋于缓慢甚至停滞的后期阶段。

初期阶段(城镇人口占总人口比重在30%以下)：农村人口占绝对优势，工农业生产力水平较低，工业提供的就业机会有限，农业剩余劳动力释放缓慢。因此，要经过几十年甚至上百年的时间，城镇人口比重才能提高到30%。

中期加速阶段(城镇人口占总人口的比重在30%～70%之间)：由于工业基础已比较雄厚，经济实力明显增强，农业劳动力生产率大大提高，工业吸收大批农业人口，城镇人口比重可在短短的几十年突破50%进而上升到70%。

后期阶段(城镇人口占总人口比重在70%～90%)：农村人口的相对数量和绝对数量已经不大。为了保持社会必需的农业规模，农村人口的转化趋于停止，最后相对稳定在10%左右，城镇人口比重则相对稳定在90%左右的饱和状态。后期的城市化不再主要表现为变农村人口为城镇人口的过程，而是城镇内部的职业构成由第二产业向第三产业的转移。

2. 城市化的动力机制

城市化的发生与发展遵循着共同的规律，即受着农业发展、工业化和第三产业崛起三大力量的推动与吸引。

1) 农业发展是城市化的初始动力

城市化进程的本身就是变落后的乡村社会和自然经济为先进的城市和商品经济的历史

过程。它总是首先在那些农业分工完善、农村经济发达的地区兴盛起来，并建立在农业生产力发展达到一定程度的基础之上。

农业发展是城市化的初始动力。第一，表现在为城镇人口提供商品粮。可以说，一个国家农业提供商品粮的数量多少，是决定该国城镇人口数量多少的关键因素之一。商品粮越多，工业化进行的速度也就越快；反之，则势必大大滞缓城市化的进程。第二，它表现在为城市工业提供资金原始积累。第三，农业为城市工业生产提供原料。许多工业都是建立在农业原料的稳定供给基础之上。第四，农业发展为城市工业提供市场。广大的农村不仅担负着原料供给者的重任，也是城市大工业的消费者。第五，农业发展为城市发展提供劳动力。早期工业化的发展大多为劳动密集型产业。它们需要成千上万、源源不断的劳动力大军补充到大工业中。这些人力资源只能来自农村，即由于农业劳动生产率的提高所释放出来的剩余劳动力。

2）工业化是城市的根本动力

无论是近代还是现代，工业化导致了人口向城市聚集，这已成为一个国家城市化进程中至关重要的激发因素，是城市化的根本动力。在工业化过程中，由于受其自身的经济规律驱使，导致了不可逆转的人口与资本向城市聚集的倾向，从而使工业化与城市化呈现十分明显的正相关性。

二战后的世界人口统计资料表明，一个国家或地区城镇人口占总人口的比重与城镇工业部门职工占总职工数的比重是密切相关的。在世界各大地区内，工业职工比重与城镇人口比重的比率一般在40％～60％之间。一般说来，在地区工业化初期，由于绝大部分劳动者集中于农业部门，工业部门相对较弱，两者比率一般较低；在地区工业化高度发达的后期，由于第三产业职工大幅度增加，工业职工比重也明显下降，城镇人口比重又明显上升，也表现为两者比率下降的趋势。

3）第三产业是城市化的后续动力

随着工业化国家的产业结构调整，第三产业开始崛起，并逐渐取代工业而成为城市产业的主角，成为城市化后续动力。其作用主要表现在两个方面：一是生产性服务的增加。商品经济高度发达的社会化大生产，要求城市提供更多、更好的服务性设施。例如，企业生产要求有金融、保险、科技、通信业的服务；产品流通要求有仓储、运输、批发、零售业的服务；市场营销要求有广告、咨询、新闻、出版业的服务；工业的专门化程度越高，越要加强横向协作与交流；二是消费性服务的增加。随着经济收入的提高和闲暇时间的增多，人们开始追求更为丰富多彩的物质消费与精神享受，如住房、购物、文化教育、体育娱乐、医疗保健、旅游度假、法律诉讼、社会福利等。

2.3 城市规划的基本概念

2.3.1 城市规划的授权与作用

城市规划通过确定城市未来发展目标，制定实现这些目标的途径、步骤和行动纲领，并据以对社会时间进行调控，从而引导城市的健康发展。城市规划作用的发挥主要是通过对城市空间，尤其是土地使用的分配、安排以及各项建设的综合部署来实现。现代城市规划的兴起与公共政策公共干预密切相关，城市规划表现为一种政策行为。根据现代行政法制的原则，城市规划行政管理的各项行为都要有法律的授权，并依法实施管理。

1. 城市规划和行政权力

对城市进行规划，实施规划管理，涉及对自然规律和社会规律的把握，因此城市规划是一门综合性和技术性很强的科学。城市规划在实践中表现为对资源的配置，涉及社会各方面的利益关系，涉及资源开发利用的价值判断和对人们行为的规范。显然无论是对城市发展的有意识、有计划的主动行为，还是对各项开发活动的被动控制，都必然联系到权威的存在及权力的应用。综观世界各国，城市的建设和管理都是城市政府的一项主要职能，城市规划无不与行政权力相联系。

2. 城市规划行政与立法授权

城市规划作为城市政府的一项职能，在不同国家有不同的起因和立法授权方式，但是政府的规划行政权力来源于立法授权却是共同的。

1）英国城市规划行政的立法授权

英国城市规划作为城市政府的职能，起源于公共卫生和住房政策。19 世纪的工业革命大大发展了生产力，同时也造成了城市人口的急剧聚集，产生了严重的公共卫生问题，引起社会不安甚至动荡，从而迫使政府采取对策。为了克服人口过密以及不适的卫生条件给城市带来的经济代价和社会政治代价，就必须对市场经济的自发行为以及私人财产权益加以公共干预。18 世纪英国在公共卫生方面的立法就是在这样的背景下产生的。为了使城市能够达到适当的卫生标准，地方当局被授权制定和实施地方性的法规。这些法规的内容包括对街道宽度的控制，对建筑的高度、结构以及平面布局的规范等。

城市公共卫生方面政策的成功和经验导致这种公共政策扩展到对城市开发的规划。1909 年，英国颁布了第一部城市规划法律——《住房和城市规划法》。这部法律授予地方当局编制用于控制新住宅区发展规划的权力。从此，英国的城市规划方面的法律增加到几十部。在城市规划方面的法律对地方政府的行政授权已十分详尽，其内容也随着社会经济条件的变化而在不断调整更新。

2）中国城市规划行政的立法授权

中国于 2008 年实行的《中华人民共和国城乡规划法》（以下简称《城乡规划法》），第一次以国家法律的形式规定了城市规划的制定和实施的要求，明确了城市规划工作的法定主体和程序。2008 年修订的《城乡规划法》的第十一条、第十二条明确规定：“国务院城市规划行政主管部门和省、自治区、直辖市人民政府应当分别组织编制全国和省、自治区、直辖市的城镇体系规划”，“城市人民政府负责组织编制城市规划。县级人民政府所在地的城市规划，由县级人民政府负责组织编制”。

《城乡规划法》同时赋予了城市人民政府和县级人民政府及其城市规划行政主管部门在审批、修改、公布、实施城市规划，以及城市规划行政执法方面的种种必要权力。中国通过《城乡规划法》及其相关法规、配套法规的建设，使各级城市规划行政主体获得了相应的授权，规划行政管理的原则、内容和程序也得到了明确，从而使城市规划行政实现了有法可依，城市规划走上了法制化的轨道。

3. 城市规划的作用

城市规划的基本作用，就是通过科学编制和有效实施城市规划，合理安排城市土地和空间资源的利用，综合部署各项建设，从而使城市的各项构成要素相互协调，保证经济社会的协调和有序发展。城市规划对于城市建设和发展的作用，可以从多方面、多角度去认识，主要是综合和协调的作用，控制和引导作用。

1）城市规划的综合和协调作用

城市规划的一个显著特点，是具有高度的综合性和协调能力。城市是个复杂的社会巨系统，从空间上来说，它涵盖了政治、经济、文化和社会生活等领域，涉及各个部门、各行业，包括各项设施和各类物质要素；从时间上来说，城市建设和发展是一个漫长而逐步演变的过程。通过规划的有效和持续实施，把部门和方面的行为活动统一到城市发展的整体目标和合理的空间架构上来。城市规划具有对于城市时空发展的高度综合性和协调性，通过综合和协调城市各个部门在城市建设和发展方面的决策，实现城市经济和社会的协调和可持续发展。

2）城市规划的控制和引导作用

城市规划的基本功能和作用，是通过有效的管理手段和和政策引导，控制和规范土地利用和开发建设行为。在社会主义市场经济条件下，各个利益主体对自身利益的追求，往往对城市整体利益和公共利益构成负面影响。传统的计划管理手段难以对这一局面进行有效控制，而依据城市规划，运用法定的带有强制性的规划管理手段，能够有效地控制和修正有可能危害城市整体利益和公共利益的建设行为。通过经济、行政和政策调整等方式，将开发建设活动引导到城市规划确立的发展轨道上来，从而保证市场经济和城市建设的有序、有效运行，维护城市全局和公共利益。

2.3.2 城市规划体系

一个国家的城市规划体系包括城市规划法规体系、城市规划行政体系和城市规划运作(规划编制和开发控制)体系3个基本组成部分。其中，城市规划法规体系是现代城市规划体系的核心，为城市规划行政和城市规划运作提供了法理依据。

1. 城市规划法规体系

1）主干法及其从属法规

城市(乡)规划法是城市规划法规体系的核心，因此又被称为主干法。其主要内容是有关规划行政、城市规划运作的法律条款。根据国家的立法体制，城市(乡)规划法由国家或地方的立法机构制定，从属法规则由规划法授权相应的政府规划主管部门制定，并报国家立法机关备案。

《城乡规划法》作为主干法由全国人民代表大会常务委员会制定，《城市规划编制办法》作为从属法规由建设部制定。

2）专项法

城市规划的专项法是针对规划中某些特定议题的立法。由于主干法具有普遍的实用性和相对的稳定性，这些特定议题(也许会有空间上和时间上的特定性)就不宜由主干法来提供法定依据。以英国为例，1946年的《新城法》、1949年的《国家公园法》、1965年的

《产业分布法》、1978 年的《内城法》和 1980 年的《地方政府、规划和土地法》等都是针对特定议题的专项立法，为规划行政、规划编制或开发控制等方面的某些特殊措施提供法定依据。

3）相关法

由于城市物质环境的管理包含多个方面且涉及多个行政部门，因而需要各种相应的立法，城市规划法规只是其中的一部分。尽管有些立法不是特别针对城市规划的，但是会对城市规划产生重要的影响。在中国，《中华人民共和国土地管理法》、《中华人民共和国环境保护法》、《中华人民共和国城市房地产管理法》和《中华人民共和国文物保护法》等都是规划相关法。

2. 城市规划行政体系

城市规划行政体系的建设受国家基本政治架构的影响，从世界范围政治架构可以分为两种基本形制，分别是中央集权和地方自治。大多数国家都在这两者之间寻求适合自己国情的城市规划行政体系。

中国的城市规划行政体系体现了中央集权和地方自治的结合。根据《城乡规划法》，城市规划的编制和审批实行分级体制。各级城市的人民政府负责组织编制城市规划。县级人民政府所在地的城镇规划由县级人民政府负责组织编制。直辖市的城市总体规划由直辖市人民政府报国务院审批。省和自治区人民政府所在地城市、城市人口在一百万以上的城市以及国务院指定的其他城市的总体规划，经省、自治区人民政府审查同意后，报国务院审批。

3. 城市规划运作体系

1）城市规划的编制层次

各国和地区的发展规划体系(又称空间规划体系)，特别是在国家和区域层面上的发展规划虽然有所不同，但可以分成两个层面，分别是战略性发展规划和实施性发展规划(或称为开发控制规划)。由于实施性发展规划是开发控制的法定依据，又称法定规划。

战略性发展规划是制定城市的中长期战略性目标，以及土地利用、交通管理、环境保护和基础设施等方面的发展准则和空间战略，为城市各分区和各系统的实施性规划提供指导框架，但不足以成为开发控制的直接依据。英国的结构规划、美国的综合规划、德国的城市土地利用规划、日本的地域区划、新加坡的概念规划和中国香港的全港或次区域发展策略都是战略性发展规划。

在中国，城市总体规划是战略性发展规划，控制性详细规划作为开发控制的直接依据，因而是实施性发展规划。在特大城市和大城市，分区规划也是实施性发展规划，但一般不足以成为开发控制的直接依据。

2）开发控制

开发控制的管理方式可以分为通则式和判例式。中国的开发控制基本属于判例方式，任何开发项目都必须申请规划许可。规划审批的主要依据是控制性详细规划，同时还考虑其他相关因素。在缺乏控制性详细规划的情况下，以规划部门的管理规定(如各地的城市规划管理技术规定)作为依据。

在美国、德国和日本，一般采用的是通则式开发管理规划，部门规划是作为开发控制的唯一依据，规划人员在审理开发申请个案时几乎不享有自由量裁权。只要开发活动符合这些规定，就肯定能够获得规划许可。这种通则式的开发控制具有透明和确定的优点，但在灵活性和适应性方面较为欠缺。

由于通则式和判例式的开发控制各有利弊，各国和地区都在两者之间寻求更为完善的开发控制体系。通则式和判例式相结合的开发控制体系往往包括两个控制层面。在第一层面上，针对整个城市地区，制定一般的规划要求，采取区划方式，进行通则式控制；在第二层面上，针对各类重点地区，指定特别的规划要求，采取审批方式，进行判例式控制。

2.4 城市规划的工作内容

城市规划是为了实现一定时期内城市的经济和社会发展目标，确定城市发展战略，城市性质、规模和发展方向，合理利用城市土地，协调城市空间布局、进行各项建设综合部署和全面安排。

2.4.1 城市发展战略

1. 城市发展战略和城市建设发展战略

城市发展战略是对城市经济、社会、环境的发展所作的全局性、长远性和纲领性的谋划。例如，某城市的发展战略是，建设国际经济、金融、贸易、航运中心，初步建成社会主义现代化国际大都市，推进体制创新和科技创新，在加快发展中继续推进经济结构的战略性调整，在其发展基础上不断提高城乡人民生活水平，全面实施科教兴市战略和可持续发展战略，坚持依法治市，推进发展和社会全面进步。

城市发展战略包括的内容既宏观又全面，而城市建设发展战略是为实现城市发展战略，着重在城市建设领域提出相应的城市建设的目标、对策，并在物质空间上相应作出的全局性、长期性的谋划和安排。

城市是一个开放的复杂巨系统，它在一定的系统环境中生存与发展。《雅典宪章》指出“城市与乡村彼此融会为一体而各为构成所谓区域单位的要素”；“城市是构成一个地理的、经济的、社会的、文化的和政治的区域单位的一部分，城市即依赖这些单位而发展”。因此，我们不能将城市离开它们所在的区域环境单独进行研究。在对城市建设发展战略进行研究时，应以区域规划、城镇体系规划、国土规划、土地利用总体规划以及城市的经济社会发展计划为背景，尤其对城市发展战略有关的内容要深入研究，以便正确确定城市建设发展战略。

2. 城市建设发展战略的主要内容

城市总体规划实质就是城市建设发展战略在地域和空间的落实，特别是在城市总体规划的纲要中，集中表达了城市建设发展的内容。

城市总体规划纲要的主要内容如下。

(1) 论证城市国民经济发展条件，原则确定城市发展目标。

(2) 论证城市在区域中的地位，原则确定市(县)域城镇体系结构与布局。

(3) 原则确定城市性质、规模、总体布局，选择城市发展规划区范围的初步意见。

(4) 研究确定城市能源、交通、供水等城市基础设施开发中的重大原则问题。

(5) 实施城市规划的重要措施。

2.4.2 城市性质分析与规模预测

1. 城市性质分析

城市性质是指城市在一定地区、国家以至大范围内的政治、经济与社会发展中所处的地位和担负的主要职能。正确确定城市性质，对城市规划和建设非常重要，是城市发展方向和布局的重要依据。城市的性质应该体现城市的个性，反映其所在区域的经济、政治、社会、地理、自然等因素的特点。城市是随着科学技术的进步和社会、政治、经济的改革而不断发展变化的。因此，城市性质有可能随城市的发展条件变化而变化。

在市场经济条件下，城市发展的不确定因素增多，城市性质的确定除了应充分分析城市发展的有利条件、有利因素，确定城市承担的主要职能外，还应充分认识城市发展的不利因素，说明不宜发展的产业和职能。例如，水源条件差的城市对发展耗水大的产业将构成制约因素。同时，还应注意在市场经济背景下，由于人的主观能动性，在市场竞争中有可能变不利因素为有利因素。因此城市性质的确定应留有余地，但在建设时序的安排和结构的组织上要注意弹性，避免城市或拉大架子，或用地过小，影响城市近期有效运行或造成城市布局长期不合理。

不同的城市性质决定着城市规划不同的特点，对城市规模的大小、城市用地布局结构以及各种市政公用设施的水平起重要的指导作用。确定城市的性质是确定城市产业发展重点，以及一系列技术经济措施及其相适应的技术指标的前提和基础。例如，交通枢纽城市和风景旅游城市在城市用地构成上有明显的差异。明确城市的性质，便于在城市规划中把规划的一般性原则与城市的特点结合起来，使城市规划更加切合实际。

1) 确定城市性质的依据

城市性质的确定，可从两个方面分析。第一，从城市在国民经济的职能方面分析，城市性质就是指一个城市在国家或地区的经济、政治、社会、文化生活中的地位和作用。城市的国民经济和社会发展计划是分析城市职能的重要依据。第二，从城市形成与发展的基本因素中去研究，认识城市形成与发展的主导因素，这是确定城市性质的重要方面。例如，三亚市既是热带海滨旅游城市，又具有疗养、海洋科学研究中心等职能，其中主要职能是前者，所以三亚市的城市性质是国家旅游城市。但对于多数城市，尤其是发展到一定规模的城市，常常兼有经济、政治、文化中心职能，区别只在于不同范围内的中心职能。

2) 分析确定城市性质的方法

城市性质，就是综合分析影响城市发展的主导因素及其特点，明确它的主要职能，指出它的发展方向。在确定城市性质时，必须避免两种倾向：一是以城市的“共性”作为城市的性质；二是不区分城市基本因素的主次，一一罗列，结果失去指导规划与建设的意义。城市性质确定的一般方法是“定性分析”与“定量分析”相结合，以定性分析为主。城市性质的定性分析就是在综合分析的基础上，从数量上去分析自然资源、劳动资源、能源交通及主导经济产业现有和潜在的优势。确定城市性质时，不能仅仅考虑城市本身的发展条件和需要，必须从全局出发。

城市性质一般从行政职能、经济职能和文化职能3个方面来表述。在城市性质的分类上，一般有工业城市、商贸城市、交通枢纽城市、港口城市、科教城市、综合中心城市以及特殊职能的城市，如历史文化名城、革命纪念性城市、风景旅游城市、休息疗养城市、边贸城市等。

2. 城市规模预测

城市的规模，包括城市人口规模和城市用地规模。两者是密切相关的，根据人口规模以及人均用地的指标就能推算城市的用地规模。因此，在城市发展用地无明显约束的条件下，一般是先从预测人口规模着手研究，再根据城市的性质与用地条件加以综合协调，然后确立合理的人均用地指标，由此确定城市的用地规模。

从城市规划的角度来看，城市人口是指那些与城市的活动有密切关系的人。他们常年居住生活在城市的范围内，构成了城市的社会主体，是城市经济发展的动力、建设的参与者，又是城市服务的对象。他们依赖城市生存，又是城市的主人。

城市人口调查分析和预测，是一项既重要又复杂的工作。它是城市总体规划的目标，又是制定一系列具体技术指标与布局的依据。做好这项工作，对正确编制城市总体规划有很大的影响。

因为城市用地的多少、公共生活设施和文化设施的内容和数量、交通运输量和交通工具的选择、道路等级与指标、市政公共设施的组成与规模、住宅建设的规模与速度、建筑类型的选定以及城市的布局等，无不与城市人口的数量及构成有着密切的关系。

1）城市人口的构成和素质

城市人口的状态是在不断变化的。可以通过对一定时期城市人口的各种现象，如年龄、寿命、性别、家庭、婚姻、劳动、职业、文化程度和健康状况等方面的构成情况加以分析，研究发现人口构成的特征。

(1) 人口年龄的构成：指一定时期城市人口按年龄的自然顺序排列的状况，以及按年龄的基本特征划分的各个年龄组人口占总人口的比例。一般将年龄分成6组。托儿组(0～3岁)、幼儿组(4～6岁)、小学组(7～12岁)、中学组(13～18岁)、成年组(男：19～60岁，女：19～55)和老年组(男：61岁以上，女：56岁以上)。为了便于研究，常根据年龄统计做出人口年龄百岁图(俗称人口宝塔图)和年龄的构成图，如图2.7所示。

掌握人口年龄构成的意义在于，比较成年组人口数与就业人数可以看出就业情况和劳动力潜力；掌握劳动后备力量的情况，对研究经济发展有重要作用。掌握学龄前儿童和学龄儿童的数量发展趋向，是制定托、幼、中小学等公共设施规划指标的重要依据。掌握老年组的人口数及比重，分析城市老龄化水平及发展趋势，是确定城市社会福利服务设施指标的主要依据。分析年龄结构，可以判断城市人口自然增长变化趋势；分析育龄妇女人口数量，是预测人口自然增长的主要依据。

(2) 人口性别构成：性别构成反映男女人口之间的数量和比例关系，它直接影响城市人口的结婚率、育龄妇女生育率和就业结构。在城市规划工作中，必须考虑男女性别比例的基本平衡。一般在地方中心城市，如小城镇和县城，男性多于女性，因为男职工的家属一部分在附近农村。在矿区城市和重工业城市，男职工比重高，而在纺织和一些其他轻工业城市，女职工比重则比较高。因此，在确立产业结构和城市空间布局时，应注意男女职工平衡。

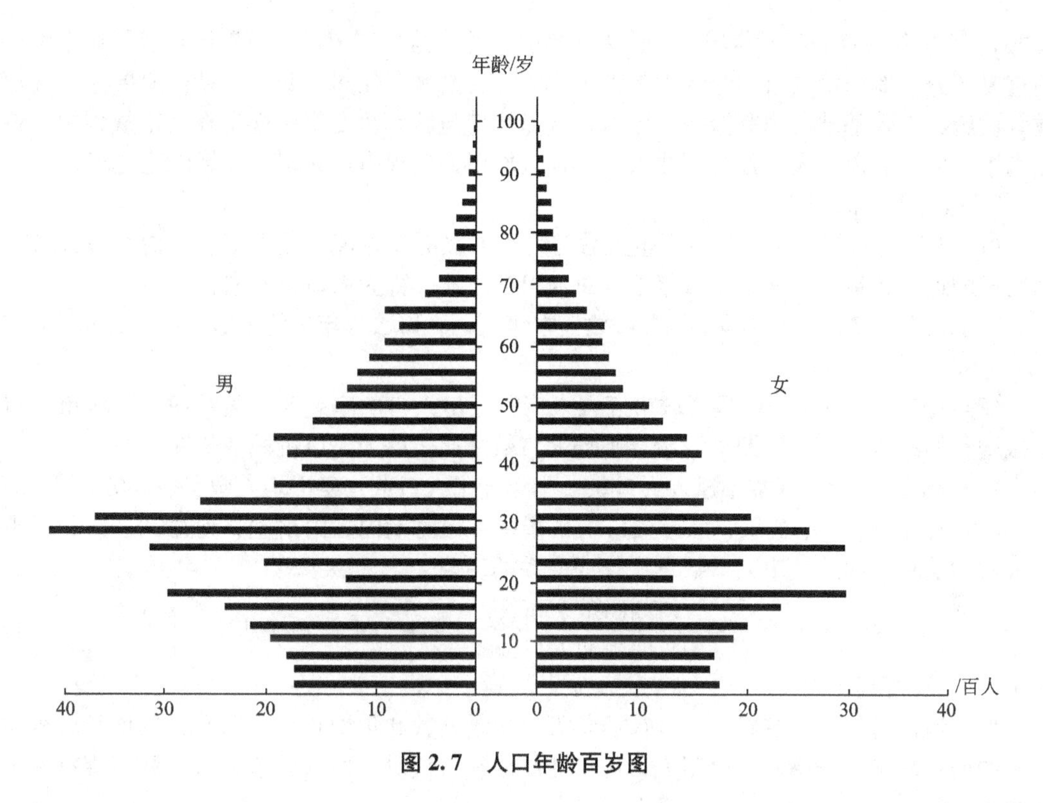

图 2.7 人口年龄百岁图

(3) 人口的家庭构成：家庭构成反映城市人口的家庭人口数量、性别、辈分等组合情况。它对于城市住宅类型的选择，城市生活和文化设施的配置，城市生活居住区的组织等都有密切关系。家庭构成的变化对城市社会生活方式、行为和心理诸方面都带来直接影响，从而对城市物质要素的需求产生影响。中国城市家庭组成由传统的复合大家庭向简单的小家庭发展的趋向日益明显。因此，编制城市规划时应详细地调查家庭构成情况、户均人口数，并对其发展变化进行预测，以作为制定有关规划指标的依据。

(4) 人口劳动构成：在城市总人口中，按其参加工作与否，分为劳动人口与非劳动人口(被扶养人口)；劳动人口又按工作性质和服务对象，分成基本人口和服务人口。因此，城市人口按劳动性质又可分为3类。

基本人口：指在城市主要职能部门(基本经济部类)从业人员，如工业、交通运输以及其他不属于地方性的行政、财经、文教等单位中就业人员。它不是由城市的规模决定，相反，却对城市的规模起决定性的作用。

服务人口：指在为当地服务(从属经济部类)的企业、行政机关、文化及商业服务机构中的就业人员。它的多少是随城市规模而变动的。

被扶养人口：指未成年的、没有劳动能力以及没有参加劳动的人口。它是与就业人口相关的。

2) 城市的流动人口

城市流动人口是指短时间从市外进入城市办理公务、商务、劳务、探亲访友和旅游度假的人口。随着市场经济体制的建立，在城市内出现了许多外地厂商及科研等部门的常设办事机构以及非市籍的就业人群。因此，就出现了大量的非本市户籍，但实际已经长期居住在城市里的人口。俗称“常住流动人口”。这些人口数量在某些发达的城市高过户籍人口的30%左右，有的甚至与城市户籍人口持平。显然这些“流动人口”已构成了城市生活的重要部分。他们给城市的经济发展带来活力，也给城市住房、交通、社会服务业、文化教育设施、市政基础设施等增加了压力。目前住房与城乡建设部已规定在城市规划中，将住满半年以上的流动人口称为暂住人口，计入城市人口规模，并相应计算用地规模。

3）城市人口的变化

（1）人口的自然增长：是指出生人数与死亡人数的净差值。通常把一年内城市人口自然增长的绝对数量与同期该城市年平均总人口数之比，称为人口自然增长率。

$$自然增长率=[(本年出生人口数-本年死亡人口数)/年平均人数]\times1000‰ \quad (2-2)$$

（2）人口的机械增长：是指城市迁入人口和迁出人口的净差值，通常把一年城市人口机械增长的绝对数量与同期该城市年平均人口数之比，称为人口机械增长率。

$$机械增长率=[(本年迁入人口数-本年迁出人口数)/年平均人数]\times1000‰ \quad (2-3)$$

（3）人口的平均增长率：城市人口增长指在一定时期内，由出生、死亡和迁入、迁出等因素的消长，导致城市人口数量增加或变动的现象。

$$人口平均增长率=\sqrt[n]{\frac{期限末人口数}{期限初人口数}}-1=人口平均发展速度-1 \quad (2-4)$$

式中　n——规划年限

根据城市历年统计资料，可计算历年人口年增长数和年增长率，以及自然增长和机械增长的增长数和增长率，并绘制人口历年变动曲线。这对于推算城市人口发展规模有一定的参考价值。

（4）城市人口规模的预测：预测城市人口发展规模，是一项政策性和科学性很强的工作。既要了解人口现状和历年来人口变化情况，又要研究城市、社会经济发展的战略目标、城市发展的有利条件及制约因素，从中找出人口变化的规律和发展趋势。

就一个城市而言，人口增长速度和发展规模受自然增长和机械增长趋势支配。城市人口的自然增长应当是有计划的，而机械增长受社会经济发展的规律和国家政治经济形势决定。

2.4.3　城市用地布局规划

城市用地布局是城市规划最核心的内容，是指城市土地使用结构的空间组织及其形态。城市有众多不同功能的用地，在用地空间布局上必须根据其不同需要，进行适当的功能分区。这些不同的功能分区之间彼此关联，以道路系统加以连接，构成城市的整体。

1. 城市用地构成与分类

按照中华人民共和国国家标准《城市用地分类与规划建设用地标准》（GB 50137—2011），将城市用地划分为8大类、35中类和44小类。8大类城市用地及其代号分别如下：居住用地(R)、公共管理与公共服务用地(A)、商业服务业设施用地(B)、工业用地(M)、物流仓储用地(W)、道路与交通设施用地(S)、公用设施用地(U)、绿地与广场用地(G)。

2. 城市用地布局结构与形态

城市用地布局结构就是城市各种用地在空间上相互关联、相互影响与相互制约的关系。城市形态则是城市整体和内部各组成部分在空间地域的分布状态。

城市布局规划首先要满足各类城市工业用地的功能要求，相互之间形成合理的功能关系。例如，居住用地应选在环境质量好的地段；公共设施用地应布置在城市各级中心和靠近居住用地的位置；工业用地应选在交通运输方便，又对城市生活不会造成过多影响的地方；仓储用地应布置在靠近对外交通枢纽和服务区。根据工作和居住就近原则，居住用地应靠近工业区布置，但又要防止工业生产对居住环境的污染和交通干扰；对外客运交通枢纽设施既要方便城市居民的使用，又要避免对城市内的交通的过多干扰。城市用地布局一定要充分利用自然条件，依山就势，灵活布置，做到功能合理明确，空间结构清晰。

中小城市一般采用集中紧凑发展的空间结构，有利于提高城市效率，减少道路、市政设施的投入。同时应根据城市的发展，城市的功能需要，协调好新旧区之间的功能联系，不一定要维持单中心的布局形式。大城市和特大城市应避免单一中心、同心圆式向外蔓延的发展模式，采用多中心放射式或分散组团式等布局结构，以利于城市功能分区，分散城市交通，优化城市环境质量。

城市空间布局形态可以根据不同城市的地理条件、用地条件、对外联系和城镇分布等因素，采用集中紧凑式、组团式、带状、指状和星座状等形态(见图 2.8)。城市用地布局决定了城市道路交通的组织方式，而科学合理地组织城市道路和交通，则又将影响城市用地布局的优化。

图 2.8　某大城市新区用地布局规划

2.4.4 城市道路交通规则

城市交通是指城市行政区内部的交通，包括公路交通(中心城区与周边城镇、乡村的交通联系)、城市道路交通、城市轨道交通和城市水上交通等，其中以城市道路交通为主体。

城市的布局结构、规模大小甚至城市的生活方式都需要一个完整高效的城市交通系统的支撑。洛杉矶的分散布局离不开其密集的高速公路网，伦敦的生活方式决定于其19世纪修建的铁路，纽约曼哈顿的繁华则有赖于其发达的地铁和公交系统。

1. 城市对外交通规划

城市与外部地区有着密切的联系，对外交通运输是城市形成与发展的重在条件。历史上形成的城镇大多位于水陆交通的枢纽，如汉口、广州等；现代城市也往往是现代交通运输的重要枢纽，如武汉、郑州等。城市对个交通是指以城市为基点，与城市外部进行联系的各类交通方式的总称，主要包括铁路、公路、水运和航空。

城市对外交通线路和设施的布局直接影响城市的发展方向、城市布局和城市环境景观。因此，城市对外交通对城市的总体布局有着举足轻重的作用。

2. 城市道路分类

城市道路既是城市的骨架，又要满足不同性质交通线的功能要求。作为城市交通的主要设施，道路首先应该满足交通的功能要求，同时起到组织城市用地的作用。城市道路系统规划要求按道路在城市总体布局中的骨架作用和交通地位对道路进行分类，还要按照道路的交通功能进行分析，同时满足“骨架”和“交通功能”的需要。

快速路：是城市中为中、长距离快速机动车交通服务的道路。其中间设有中央分隔带，布置有双向4条以上的车道，全部采用立体交叉控制车辆出入；常设置在城市组团间的绿化隔离带中，并成为城市与高速公路的联系通道。快速路是大城市交通运输的主要动脉。在快速路两侧不宜设置吸引大量人流的公共建筑物的进出口，而对两侧一般建筑的进出口也应加以控制。一些特大超市由于现状条件的限制，在城市中心区的边缘采用主(快速)、辅(常速)路的形式修建快速路。

主干路：又称全市性干道，是城市中为常速主要交通服务道路，在城市道路网中起骨架作用。大城市的主干路多以交通功能为主，负担城市各区、组团之间的交通联系，以及与城市对外交通枢纽之间的联系，也可以成为城市主要的生活性景观大道。中、小城市的主干路常兼有沿线服务功能。主干路上平面交叉口间距以600～200m为宜，以减少交叉口交通对主干路交通的干扰。例如，北京东西长安街是全市性东西向主干路，红线宽50～80m，市中心路段为双向10条机动车车道，实行机动车和非机动车分流。又如，上海中山东一路是双向10车道的主干路，兼具交通和景观两种功能。

次干路：是城市各组团内的主要道路。次干路联系各主干路，并与主干路组成城市干道路网，在交通上起集散交通的作用；同时，由于次干路沿路常布置公共建筑和住宅，又兼具生活性服务功能。次干路的交叉口间距一般以350～500m为宜，常采用机动车、非机动车混行的道路断面。

支路：是城市一般街坊道路，在交通上起汇集作用，直接为两侧用地功能服务，以生活性功能为主。支路上机动车较少，以非机动车和步行交通为主。为方便出行，支路的间距以150～250m为宜。

3. 城市道路系统的空间组织

城市道路系统是为适应城市发展，满足城市交通以及其他需要而形成的。在不同的社会经济条件、自然条件和建设条件下，不同城市的道路系统有不同的发展形态。从形式上，常见的城市道路网可归纳为4种类型。

1）方格网式道路网

方格网式又称棋盘式，是最常见的一种道路网类型。它适用于地形平坦的城市。用方格网道路划分的街坊形状整齐，有利于建筑的布置；由于平行方向有多条道路，交通分散，灵活性大，但对角线方向的交通联系不便，非直线系数(道路距离与空间直线距离之比)大。有的城市在方格网的基础上增加若干条放射干线，以利于对角线方向的交通；但因为又将形成三角形街坊和复杂的多路交叉口，既不利于建筑布置，又不利于交叉口的交通组织。

2）环形放射式道路网

环形放射式道路网起源于欧洲，是以广场为中心组织城市空间布局的规划手法，最初是集合构图的产物，多用于大城市。这种道路网的放射形干道有利于市中心同外围市区和郊区的联系，环形干道又有利于中心城区外的市区及郊区的相互联系，在功能上有一定的优点。但是，放射形干道容易把外围的交通迅速引入市中心地区，引起交通在市中心地区过分的集中，同时会出现许多不规则的街坊，交通灵活性不如方格网道路系统。环形干道又容易引起城市沿环路发展，促使城市呈同心圆不断向外扩张。

3）自由式道路

自由式道路通常是由于城市自然地形变化较大，道路结合自然地形呈不规则状布置而形成的。这种类型的路网没有一定的格式，变化很多，非直线系数较大。如果综合考虑城市用地的布局、建筑的布置、道路工程及创造城市景观等因素精心规划，不但能取得良好的经济效果和人车分流效果，而且可以形成活泼丰富的景观效果。中国山区和丘陵地区的一些城市也常采用自由式的道路系统，道路沿山麓或河岸布置，如青岛、重庆等城市。

4）混合式道路

由于历史的原因，城市的发展经历了不同的阶段，在这些不同的发展阶段中，有的发展区受地形条件的约束，形成了不同的道路形式，有的则是在不同的规划建设思想(包括半殖民地时期外国的影响)下形成了不同的路网。在同一城市中存在的几种类型的道路网，组合而成为混合式的道路系统。还有一些城市，在现代城市规划思想的影响下，结合城市用地的条件和各种类型道路网的优点，有意识地对原有道路结构进行调整和改造，形成为新型的混合式的道路系统。

4. 城市道路系统规划的技术要求

1）道路交叉口间距

不同规模的城市有不同的交叉口间距要求，不同性质、不同等级的道路也有不同的交叉口间距要求。交叉口的间距主要取决于规划规定的道路的设计车速及隔离程度，同时也要考虑不同使用对象的方便性要求。

城市各级道路的交叉口间距可按表 2－1 的推荐值选用。

表 2－1　城市各级道路的交叉口间距

道路等级类型	城市快速路	城市主干路	城市次干路	支路
设计车速/(km/h)	≥80	40～60	40	≤30
交叉口间距/m	1500～2500	700～1200	350～500	150～250

2）道路红线宽度

道路红线是道路用地和两侧建筑用地的分界线，即道路横断面中各种用地总宽度的边界线。道路红线内的用地包括车行道、步行道、绿化带、分隔带 4 部分。一般情况下，道路红线就是建筑红线，即为建筑不可逾越线。但有些城市在道路红线外侧另行划定建筑红线，增加绿化用地，并给将来道路红线向外扩展留有余地。

确定道路红线宽度时，应根据道路的性质、位置、道路与两旁建筑的关系、街景设计的要求等，综合考虑街道空间的尺度和比例。不同等级道路对道路红线宽度的要求如表 2－2 所示。

表 2－2　不同等级道路的红线宽度

道路等级类型	快速干道	主干道	次干道	一般道路
红线宽度/m	60～100	40～70	30～50	20～30

2.4.5　城市居住区规划

1. 居住区规划的任务

居住区规划的任务是创造一个满足日常物质和文化生活需要的舒适、方便、卫生、安宁和优美的居住环境。在居住区内，除了布置住宅外，还应布置居民日常生活所需的各类公共服务设施、绿地和活动场地、道路广场、市政工程设施等。

居住区规划必须根据总体规划和近期建设的要求，对居住区内各项建设做好综合全面的安排。居住区规划还必须考虑一定时期国家经济发展水平和居民的文化、生活水平，居民的生活需要和习惯，物质技术条件，以及气候、地形和现状等条件，同时应注意远、近结合，留有发展余地。

居住区详细规划是一项综合性较强的规划设计工作，涉及面较广，一般应满足以下几方面的要求。

1）使用要求

为居民创造生活方便的居住环境是居住区规划最基本的要求。居民的使用要求是多方面的，如为适应住户家庭不同的人口组成和气候特点，选择合适的住宅类型；为满足居民生活的多种需要，合理确定公共服务设施的项目、规模及其分布方式，合理地组织居民室外活动场地、绿地和居住区的内外交通等。

2）卫生要求

为居民创造卫生、安静的居住环境，要求居住区有良好的日照、通风等条件，以及防止噪声的干扰和空气的污染等。

3）安全要求

为居民创造一个安全的居住环境。居住区规划除保证居民在正常情况下，生活能有条不紊地进行外，同时也要考虑防范那些可能引起灾害发生的特殊和非常情况，如火灾、地震等。

4）经济要求

居住区的规划与建设应与国民经济发展的水平、居民的生活水平相适应。也就是说，在确定住宅的标准，公共建筑的规模、项目等，均需考虑当时、当地的建设投资及居民的经济状况。

5）施工要求

居住区的规划设计应有利于施工的组织与经营。特别是当成片居住区进行施工时，更应注意各建设项目的布置适应施工要求和建设程序。

6）美观要求

要为居民创造一个优美的居住环境。居住区是城市中建设量最多的项目，因此它的规划与建设对城市的面貌有着很大的影响。在一些老城市，旧居住区的改建已成为改变城市面貌的一个重要方面。一个优美的居住环境的形成不仅取决于住宅和公共建筑的设计，更重要的是取决于建筑群体的组合，建筑群体与环境的结合。

2. 居住区规划的工作内容

(1) 选择、确定用地位置、范围。

(2) 确定规模，即人口数量和用地的大小。

(3) 拟定居住建筑类型、层数比例、数量、布置方式。

(4) 拟定公共服务设施的内容、规模、数量(包括建筑和用地)、分布和布置方式。

(5) 拟定各级道路的宽度、断面形式、布置方式。

(6) 拟定公共绿地的数量、分布和布置方式。

(7) 拟定有关的工程规划设计方案。

(8) 拟定各项技术经济指标和造价估算。

2.4.6 城市工程系统规划

供电、燃气、供热、通信、给水、排水、防灾、环境卫生设施等城市工程系统构成了城市基础设施体系，为城市提供了最基本的必不可少的物质营运条件。建设配属齐全、布局合理、容量充足的城市基础设施，是完善城市功能的必需手段。城市功能的完善和强化必须具有强大的基础设施支撑。

1. 城市工程系统的构成与功能

供电、燃气、供热、通信、给水、排水、防灾、环境卫生设施等工程系统有其各自的特性、不同的构成形式与功能，在保障、维护城市经济社会活动中，发挥着各自相应的作用。

2. 城市工程系统规划的任务

城市工程规划系统的任务是根据城市经济社会发展目标，结合本城市实际情况，合理确定规划期内各项工程系统的设施规模、容量，布局各项设施，制定相应的建设策略和措施。在城市经济社会发展总目标的前提下，各项城市工程系统规划根据本系统的现状特性和发展趋势，明确各自的规划任务。

1）城市供电工程系统规划的主要任务

结合城市和区域电力资源情况，合理确定规划期内的城市用电量、用电负荷，进行城市电源规划；确定城市输、配电设施的规模、容量以及电压等级；布置变电所等变电设施和输配电网络；制定各类供电设施和电力线路的保护措施。

2）城市燃气工程规划的主要任务

结合城市和区域燃料资源状况，选择城市燃气气源，合理确定规划期内各种燃气的用量，进行城市燃气气源规划；确定各种供气设施的规模、容量；选择确定城市燃气管网系统；科学布置气源厂、气化站等产、供气设施和输配气管网；制定燃气设施和管道保护措施。

3）城市供热工程系统规划的主要任务

根据当地气候、生活与生产需求，确定城市集中供热对象，供热标准，供热方式；确定城市供热量和负荷选择，进行城市热源规划，确定城市热电厂、热力站等供热设施的数量和容量；布置各种供热设施和供热管网；制定节能保温的对策与措施，以及供热设施的防护措施。

4）结合城市通信实况和发展趋势，确定规划期内城市通信发展目标，预测通信要求；确定邮政、电信、广播、电视等通信设施和通信线路；制定通信设施综合利用对策与措施，以及通信设施的保护措施。

5）城市给水工程系统规划的主要任务

根据城市和区域水资源的状况，最大限度地保护和合理利用水资源，合理选择水源，进行城市水源规划和水资源利用平衡工作；确定城市自来水厂等给水设施的规模、容量；布置给水设施和各级供水管网系统，满足用户对水质、水量、水压等的要求，制定水源和水资源的保护措施。

6）城市排水工程系统规划的主要任务

根据城市自然环境和用水情况，确定规划期内污水处理设施的规模与容量，降水排放设施的规模与容量；布置污水处理厂等各种污水处理与收集设施、排涝泵站等雨水排放设施以及各级污水管网；制定水环境保护、污水利用等对策与措施。

7）城市环境卫生设施系统规划的主要任务

根据城市发展目标和城市布局，确定城市环境卫生设施配置标准和垃圾集运、处理方式；确定主要环境卫生设施数量、规模；布置垃圾处理场等环境卫生设施，制定环境卫生设施的隔离与防护措施；提出垃圾回收利用的对策与措施。

8）城市工程管线综合规划的主要任务

根据城市规划布局和各项城市工程系统规划，检验各专业工程管线的合理程度，提出对专业工程管线规划的修正建议，调整并确定各种工程管线在城市道路上水平排列位置和竖向标高，确认或调整城市道路横断面，提出各种工程管线基本埋深和覆土要求。

2.5 城市规划的实施管理

1. 城市规划实施管理的概念

城市规划的实施主要是通过城市各项建设的运行和发展来实现。因此，城市规划实施管理主要是对城市土地使用和各项建设进行管理。城市规划实施管理是一种行政管理，具有一般行政管理的特征。具体地说，就是城市人民政府及其规划行政主管部门依据法定城市规划和相关法律规范，运用行政的、法治的、经济的和社会的管理资源与手段，对城市土地的使用和各项建设活动进行控制、引导、调节和监督，保障城市健康发展。

2. 城市规划实施管理的行政原则

1）合法性原则

合法性原则是社会主义法治原则在城市规划行政管理中的体现和具体化。行政合法性原则的核心是依法行政。规划管理人员和管理对象都必须严格执行和遵守法律规范，在法定范围内依照规定办事；城市规划实施管理行政行为必须有明确的法律法规依据。

2）合理性原则

合理性原则的存在有其客观基础。行政行为固然应该合法，但是，任何法律的内容都是有限的。由于现代国家行政活动呈现多样性和复杂性，特别是像城市规划实施这类行政管理工作，专业性、技术性很强，立法机关没有可能来制定详尽的、周密的法律规范。为了保证城市规划的实施，行政管理机关需要享有一定程度的自由裁量权。此时，规划管理机关应在合法性原则的指导下，在法律规范规定的幅度内，运用自由裁量权，采取适当的措施或做出适当的决定。

3)效率性原则

4)集中统一管理的原则

5)政务公开的原则

3. 城市规划实施管理的基本制度

城市规划实施管理的基本制度是规划许可制度，即城市规划行政主管部门根据依法审批的城市规划和有关法律规范，通过合法建设项目选址意见书、建设用地规划许可证和建设工程规划许可证(统称“一书两证”)，对各项建设用地和各类建设工程进行组织、控制、引导和协调，使其纳入城市规划的轨道。

1）建设项目选址意见书

建设项目选址意见书是在建设项目的前期可行性研究阶段，由城市规划行政主管部门依据城市规划对建设项目的选址提出要求的法定文件，是保证各项工程选址符合城市规划，按规划实施建设的重要管理环节。《城乡规划法》第三十条规定：“城市规划区内的建设工程的选址和布局必须符合城市规划。设计任务书报请批准时，必须附有城市规划行政主管部门的选址意见书。”

2）建设用地规划许可证

《城乡规划法》第三十一条规定：“建设单位或者个人在取得建设用地规划许可证后，

方可向县级以上地方人民政府土地管理部门申请用地。”第三十九条规定：“在城市规划区内，未取得建设用地规划许可证而取得建设用地批准文件，占用土地的，批准文件无效。占用的土地由县级以上人民政府责令退回。”建设用地规划许可证是建设单位在向土地管理部门申请征用、划拨土地前，经城市规划行政主管部门确认建设项目位置和范围符合城市规划的法定凭证。

3）建设工程规划许可证

建设工程规划许可证是有关建设工程符合城市规划要求的法规凭证。《城乡规划法》第三十二条规定：“在城市规划区内新建、扩建和改建建筑物、构筑物、道路、管线和其他工程设施，必须持有关批准文件向城市规划行政主管部门提出申请，由城市规划行政主管部门根据城市规划提出的规划设计要求，核发建设工程规划许可证件。”

建设工程规划许可证的作用：第一，确认有关建设活动的合法地位，保证有关建设单位和个人的合法利益；第二，作为建设活动进行过程中接受监督时的法定依据，城市规划管理工作人员要根据建设工程规划许可证规定的建设内容和要求进行监督检查，并将其作为处罚违法建设活动的法律依据；第三，作为有关城市建设活动的重要历史资料和城市建设档案的重要内容。

4）建设行为规划监察

建设行为的规划监察是保证土地利用和各项建设活动符合规划许可要求的重要手段。《城乡规划法》第三十六条规定：“城市规划行政主管部门有权对城市规划区内的建设工程是否符合规划要求进行检查。”第三十八条规定：“城市规划行政主管部门可以参加城市规划区内重要建设工程的竣工验收。”

2.6 建筑设计

2.6.1 建筑概述

衣、食、住、行是人类日常生活中的四大问题。住就离不开房屋，建造房屋是人类最早的生产活动。早在原始社会，人们用最原始的建筑材料土、石、草、木建造了简易的房屋(见图 2.9)，躲避风雨和野兽的侵袭。这种最原始的建筑活动，是人类最初对自然环境改造成为适合居住的人工环境的尝试，同时促进了人类社会的发展。

人类出现阶级分化后，出现了供统治阶级住的宫殿、府邸、庄园、别墅，供统治者灵魂“住”的陵墓以及神“住”的庙宇(见图 2.10)。生产发展了，出现了作坊、工场以至现代化的大工厂；商品交换产生了，出现了店铺、钱庄乃至现代化的商场、百货公司、交易所、银行、贸易中心；交通发展了，出现了从车站、码头直到现代化的港口、车站、地下铁道、机场；科学文化发展了，出现了从书院、家塾直到近代化的学校和科学文化建筑(见图 2.11)。

然而总的来说，从古到今建筑的目的不外乎是取得一种人为的环境，供人们从事各种活动。这种人为的环境不但为人们提供一个有遮掩的内部空间，同时也带来了一个不同于原来的外部空间。一个建筑物可以包含各种不同的内部空间，但它同时又被包含于周围的外部空间之中，建筑正是这样以它所形成的各种内部的、外部的空间，为人们的生活创造了工作、学习、休息等环境。

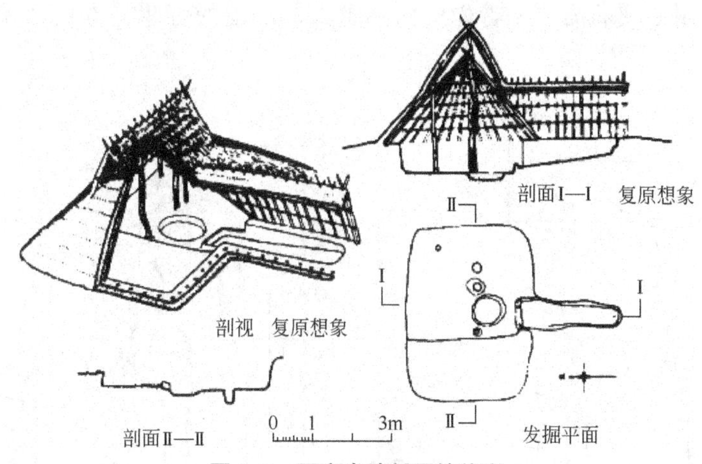

图 2.9　西安半坡村原始住宅

图 2.10　古希腊的帕提农神庙遗址

图 2.11　大英博物馆室内

房屋的集中形成了街道、村镇和城市。城市的建设和个体建筑物的设计在许多方面基本上是相通的，它实际上是在更大的范围内为人们创造各种必需的环境，这种工作称为城市规划，它们也属于建筑的范围。一个城市好像一个放大的建筑物，车站、机场是它的人口，广场是它的过厅，街道是它的走廊……

2.6.2　建筑的基本构成要素

要满足人的使用要求，建筑需要技术，建筑涉及艺术。建筑虽因社会的发展而变化，但这三者却始终是构成一个建筑物的基本内容。公元前1世纪，罗马著名建筑师维特鲁威曾经称实用、坚固、美观为构成建筑的三要素。

1. 建筑的功能

建筑可以按不同的使用要求，分为居住、教育、交通、医疗等类型，但各种类型的建筑都应该满足下述基本的功能要求。

1）人体活动尺度的要求

人在建筑所形成的空间里的活动、人体的各种活动尺度与建筑空间具有十分密切的关系。为了满足使用活动的需要，首先应该熟悉人体活动的一些基本尺度和人类活动空间（见图 2.12）。

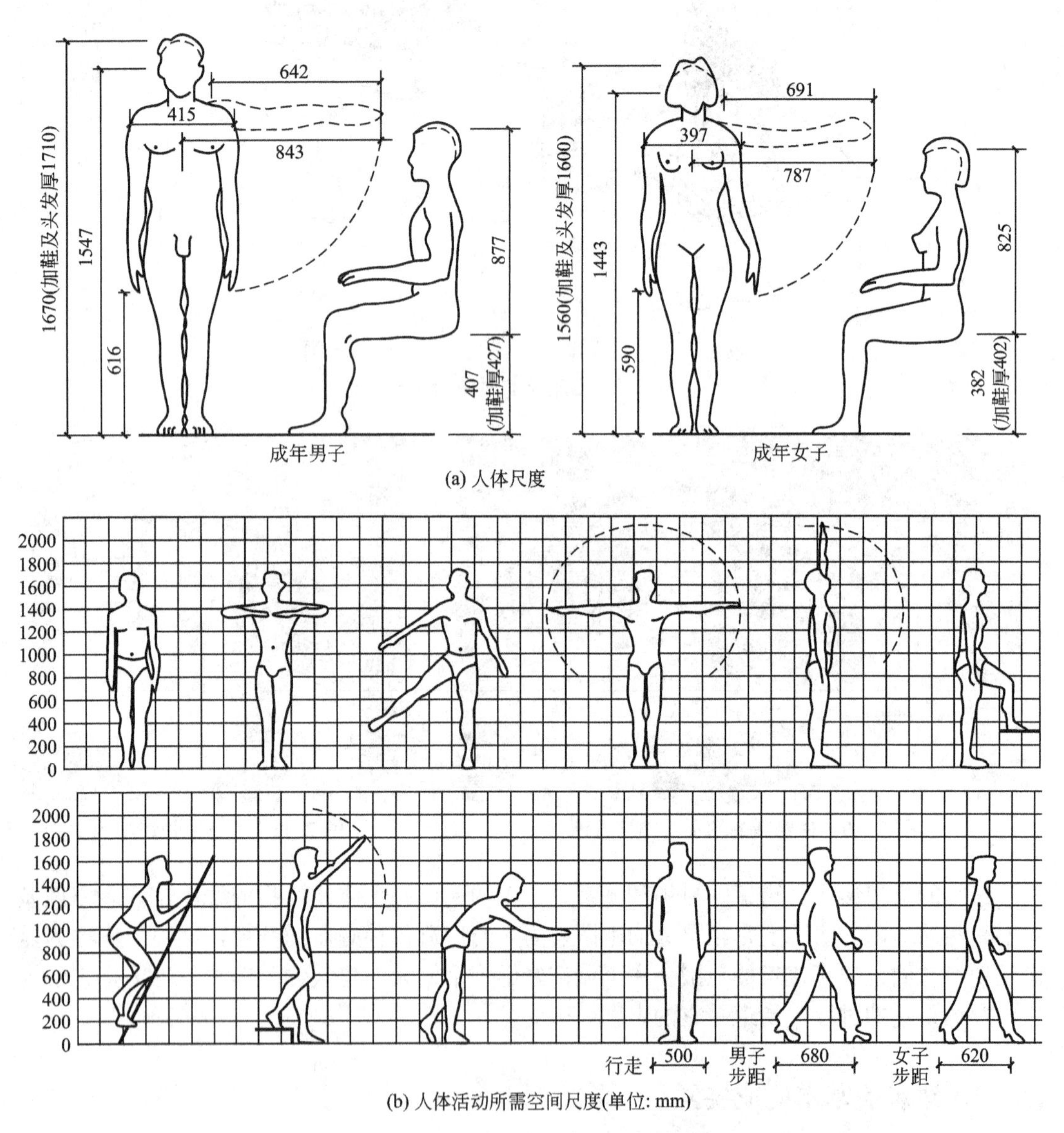

(a) 人体尺度

(b) 人体活动所需空间尺度(单位: mm)

图 2.12　人体尺度与人体活动空间

2）人的生理要求

主要包括对建筑物的朝向、保温、防潮、隔热、隔声、通风、采光、照明等方面的要求，它们都是满足人们生产或生活所必需的条件。

3）使用过程和特点的要求

人们在各种类型的建筑中活动，经常是按照一定的顺序或路线进行的。如一个合乎使用的铁路旅客站必须充分考虑旅客的活动顺序和特点，才能合理地安排好售票厅、大厅、候车室、进出站口等各部分之间的关系。

各种建筑在使用上又常具有某些特点，如影剧院建筑的看和听，图书馆建筑的出纳管理，一些实验室对温度、湿度的要求等，它们直接影响着建筑的功能使用。在工业建筑中，许多情况下厂房的大小和高度可能不是取决于人的活动，而是取决于设备的数量和大小。某些设备和生产工艺对建筑的要求甚至比人的生理要求更为严格，这些都是工业建筑设计中必须解决的功能问题。

2. 物质技术条件

建筑的物质技术条件主要是指房屋用什么建造和怎样去建造的问题。它一般包括建筑的材料、结构、施工技术和建筑中的各种设备等。

1）建筑结构

结构是建筑的骨架，它为建筑提供合乎使用的空间并承受建筑物的全部荷载，抵抗由于风雪、地震、土壤沉陷、温度变化等可能对建筑引起的损坏。结构的坚固程度直接影响着建筑物的安全和寿命。

柱、梁板和拱券结构是人类最早采用的两种结构形式，由于天然材料的限制，当时不可能取得很大的空间。利用钢和钢筋混凝土可以使梁和拱的跨度大大增加，它们仍然是目前所常用的结构形式(见图 2.13)。

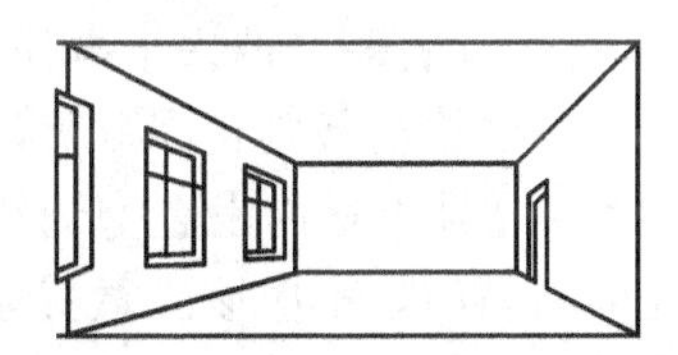
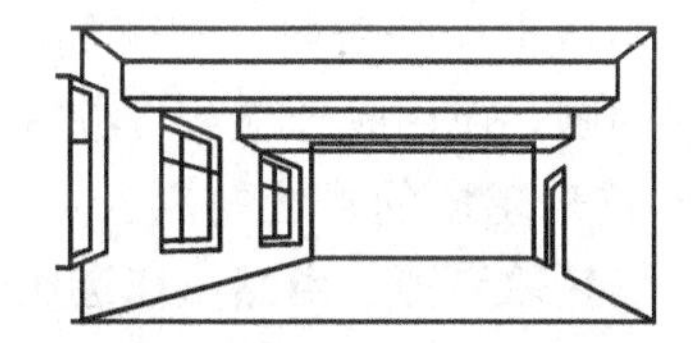
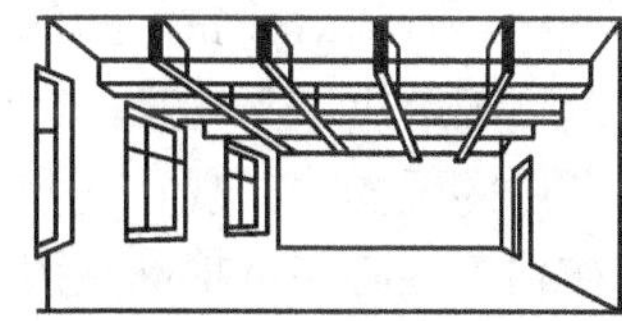

图 2.13　3 种常见的建筑结构形式

随着科学技术的进步，人们能够对结构的受力情况进行分析和计算，相继出现了桁架、刚架和悬挑结构。我们观察大自然，会发现许多非常科学合理的“结构”：生物要保持自己的形态，就需要一定的强度、刚度和稳定性；它们往往是既坚固又最节省材料的。钢材的高强度、混凝土的可塑性以及多种多样的塑胶合成材料，使人们从大自然的启示中，创造出如壳体、折板、悬索、充气等新型结构，为建筑取得灵活多样的空间提供了条件(见图 2.14)。

图 2.14　两种新型的建筑结构形式

无论采用上述哪一种结构形式建造房屋，最终都要把荷载传给地基。一般情况下，房屋荷载的传递有两种方式，即通过墙传到基础或通过梁和柱传到基础，这就是通常所说的承重墙体系和框架体系。

2）建筑材料

仅就以上介绍已可看到，建筑材料对于结构的发展有着重要意义。砖的出现，使拱券结构得以发展，钢和水泥的出现促进了高层框架结构和大跨度空间结构的发展，而塑胶材料则带来了面目全新的充气膜建筑(见图 2.15)。

图 2.15　充气膜建筑

同样，材料对建筑的装修和构造也十分重要，玻璃的出现给建筑的采光带来了方便，油毡的出现解决了平屋顶的防水问题，而用胶合板和各种其他材料的饰面板则正在取代各种抹灰中的湿操作。现在正出现越来越多的复合材料，如铝材或混凝土材内设置泡沫塑料、矿棉等夹心层可提高隔声和隔热效果等。当然，在选用任何材料时，都应该注意就地取材，都不能忽视材料的经济问题。

3）建筑施工

建筑物通过施工，把设计变为现实。建筑施工一般包括两个方面。

(1) 施工技术：人的操作熟练程度，施工工具和机械、施工方法等。

(2) 施工组织：材料的运输、进度的安排、人力的调配等。

由于建筑的体量庞大、类型繁多，同时又具有艺术创作的特点。许多世纪以来，建筑施工一直处于手工业和半手工业状态，只是在 20 世纪初，建筑才开始了机械化、工厂化和装配化的进程。装配化、机械化和工厂化可以大大提高建筑施工的速度，但它们必须以设计的定型化为前提。

建筑设计中的一切意图和设想，最后都要受到施工实际的检验。因此，建筑设计工作者不但要在设计工作之前周密考虑建筑的施工方案，而且还应该经常深入现场，了解施工情况，以便协同施工单位，共同解决施工过程中可能出现的各种问题。

3. 建筑形象

建筑形象可以简单地解释为建筑的观感或美观问题。如前所述，建筑构成日常生活的物质环境，同时又以它的艺术形象给人以精神上的感受。和其他造型艺术一样，建筑形象的问题涉及文化传统、民族风格、社会思想意识等因素，并不单纯是一个美观的问题，但是一个良好的建筑形象，却首先应该是美观的。建筑形象的表现手段主要包括比例、尺度、均衡、韵律、对比等。

建筑有可供使用的空间，这是建筑区别于其他造型艺术的最大特点。和建筑空间相对存在的是它的实体所表现出的形和线。建筑通过各种实际的材料表现出其不同的色彩和质感。光线(天然光或人工光)和阴影能够加强建筑形体的起伏凹凸的感觉，从而增添它们的艺术表现力(见图2.16)。古往今来，许多优秀的匠师正是巧妙地运用了这些表现手段，从而创造了许多优美的建筑形象。

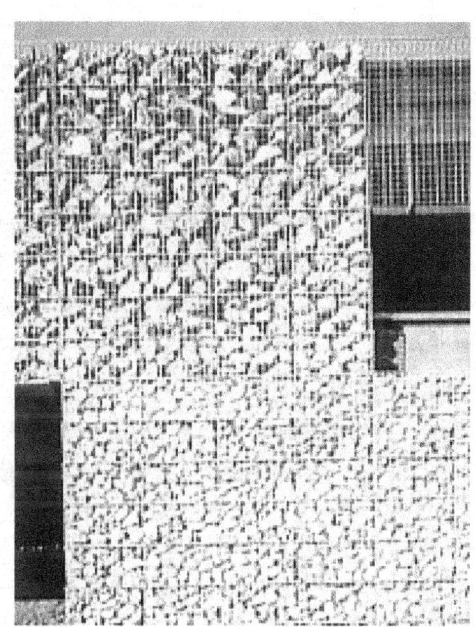

图2.16 美国加利福尼亚州拿巴多米尼斯酿酒厂

2.6.3 建筑设计方法

1. 建筑设计的流程和方案设计的方法

1) 建筑设计的流程

一般所谓的建筑设计应包括方案设计、初步设计和施工图设计三大部分，即从业主提出建筑设计任务书一直到交付建筑施工单位开始施工的全过程。这三部分在相互联系相互制约的基础上有着明确的职责划分，其中方案设计作为建筑设计的第一阶段，担负着确立建筑的设计思想、意图，并将其形象化的职责，它对整个建筑设计过程所起的作用是开创性和指导性；初步设计与施工图设计则是在此基础上逐步落实其经济、技术、材料等物质需求，是将设计意图逐步转化成真实建筑的重要的筹划阶段。由于方案设计突出的作用以及高等院校的优势特点，建筑学专业所进行的建筑设计的训练更多地集中于方案设计，其他部分的训练则主要通过以后的建筑师业务实践来完成。

2) 方案设计的方法

在现实的建筑创作中，设计方法是多种多样的。针对不同的设计对象与建设环境，不同的建筑师会采取完全不同的方法与对策，并带来不同的甚至是完全对立的设计结果。在具体的设计方法上可以大致归纳为“先功能后形式”和“先形式后功能”两大类。一般而言，建筑方案设计的过程大致可以划分为任务分析、方案构思和方案完善 3 个阶段，其顺序过程不是单向的、一次性的，需要多次循环往复才能完成。“先功能后形式”与“先形式后功能”两种设计方法均遵循这一过程，即经过前期任务分析阶段对设计对象的功能环境有了一个比较系统而深入的了解把握之后，才开始方案的构思，然后逐步完善，直到完成。两者的最大差别主要体现为方案构思的切入点与侧重点的不同。

“先功能”后形式是以平面设计为起点，重点研究建筑的功能需求，当确立比较完善的平面关系之后再据此转化成空间形式。这样直接“生成”的建筑造型可能是不完美的，为了进一步完善，需反过来对平面作相应的调整直到满意为止。“先功能后形式”的优势在于，其一，由于功能环境要求是具体而明确的，与造型设计相比，从功能平面入手更易于把握，易于操作，因此对初学者最为适合；其二，因为功能满足是方案成立的首要条件，从平面入手优先考虑功能势必有利于尽快确立方案，提高设计效率。“先功能后形式”的不足之处在于，由于空间形象设计处于滞后被动位置，可能会在一定程度上制约了对建筑形象的创造性发展。

“先形式后功能”则是从建筑的体型环境入手进行方案的设计构思，重点研究空间与造型，当确立一个比较满意的形体关系后，再反过来填充完善功能，并对体型进行相应的调整。如此循环往复，直到满足为止。“先形式后功能”的优点在于，设计者可以与功能等限定条件保持一定的距离，更益于自由发挥个人丰富的想象力与创造力，从而不乏富有新意的空间形象的产生。其缺点是由于后期的“填充”、调整工作有相当的难度，对于功能复杂规模较大的项目有可能会事倍功半，甚至无功而返。因此，该方法比较适合于功能简单，规模不大，造型要求高，设计者又比较熟悉的建筑类型。它要求设计者具有相当好的设计功底和设计经验，初学者一般不宜采用。

需要指出的是，上述两种方法并非截然对立，对于那些具有丰富经验的建筑师来说，两者甚至是难以区分的；当建筑师先从形式切入时，他会时时注意以功能调节形式；而当首先着手于平面的功能研究时，则同时迅速地构想着可能的形式效果。最后，他可能是在两种方式的交替探索中找到一条完美的途径。

2. 建筑的空间组织

依照什么样的方式把单一的建筑空间组织起来，成为一幢完整的建筑，这是建筑设计中的核心问题，决定这种组织方式的重要依据，就是人在建筑中的活动。按照人的活动要求，可以对不同的空间属性作如下的划分。

(1) 流通空间与滞留空间：如教学楼设计中，走廊为流通空间，教室为滞留空间，前者要求畅通便捷，后者则要求安静稳定，能够合理地布置桌椅、讲台、黑板等，以便进行正常的教学活动。

(2) 公共空间和私密空间：如旅馆设计中，餐厅、中庭等为公共空间，客房为私密空间，商店、餐饮、娱乐、健身、会议以及客房部分的走廊等又可分为不同程度的半公共或半私密空间。这些不同性质的空间应适当划分，私密区应避免大量的人流穿行；公共空间内则应具有良好的交通组织和适当的活动分区。

(3) 主导空间与从属空间：如剧场中的观众厅为主导空间，休息厅、门厅等为从属空间。观众厅为观众最主要的活动场所，它的形状、大小和位置的决定对整个设计起着决定性的作用。各从属空间则应视其与主导空间的关系来确定其在建筑布局中的位置，如门厅、休息厅应与观众厅保持最紧密的联系，卫生间和管理用房等则可相对隐蔽。

就空间的组织形式而言，又可大致划分为以下几种关系。

(1) 走廊式组合(并列关系，见图 2.17)。房间的相互联系和对外联系主要通过走廊，这种组合方式常见于单个房间面积不大，同类房间多次重复的平面组合，如办公楼、学校、旅馆、宿舍等。

(2) 套间式组合(序列关系，见图 2.18)是房间之间直接穿通的组合方式，特点是房间之间的联系最为简捷，把房间的交通联系面积和使用面积结合起来，通常是在房间的使用顺序和联系性较强，使用房间不需要单独分隔的情况下形成的组合方式如展览馆、车站、浴室、住宅等。

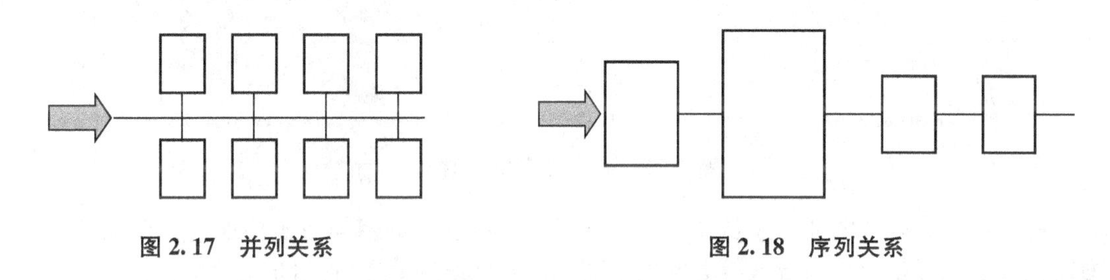

图 2.17　并列关系　　　**图 2.18　序列关系**

(3) 大厅式组合(主从关系，见图 2.19)，是在人流集中、厅内具有一定活动特点并需要较大空间时形成的组合方式。这种组合方式常以一个面积较大、活动人数较多、有一定的视、听等使用特点的大厅为主，辅以其他的辅助房间，如剧院、会场、体育馆等。

(4) 综合式组合(综合关系，见图 2.20)，在实际建筑中，常是以某一种方式为主同时兼有其他形式存在。例如，大型旅馆中，客房部分为并列关系，大厅及其周围的商店、餐饮、休息等为主从关系，厨房部分则可能表现为序列关系。又如，单元住宅就各单元而言为并列关系，而各单元内部则表现为以起居室为中心的主从关系。

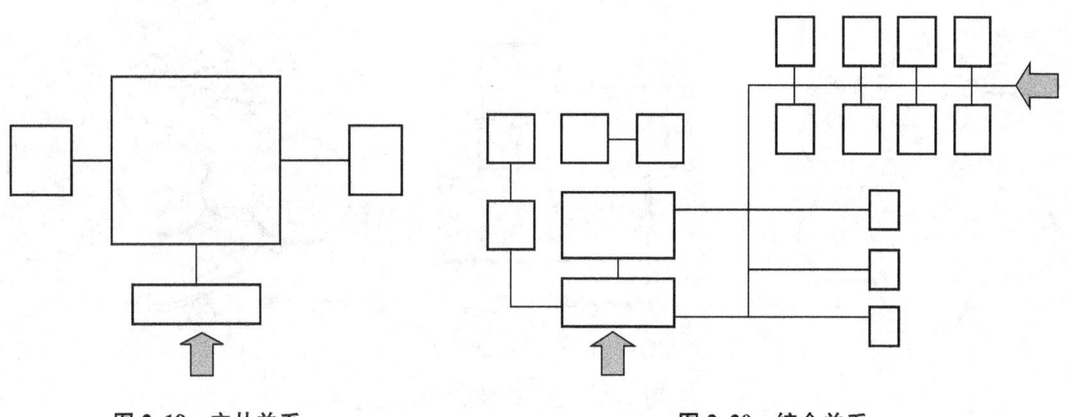

图 2.19　主从关系　　　**图 2.20　综合关系**

3. 建筑空间构型的基本方法

1）主从关系

在一组空间中，各空间单元的重要性不同，需要一个主要的空间突出重点，则形成主从空间。一般而言，那些尺度较大、位置居中、限定程度较高以及序列空间中高潮所在的空间都是主从空间。主从空间普遍应用于建筑空间的构成中(见图 2.21)。

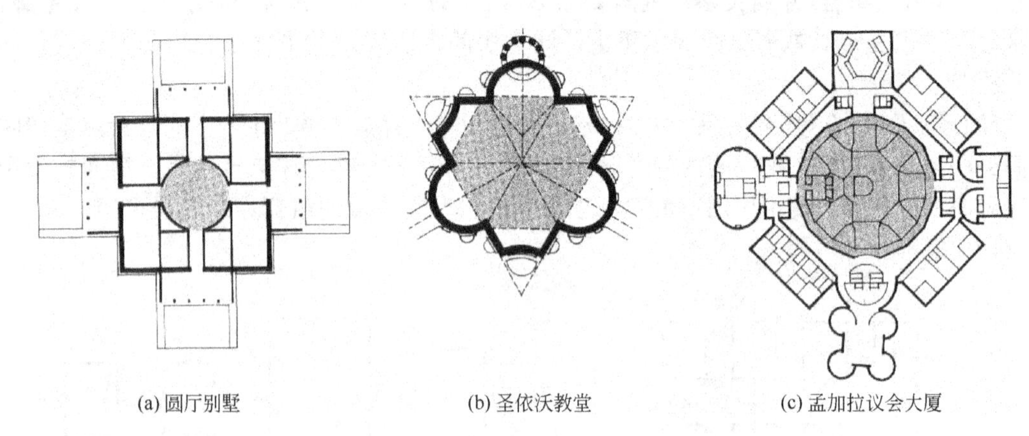

(a) 圆厅别墅　(b) 圣依沃教堂　(c) 孟加拉议会大厦

图 2.21　主从关系的空间构型

集中式构成有着明显的主从关系，位置居中尺度较大的空间占主导地位。在变换构成中，在大小、形状、组织方式等方面发生变换的空间易成为主导空间。

2）空间对比

当由小空间进入大空间时，由于小空间的对比衬托，将会使大空间给人以更大的感觉。空间大与小、静与动、虚与实、开敞与封闭的适当对比，可以创造先抑后扬、小中见大和豁然开朗的空间效果。对比的类型主要有 4 种：①体量对比；②明暗、虚实对比；③形状对比；④方向对比。

3）空间的重复

空间通过一定的骨骼形式，线型、放射型或网格型，形成重复构型(见图 2.22)或者渐变构型，这一系列空间形态基本近似，无主次关系。空间的适当重复可以强调统一和突出性格，也能造成很强的节奏韵律感。

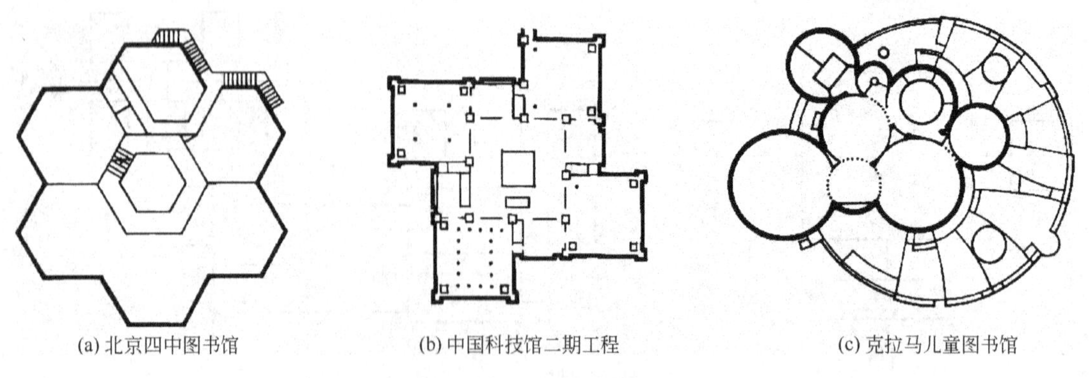

(a) 北京四中图书馆　(b) 中国科技馆二期工程　(c) 克拉马儿童图书馆

图 2.22　空间的重复构型

4) 空间序列

三个以上的空间先后次序关系明确，则形成序列空间。

人在空间中是一种时空的连续运动，表现一定的顺序性和连续性，当沿人流路线逐一展开空间，必然展开空间序列，正如凝固的音乐，有起、有伏，有扬、有抑，有一般、有重点、有高潮，产生强烈的流动感。序列空间本身有序，因此空间构成的操作重点在于创作变化，创作情态线索的起伏。

5) 过渡与层次

空间上的相互邻接、时间上的前后相随，地势上的高下相倾，组合上的长短相形，功能上的相互分隔，致使空间出现过渡和层次性的变化，犹如自然地貌呈现的高低起伏。丰富的空间层次可以满足人们对自然空间环境的体验，合理的空间过渡可以满足人们对空间的私密性、半私密性和公共性的划分需要。建筑入口处的门廊、平台和架起都能起到室内外空间的过渡作用(见图 2.23)。

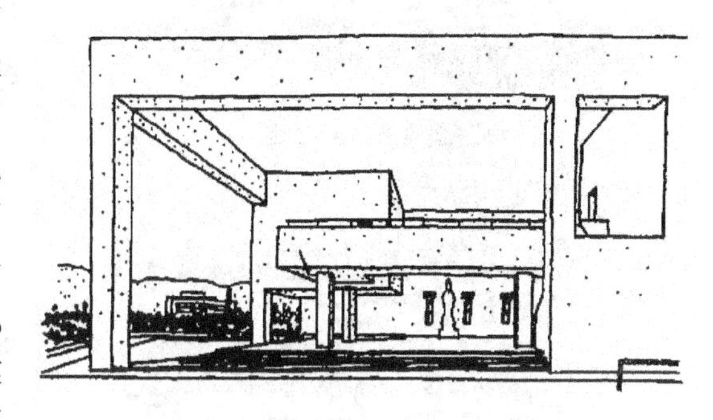

图 2.23 架起在建筑入口处建立过渡空间

(1) 内向和外向：建筑空间可以大体分为从周围向内收敛的空间和以中央为中心向外扩散的空间。日本当代著名建筑师芦原义信把前者称为积极空间，这是一种内向性的空间，中国传统建筑的群体组合中通常以内向的布局形式为主；后者称为消极的空间，是一种外向性的空间。内向，即向内围合；外向，即向外发展。

(2) 穿插与渗透：当既有内向又有外向时，则为穿插和渗透。空间之间的连通、穿插、渗透以及内外空间相互交融是现代空间的特点(见图 2.24 和图 2.25)。

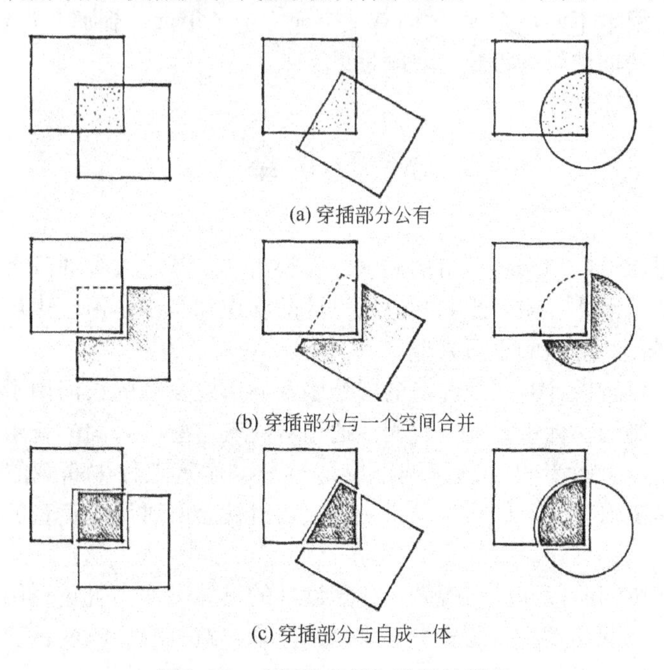

图 2.24 空间的穿插与渗透的类型

(a) 费朗克盖里宅 窗墙外延　(b) 尼尔森宅 屋盖外延

(c) 加拿大分校 门构外延　(d) 布劳恩医疗设备厂 梁柱外延

图 2.25　空间的穿插与渗透实例

(3) 引导与暗示：某些藏得很深的景致，如果没有引导便无从接近，这样的景或者可望而不可即，或者根本不能被发现。“向着某个地方走了很远，到那儿却发现什么也没有”的空间暗示更使人的期待取得极致的戏剧效果。

本 章 小 结

通过本章学习，可以加深对城市的概念、发展历史及其对人类的巨大影响和作用的认识，通过对城市、城市化、城市规划和建筑设计的认识和初步学习，逐步建立起对工程管理专业(土木工程管理方向)的学习兴趣。

从城市规划和建筑设计对国民经济的影响以及从历史发展的长河中了解城市化对人类衣食住行的发展、制约、促进的发展过程。通过对建筑这些“凝固的音乐”的基本要素和空间设计方法的学习，读者可以理解城市规划与土木建筑工程中蕴藏的智慧、辛劳、汗水、眼泪，甚至是鲜血，从而以对自己、对别人、对社会、对历史负责的态度来对待土木建筑工程建设。

通过对城市化进程阶段和城市规划、建筑设计的具体工作内容进行阐述，了解土木建筑工程的经济责任、社会责任、历史责任，以及土木建筑工程影响的负责性，树立可持续发展的观念。

思 考 题

2-1 城市形成的历史过程与人类社会劳动大分工有何关系?
2-2 工业革命后，近现代城市的发展经历了哪些大的发展阶段?
2-3 城市化水平根据什么指标来度量? 请总结城市化的阶段规律与动力机制。
2-4 城市规划的法规体系包括哪些内容? 城市规划如何取得法律授权?
2-5 城市的规模主要通过哪些核心指标来预测? 研究人口年龄百岁图有何意义?
2-6 城市人口增长率主要通过哪些指标来衡量?
2-7 城市道路及其系统的空间组织有哪些类型? 其系统规划有哪些基本要求?
2-8 城市居住区详细规划包括哪些具体工作内容?
2-9 城市规划实施管理的基本制度中“一书两证”具体内容是什么?
2-10 简述建筑的基本构成要素、空间组织的具体类型与空间构型的基本方法。

阅读材料

城市规划的雏形——中国古代的城与郭

中国古代城市的形成最早可追溯至夏朝。而后经过夏、商、周(其中周朝又可以细分为西周、春秋和战国)3个朝代的发展，中国古代城郭及城市规划渐现雏形。这3个主要时期的城市形态和发展过程均有其各自的特点。

在夏代中期和后期，出现了一些具有代表性的城市，如河南偃师市二里头村古城、阳城、平阳、安阳、原城、河洛等。这些初成雏形的城市具有一些共同的特点，如城内宫殿建筑的朝向均坐北朝南、建筑整体采用封闭式布局、高台基、主体采用木结构，这些结构特点都被以后的宫殿沿用。另外城市内部结构较为复杂，规模较大，工业手工作坊和民宅相间。

商代的城市数量较夏代有较大程度的增加，城市经济、文化也均有一定发展。其中具有代表性的如河南郑州商城、安阳殷墟、湖北黄陂盘龙城、四川广汉三星堆古城(南方都邑遗址的典型代表)等。该时期城市的特点：城市数量增多，城市建设规模上也较夏代有较大的发展，宫殿是城市中的主要建筑，形制较普通建筑高大，在建筑技术方面有较大进步，城市已初具规模。

西周时期的城市，具有代表性的城市主要是西周的都城及其所封诸侯国的国都，重要的有西周都城岐邑、丰京、镐京，陪都洛邑，诸侯国的都城如齐都营邱、鲁都奄、宋都商丘、卫都朝歌、晋都唐、燕都蓟等。这一时期城市的特点为城市数量多，分布广泛，但规模普遍较小；形成了严格的城邑等级制度；城市建设有较强的规划，出现严格意义上的城建思想体系；建筑技术和建筑材料有了很大的发展。

春秋时期的城市数量进一步增多，仅据《春秋左传》中有记载的筑城活动即达68次，共筑城63座。根据现在对春秋时期35个国家的统计，共有城邑600个，如果再加上其他未统计的国家，其时城邑当在千个以上。代表性城市主要有齐都临淄、郑都新郑、晋都新田、秦都雍、楚都郢等。这一时期的城市基本形成战国时代封建城市的雏形，发展日臻成熟，其特点大致如下：城市规模激增，分布广泛，人口盈实(此时人口开始成为衡量城市规模的最重要的因素)；城市工商业发达，经济职能增强；城市繁华，市民生活丰富多彩；城市形态为大小城郭相互联系，并呈现多种组合形式。

至战国时期，中国古代的城市规划、城郭形式则已初步形成，据战国时期的《周礼·考工记》中记载，“匠人营国，方九里，旁三门。国中九经九纬，经涂九轨，左祖右庙，前朝后市，市朝一夫”。这一理论一直影响着中国数以千年来的城市规划和建设，尤其是帝王都城的规划建设，如北京、西安、洛阳、南京等古都的规划形式和城市布局。

古代城市规划与城郭的出现是人类社会发展到一定历史阶段的产物。它的出现，标志着氏族部落制度的解体和文明时代的到来。战国时期，列国都城采用了大小城制度，反映了“筑城以卫君，造郭以守民”的要求；西汉长安城将宫室与里坊结为一体；三国时曹魏邺城采用城市功能分区的规划方式；南北朝时期的洛阳城加强了全面规划，这些都为中国古代前期城市建设的高峰——隋唐长安城，以及后来的集中国古代都城城市规划之大成的北京城的建设起了先导作用。

第3章 土木工程材料

教学目标

本章主要讲述土木工程材料所包含的种类、材料性质及其在土木工程中的应用。通过本章学习，应达到以下目标。

(1) 掌握基本土木工程材料的种类以及常用的土木工程材料。

(2) 熟悉常用土木工程材料的性质。

(3) 了解土木工程材料的发展趋势。

教学要求

知识要点	能力要求	相关知识
土木工程材料	(1) 了解土木工程材料的发展过程 (2) 掌握土木工程材料的主要类别 (3)了解新型土木工程材料的发展	(1) 土木工程材料发展的几个阶段和新型材料的发展趋势 (2) 土木工程材料的分类
材料性质	熟悉各种材料的性质和特点	(1) 各种材料的主要组成成分 (2) 同类材料的共性与特性
材料的应用	(1) 了解土木工程材料在工程中的使用方法 (2) 掌握不同材料的各自应用范围	新型土木工程材料的研究与应用

基本概念

土木工程材料、无机胶凝材料、水泥、石灰、钢筋、混凝土、砂浆、骨料、砖、木材、石材、功能材料、高分子材料。

引例

什么是智能混凝土

智能混凝土是在混凝土原有组分基础上复合智能型组分，使混凝土具有自感知和记忆、自适应、自修复特性的多功能材料。根据这些特性可以有效地预报混凝土材料内部的损伤，满足结构自我安全检测需要，防止混凝土结构潜在脆性破坏，并能根据检测结果自动进行修复，显著提高混凝土结构的安全性和耐久性。

土木工程中所使用的各种材料统称为土木工程材料。材料对于土木工程是至关重要的，它们将直接影响建筑物或构筑物的性能、功能、寿命和经济成本，从而影响人类生活空间的安全性、方便性、舒适性。

从古至今，土木工程每一次大的飞跃都与材料的发展息息相关。在远古时代，人类还没有能力去开发自然，因此只能居住在天然洞穴中；进入石器时代，人类开始凿石为洞，伐木为棚；随着人类文明的进步，人类进而开始利用天然材料进行简单加工，从而出现了砖、瓦等人造土木工程材料；进入近现代，人类利用科技不断开发出性能优越的材料，从而一次次使土木工程的规模和质量出现大的发展，先是17世纪生铁开始应用在土木工程中，19世纪初，钢铁这种强度更大、更耐用的材料出现在建筑上，随后，在19世纪20年代，波特兰水泥的发明使得混凝土得到了广泛的应用。在这个不断发展的过程中，每一种新的、性能更优越的材料的出现，都会使土木工程在各方面出现质的飞跃。

随着人类社会的进步和发展，更高效地利用地球上有限的资源和能源，全面改善人类的生存环境，扩大人类的生存空间，满足人类在安全性、舒适性、美观性和耐久性方面越来越高的要求，实现土木工程的可持续发展将成为土木工程新的挑战。因此，这也对土木工程材料提出了更多更高的要求，进入21世纪后，土木工程材料正向着高性能、多功能、安全和可持续发展的方向改进。

3.1 无机胶凝材料

土木工程材料中，凡是经过一系列的物理、化学作用，能将散粒材料黏结成整体的材料，统称为胶凝材料。胶凝材料按其化学组成，可分为有机胶凝材料(如沥青、树脂等)与无机胶凝材料(如石灰、水泥等)。无机胶凝材料按硬化条件不同，又可分为气硬件和水硬件两种。气硬性胶凝材料是只能在空气中硬化，也只能在空气中保持或继续发展其强度的胶凝材料，如石膏、石灰、水玻璃等。水硬性胶凝材料是不仅能在空气中硬化，而且能更好地在水中硬化，并保持和继续发展其强度的胶凝材料，如各种水泥。

1) 石灰

石灰是在土木工程中使用较早的矿物胶凝材料之一。石灰的原料——石灰石分布很广，生产工艺简单，成本低廉，具有较好的建筑性能，所以一直应用广泛。

图3.1　石灰石

石灰石(见图3.1)的主要成分是碳酸钙，将石灰石煅烧，碳酸钙分解成为生石灰。

工程上使用石灰时，通常将生石灰加水，使之消解成消石灰(氢氧化钙)，这个过程称为石灰的“消化”，又称“熟化”。生石灰熟化形成的石灰浆，是球状细颗粒、高度分散的胶体，表面吸附一层厚的水膜，减小了颗粒之间的摩擦力，具有良好的塑性。在水泥砂浆中掺入石灰浆，可使砂浆的可塑性和保水性显著提高。

石灰在建筑上应用很广，可用于支座石灰乳涂料、配制砂浆、拌制石灰三合土等。

2）石膏

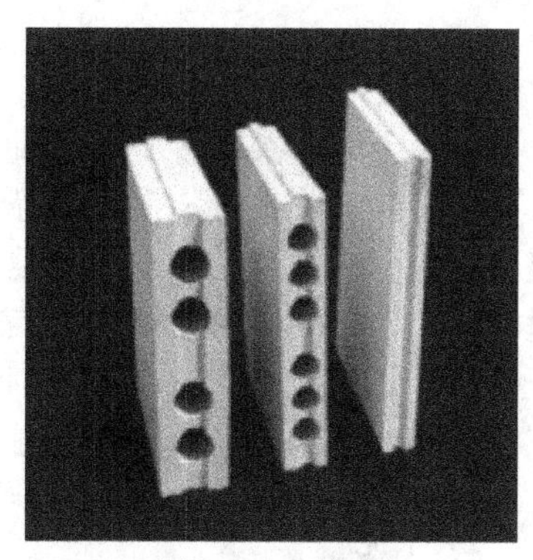

图 3.2　石膏板

石膏属于气硬性胶凝材料，它在建筑工程中应用很广泛。石膏胶凝材料具有许多优良的建筑性能，可以制成多种建筑制品。石膏胶凝材料的品种很多，建筑上使用较多的是建筑石膏，其次是高强石膏。为建筑常用的石膏板(见图 3.2)。

生产石膏的主要原料是天然二水石膏(二水硫酸钙)和无水石膏(硫酸钙)，将二水石膏加热煅烧、脱水、磨细即得到石膏胶凝材料，加热温度和方式不同，可以得到不同性质的石膏产品。

土木工程中使用最多的是建筑石膏，建筑石膏具有一系列的优良特性。建筑石膏加水后拌制的浆体具有良好的可塑性，且具有凝结硬化快的特点；凝结硬化时，体积不收缩，而是略有膨胀(膨胀值约为 0.15%)，这使得石膏制品表面光滑饱满，有良好的充满模型的能力；建筑石膏具有很好的防火性能和隔热、吸声性能；同时建筑石膏还具有良好的调温调湿性和加工性能。

建筑石膏的应用很广，其主要的应用为制备粉刷石膏和制作建筑石膏制品。另外石膏配以纤维增强材料和黏胶剂等还可用来生产各种浮雕和装饰品，如石膏角线、灯圈、角花等。

3）水泥

水泥广泛应用于各种土木工程中，是目前最重要的建筑材料之一。水泥从 1824 年诞生至今，为人类社会进步及经济发展作出了巨大贡献，它与钢材、木材一起并称为土木工程的三大基础材料。水泥与石灰和石膏不同，它不仅可以在空气中硬化，而且能在水中较好地硬化，并保持和发展其强度，因此水泥属于水硬性胶凝材料。

水泥的生产是以石灰石和黏土为主要原料，经破碎、配料、磨细制成生料，放入水泥窑中煅烧成熟料，加入适量石膏(有时还掺加混合材料或外加剂)磨细而成。通过对各种原材料的配比控制，可以制成不同种类的水泥。

水泥的种类繁多，按其主要水硬性物质名称分，常用的有以下 6 种：硅酸盐水泥(即国外通称的波特兰水泥)、铝酸盐水泥、硫铝酸盐水泥、磷铝酸盐水泥、氟铝酸盐水泥、以火山灰或潜在水硬性材料及其他活性材料为主要组分的水泥。按其用途及其性能又可分为通用水泥和特种水泥。

在土木工程中，硅酸盐水泥是最常用的水泥，它的主要特性有水化凝结硬化快，早期强度高，抗冻性好、干缩小，水化过程中水化热较大，耐蚀性能较差，耐热性差。

3.2 混凝土与砂浆

3.2.1　普通混凝土

混凝土是由胶凝材料、粗骨料、细骨料和水按一定的比例配合后搅拌、振捣成型，并经一定时间养护硬化而成的一种人造石材。混凝土普遍用于土木工程的各个领域，是用量最大、用途最广的建筑材料。

1. 普通混凝土的种类

混凝土的种类很多。按胶凝材料不同，分为水泥混凝土、沥青混凝土、石膏混凝土、水玻璃混凝土、聚合物混凝土等；按使用功能不同，分为结构混凝土、道路混凝土、水工混凝土、耐热混凝土、耐酸混凝土及防辐射混凝土等；按其密度不同，分为重混凝土、普通混凝土、轻混凝土；按施工工艺不同，又分为喷射混凝土、泵送混凝土、振动灌浆混凝土等。

2. 普通混凝土的组成材料

1）水泥

水泥是混凝土中的重要组成部分，是混凝土中的胶凝材料。水泥与水形成水泥浆，水泥浆包裹砂、石颗粒并填充其空隙。硬化前，水泥浆起润滑作用，保证混凝土施工的和易性。硬化后，将砂、石胶结成坚硬整体，形成混凝土的强度。水泥的合理选用包括两个方面：一是水泥品种的选择，配制混凝土时，应根据工程性质、施工条件、环境状况等具体工程条件，按各品种水泥的特性作出合理的选择；二是水泥强度等级的选择，水泥强度等级的选择，应与混凝土的设计强度等级相适应。强度等级过低或过高，都会对工程的安全性、耐久性、经济性产生影响。

2）细骨料

混凝土中所用集料颗粒粒径在0.16～5mm之间的称为细骨料，即人们通常所说的砂。工程中一般所采用的天然砂，是由岩石风化后所形成的大小不等、由不同矿物散粒组成的混合物。根据产源不同，天然砂一般有河砂、海砂及山砂(见图3.3)。

3）粗骨料

混凝土中所用集料颗粒粒径大于5mm的称为粗骨料。常用的粗骨料有碎石和卵石。碎石大多由天然岩石经破碎筛分而成，碎石表面粗糙，有利于与水泥黏接，但流动性差。碎石是建筑工程中用量最大的粗骨料。卵石是由天然岩石经自然条件长期作用而形成的。根据产源不同，一般有河卵石、海卵石及山卵石。其中河卵石(见图3.4)在工程中应用较多，卵石经河流冲刷，比较圆滑，流动性好，但与水泥的黏接性较差，在相同条件下卵石混凝土的强度较碎石混凝土低。

图3.3　天然砂

图3.4　河卵石

4）混凝土用水

混凝土用水的基本质量要求：不影响混凝土的凝结和硬化；无损于混凝土强度发展及耐久性；不加快钢筋锈蚀；不引起预应力钢筋脆断；不污染混凝土表面。

一般凡能饮用的水和清洁的天然水，都可用于拌制和养护混凝土。海水不得用于拌制钢筋混凝土、预应力混凝土及有饰面要求的混凝土。工业废水须经适当处理后才能使用。

5）外加剂

混凝土外加剂是指在拌制混凝土过程中掺入的用以改善混凝土性能的物质，一般不大于水泥质量的5%(特殊情况除外)。

外加剂按其主要功能，一般分为4类：改善混凝土拌合物流变性能的外加剂，如减水剂、引气剂、泵送剂等；调节混凝土凝结时间和硬化性能的外加剂，如缓凝剂、早强剂等；改善混凝土耐久性的外加剂，如防水剂、阻锈剂、抗冻剂等；提供特殊性能的外加剂，如加气剂、膨胀剂、着色剂等。

3. 混凝土材料的特性

混凝土材料具有以下特性：原材料来源丰富，造价低廉；利用模板可以浇筑成任意形状、尺寸的构件或整体；抗压性能好，实验室现已可配置出100MPa以上的高强混凝土；与钢材的黏接能力强，可以复合成具有良好力学性能的钢筋混凝土；具有良好的耐久性，许多重要的混凝土结构的设计使用寿命在100年以上；耐火性能好，在高温条件下，混凝土能保持几小时的强度。

混凝土有着以上许多优点，但同时也存在着一些缺点。例如，混凝土自重较大，抗拉强度差，受力破坏时呈现明显的脆性，另外混凝土的硬化速度较慢、生产周期长等，这些都是混凝土的缺点。在使用混凝土时，需要采取一些措施来克服这些缺点，同时尽量发挥出混凝土的优势，做到扬长避短，充分利用。

3.2.2 特殊混凝土

1）智能混凝土

智能混凝土是指在混凝土原有组分基础上复合智能型组分，如光纤材料、压电陶瓷、碳纤维以及高分子材料等，使混凝土成为具有自感知和记忆、自适应、自修复特性的多功能材料。根据这些特性使得混凝土可以具有如下功能：①预报混凝土材料内部损伤；②实现混凝土结构自身安全检测；③防止混凝土结构潜在脆性破坏；④实现材料及结构自动修复；⑤提高结构安全性和耐久性。

自20世纪90年代中期以来，国内外先后开展了智能型水泥基材料的研究，并取得了一些研究成果。例如，武汉理工大学和同济大学研究了碳纤维水泥基材料特性等，哈尔滨工业大学研究了光纤传感智能混凝土。国外还对水泥基磁性复合材料、自动调节温度与湿度的水泥基复合材料等进行了研究。但是，有关自修复混凝土的研究还很少，如何快速、适时地愈合混凝土材料的内部损伤，以及对自修复混凝土机理的研究，目前只有美国、日本等少数国家进行实验室探索研究。

2）防辐射混凝土

防辐射混凝土是一种能够有效防护对人体有害射线辐射的新型混凝土，又称防射线混凝土、屏蔽混凝土、原子能防护混凝土、核反应堆混凝土等。因为该混凝土的表观密度比普通混凝土大，因此又称重混凝土。防辐射混凝土的研制和应用是随着原子能工业和核技术的发展应用而发展起来的。制作防辐射混凝土的胶凝材料一般采用水化热较低的硅酸盐水泥或高铝水泥、钡水泥、镁氧水泥等特种水泥，用重晶石(硫酸钡)、磁铁矿(水合三氧化二铁)、褐铁矿(三氧化二铁)、废钢铁块等作骨料，加入含有硼、镉、锂等的物质，可以减弱中子流的穿透强度。

防辐射混凝土的特点如下。

(1) 防γ射线要求混凝土的容重大。

(2) 防护快中子射线时，要求混凝土中含氢元素。最好含有较多的水(因为水中有氢元素)、石蜡等慢化剂。

(3) 防护慢速中子射线时，要求混凝土中含硼。

(4) 要求混凝土热导率大、热膨胀和干燥收缩小。

3) 绿色混凝土

绿色混凝土的提出在于加强人们对资源、能源和环境的重视，要求混凝土工作者更加自觉地提高其绿色含量或者加大其绿色度，节约更多的资源、能源，将对环境的影响减到最少，这不仅为了混凝土和建筑工程的持续健康发展，更是人类的生存和发展所必需的。一般认为真正的绿色混凝土应符合以下条件。

(1) 所使用的水泥必须为绿色水泥；此处的“绿色水泥”是指将水泥资源利用率和二次能源回收率均提高到最高水平，并能够循环利用其他工业的废渣和废料。

(2) 最大限度地节约水泥熟料用量，从而减少水泥生产中的“副产品”——二氧化碳、二氧化硫、氧化氮等气体，以减少环境污染，保护环境。

(3) 更多地掺加经过加工处理的工业废渣，如磨细矿渣、优质粉煤灰、硅灰和稻壳灰等作为活性掺合料，以节约水泥，保护环境，并改善混凝土耐久性。

(4) 大量应用以工业废液尤其是黑色纸浆废液为原料制造的减水剂，以及在此基础上研制的其他复合外加剂。

(5) 集中搅拌混凝土和大力发展预拌商品混凝土，消除现场搅拌混凝土所产生的废料、粉尘和废水，并加强对废料和废水的循环使用。

(6) 砂石料的开采应该以十分有序且不过分破坏环境为前提。积极利用城市固体垃圾，特别是拆除的旧建筑物和构筑物的废弃物混凝土、砖、瓦及废物，以其代替天然砂石料，减少砂石料的消耗，发展可再生混凝土。

4) 钢纤维混凝土

钢纤维混凝土是在普通混凝土中掺入乱向分布的短钢纤维所形成的一种新型的多相复合材料。加入混凝土中的钢纤维能够有效地阻碍混凝土内部微裂缝的扩展及宏观裂缝的形成，使得混凝土的抗压强度、拉伸强度、抗弯强度、冲击强度、韧性、冲击韧性等性能均得到较大提高，显著地改善了混凝土的延性。普通钢纤维混凝土的纤维体积率在1%～2%之间，与之相比，钢纤维混凝土的抗拉强度可提高40%～80%，抗弯强度提高60%～120%，抗剪强度提高50%～100%，抗压强度提高幅度较小，一般在0～25%之间，但抗压韧性却大幅度提高。

随着中国基本建设的蓬勃发展，钢纤维混凝土近几年来也得到了逐步应用和发展。目前施工中常使用长20～40mm，厚0.5mm的钢纤维。采用钢纤维混凝土的优点如下。

(1) 不产生钢纤维的回弹，使用40mm的钢纤维时，也能控制回弹。

(2) 混凝土质量均一，通常可达到55MPa的强度，特殊作业时，可达到100MPa。

(3) 环境条件好，粉尘少；作业安全。

(4) 水灰比小，透水性低。

(5) 不需要防腐蚀处理，可防止电解和加速腐蚀。

根据纤维增强机理的各种理论，如纤维间距理论、复合材料理论和微观断裂理论，以及大量的试验数据分析，可以确定纤维的增强效果主要取决于基体强度(f_m)，纤维的长径比(钢纤维长度l与直径d的比值，即(l/d)，纤维的体积率(钢纤维混凝土中钢纤维所占体积分数)，纤维与基体间的黏结强度(τ)，以及纤维在基体中的分布和取向(η)的影响。当钢纤维混凝土破坏时，大都是纤维被拔出而不是被拉断，改善纤维与基体间的黏结强度是改善纤维增强效果的主要控制因素之一。

因此，改善钢纤维混凝土性能的主要办法如下：①增加纤维的黏结长度(即增加长径比)；②改善基体对钢纤维的黏结性能；③改善纤维的形状、增加纤维与基体间的摩擦阻力和咬合力。

3.2.3 砂浆

1. 砂浆及其种类

砂浆(见图3.5)由细骨料、胶凝材料(水泥、石灰等)和水按一定的比例制成的建筑工程材料。砂浆在建筑工程中应用广泛，它在工程中起到黏接、衬垫和传递应力的作用。

图3.5 砌筑用砂浆

按所用的胶结材料的不同，砂浆可分为水泥砂浆、石灰砂浆和混合砂浆；按不同的用途，砂浆可以分为砌筑砂浆、抹面砂浆和特种砂浆。建筑工程中砂浆主要用于砌筑墙体和抹面工程。

2. 砂浆的强度与和易性

砂浆强度等级以标准试块(边长为7.07cm的立方体)经标准养护28d的抗压强度来确定，共分为7个等级：M0.4、M1.0、M2.5、M5、M7.5、M10、M15。砂浆强度直接影响砌体的强度和与建筑物表面的黏结力。一般砂浆强度越高，砌体强度越高，抹面的黏结力越强。抹面所用砂浆中水泥与砂的体积比通常采用1∶2或1∶3。水泥砂浆强度主要取决于水泥标号、用量及水灰比(水与水泥质量比)。石灰砂浆强度比较低，一般在0.2～0.4MPa。混合砂浆强度主要取决于水泥、石灰和砂的配合比。

砂浆在施工过程中，为了便于砌筑，并保持水分不易流入，组合材料不易分离，要求砂浆应具有良好的流动性和保水性，砂浆的流动性和保水性称为和易性。在水泥砂浆中掺入适量石灰膏，可改善其和易性。砂子过粗则保水性差，砂子过细则降低强度，故砂浆宜用中砂配制。

3.3 砖、瓦与功能材料

墙体材料是建筑物中构成建筑物实体且用量最多的建筑材料，在建筑中，墙体材料除发挥围护、保温、隔热、分隔、屏蔽、隔声等作用外，有时还要承受荷载，是重要的建筑材料。按照墙体材料生产方法的不同，可分为烧结类墙体材料和非烧结类墙体材料。

功能材料则是指赋予建筑物防水、保温隔热、隔声、防火等功能的建筑材料。

3.3.1 砖

1. 烧结砖

经过成型、干燥、焙烧而生产的用于砌筑建筑物墙体的材料称为烧结类墙体材料。烧结类墙体材料按组成成分可分为黏土砖、页岩砖、粉煤灰砖、煤矸石砖；按孔洞率可分为实心砖(见图 3.6)、多孔砖(见图 3.7)和空心砖(见图 3.8)。

图 3.6 实心砖

图 3.7 多孔砖

图 3.8 空心砖

1) 生产工艺简介

黏土砖的原料主要是黏土，黏土原料中含有高岭土、蒙脱石、伊利石、石英、长石、碳酸盐和含铁矿物等成分。其生产工艺要经过原料配制、混合匀化、制坯、干燥、预热、焙烧等过程。决定烧结砖质量最主要的有两个因素：一是所使用原料，它决定了砖的各方面的性能；二是烧结过程中的温度控制，它决定了烧结砖的质量等级。

在用粉煤灰、煤矸石、页岩等为原料时，也应该掺加一定比例的黏土以满足制坯时对塑性的要求。焙烧过程是个复杂的化学反应过程，砖坯在焙烧过程中，应严格控制窑内的温度及温度分布的均匀性，避免产生欠火砖和过火砖。

2) 烧结砖的性能及其应用

烧结普通砖既有一定的强度，又有较好的隔热、隔声性能，而且价格低廉，是砌筑工程中的一种主要材料。烧结普通砖可用做建筑围护结构，可砌筑柱、拱及基础等；可与轻集料混凝土、加气混凝土、岩棉等隔热材料配合使用，砌成两面为砖、中间填以轻质材料的轻体墙。

烧结普通砖的使用在中国有悠久的历史，但是它有自重大、体积小、生产能耗高、施工效率低、破坏耕地资源等缺点，用烧结多孔砖和烧结空心砖代替烧结普通砖，可减轻建筑物自重，节约黏土资源，节省烧结时的燃料消耗，提高墙体施工工效，并能改善砖的隔热隔声性能。烧结多孔砖和烧结空心砖的生产工艺与烧结普通砖相同，但由于坯体有孔洞，增加了成型的难度，因而对原料的可塑件和烧结技术的要求更高。推广使用多孔砖和空心砖是加快中国墙体材料改革，推进建筑施工技术进程的重要措施之一。

2. 非烧结砖

经过成型、干燥、蒸压而生产的砌筑墙体的材料称为非烧结类墙体材料，非烧结类墙体材料主要是指蒸压砖(见图 3.9)。

蒸压砖是以石灰和含硅材料(砂子、粉煤灰、煤矸石、炉渣、页岩等)加水拌和，压制成型，再经蒸气养护或蒸压养护而成的砌筑用砌块。蒸压砖具有适用性强、原料来源广、节约资源、制作方便、不破坏耕地等诸多优点。

根据其所用主要原料不同，蒸压砖主要有以下 3 类：灰砂砖、粉煤灰砖、炉渣砖。

灰砂砖由磨细生石灰或消石灰粉、天然砂和水按一定配比，经搅拌混合、陈伏、加压成型(蒸压温度为 175～203℃，压力为 0.8～1.6MPa 的饱和蒸汽)养护而成。蒸压灰砂砖按浸水 24h 后的抗压强度和抗弯强度分为 MU10、MUl5、MU20、MU25 四个等级，而且每个强度都有相应的抗冻指标。

粉煤灰砖是以粉煤灰、石灰为主要原料，掺加适量石膏和骨料，经蒸压过程而成。粉煤灰砖按抗压和抗弯强度分为 7.5、10 、15 和 20 四个强度等级，根据砖的强度、抗冻性、干燥收缩值等分为优等品、一等品与合格品。

炉渣砖又称煤渣砖(见图 3.10)，是以煤燃烧后的炉渣为原料，加入适量的石灰搅拌均匀，经过蒸压过程所形成的砌块。炉渣砖呈黑灰色，按照抗压和抗弯强度分为 10、15、20 三个强度等级，按物理性能和外观质量分为一等、二等两个产品级别。

图 3.9　蒸压砖

图 3.10　煤渣砖

由于蒸压砖的原料及制作工艺的特性，上述 3 类蒸压砖在使用时需注意避免在长期高温(高于 200℃)、受急冷急热交替作用、有酸性介质侵蚀和有流水冲刷的地方使用。

3.3.2 瓦

1）普通瓦

建筑物上使用的瓦一般是铺设屋顶、围墙、门洞之上或其他装饰构件上的建筑材料，一般用泥土烧成，也有用水泥等材料制成的，形状有拱形的、平的或半个圆筒形的等。

屋面瓦按形状分主要有平瓦、三曲瓦、双筒瓦、鱼鳞瓦、牛舌瓦、板瓦、筒瓦、滴水瓦、沟头瓦、J形瓦、S形瓦和其他异形瓦。

配件瓦按功能分主要有檐口瓦和脊瓦两个配瓦系列，其中檐口瓦系列包括檐口封头、檐口瓦和檐口瓦顶；脊瓦系列包括脊瓦封头、脊瓦、双向脊顶瓦、三向脊顶瓦和四向脊顶瓦等。此外，不同形状的屋面瓦还有其特有的配件。

2）水泥彩瓦

水泥彩瓦是近年来较流行的一种屋面材料之一，如图3.11所示。这种瓦强度高，造型新颖、流畅，防水性能好，广泛应用于高档别墅、花园洋房等坡面屋顶。

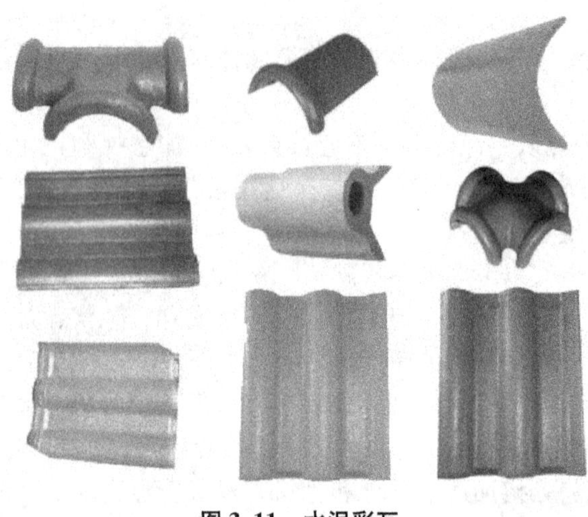

图3.11 水泥彩瓦

3）琉璃瓦

琉璃瓦作为中国古代帝王之家的专属用品，其表面光润如镜。最早的琉璃瓦实物见于唐昭陵。

琉璃瓦必须经过两座窑炉的煅烧方可制成，其制作工艺是采用两次烧成的方式，第一次将制好的黑色瓦坯烧成洁白的素坯；第二次则是为素坯施釉后烧成色彩缤纷的琉璃瓦。上釉的素坯经过窑火的洗礼，火温稍有差异，出窑的琉璃瓦便呈现出不同的色彩，具有良好的防水性和稳定性。

3.3.3 功能材料

建筑功能材料种类繁多，在本节中主要介绍防水材料、保温隔热材料以及几种常用的装饰材料。

1. 防水材料

防水材料的主要作用是防潮、防漏和防渗，避免水和盐分对建筑材料的侵蚀，保护建筑构件。

最早被广泛使用的防水材料是沥青。沥青是一种黑色或黑褐色的有机胶凝材料，具有良好的憎水性和防腐蚀性能，同时又能和其他材料牢固连接，是一种优良的、使用广泛的防水材料。沥青防水材料分为两种，沥青基防水涂料和沥青基防水卷材(见图3.12)。

沥青基防水涂料是指将黏稠状态的沥青，涂抹在基体表面，使之在基体表面形成具有一定弹性的连续薄膜，从而使基体表层与水隔绝，起到防水、防潮的作用。

沥青基防水涂料的主要特点：对涂抹基体表面形状没有限制，适宜在复杂表面处形成完整的防水膜；成膜后自重轻，适合在薄壳屋面上做防水层；在涂抹施工时可以冷施工，速度快、操作简单、易修补。

图 3.12 沥青防水卷材

沥青基防水卷材是指以各种石油沥青为防水基材，以原纸、织物、纤维等为胎基，用不同矿物粉料、粒料合成高分子薄膜、金属膜作为隔离材料所制成的可卷曲的片状防水材料。普通沥青防水卷材具有原材料来源广、价格低廉、施工技术成熟等优点，可以满足一般建筑物的防水要求。

2. 保温隔热材料

在建筑中采用较好的保温隔热技术和材料，对减薄围护结构、减轻建筑物的重量、节约建筑能耗具有重要意义。保温隔热材料可分为无机保温材料和有机保温材料，其中无机保温材料根据其形状不同又可以分为粒状材料和纤维材料两类。

粒状无机保温材料主要有珍珠岩和蛭石。

珍珠岩是一种常用的保温材料，它来源于一种天然酸性玻璃质火山熔岩非金属矿产，其在高温(1000～1300℃)条件下其体积迅速膨胀4～30倍。它可以直接作为保温填充材料，也可以将胶结材料与膨胀珍珠岩胶结在一起制成各种形状的制品，还可以用膨胀珍珠岩粉加水泥制成水泥珍珠岩砂浆，涂抹在墙面上做保温隔热层。另一种相似的材料是蛭石，在经高温焙烧后，体积迅速膨胀8～20倍，其应用方法与珍珠岩相似。

纤维材料因其疏松多孔的构造而具有保温功能，现常用的主要有岩棉和玻璃棉。

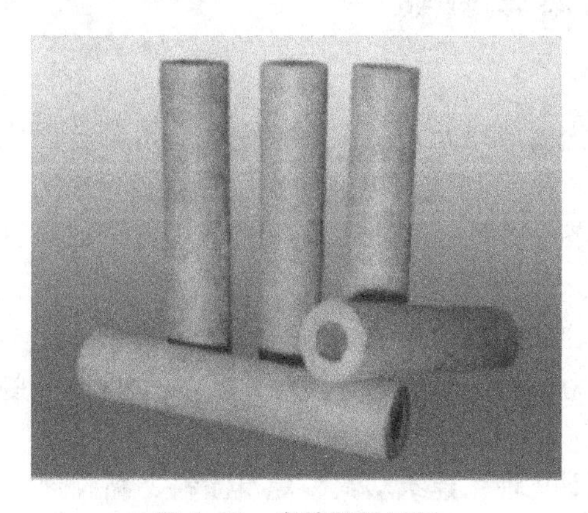

图 3.13 岩棉保温材料

岩棉又称矿物棉(见图 3.13)，是以火山玄武岩为主要原料，加入石灰石，经高温熔化、蒸汽或压缩空气喷吹而成的短纤维状保温材料。岩棉可以直接作为填充保温材料，也可以经过胶结后制成岩棉板材、毡或管壳。玻璃棉是继岩棉之后出现的一种性能优越的保温材料。生产时先将玻璃熔化，再用离心法或气体喷射法将其制成絮状。玻璃棉具有不燃、无毒、耐腐蚀、容重小、导热系数低、化学性质稳定等特点，是一种较好的隔热和吸声材料，可以来用絮状填充，也可以制成带状、毡状或板材状制品。

有机保温材料主要包括泡沫塑料、软木及软木板、蜂窝板。

泡沫塑料是以各种树脂为基料，加入一定剂量的发泡剂、催化剂、稳定剂等辅助材料，经加热发泡制成的一种轻质、保温、隔热、吸声、防振材料；软木板耐腐蚀、耐水，只能引燃，不起火焰，多用于天花板、隔墙板或护墙板；蜂窝板是由两块较薄的面板地黏接在一层较厚的蜂窝状芯材两面形成的板材，也称蜂窝夹层结构。板必须与芯材牢固地黏合在一起，才能显示出蜂窝板的隔热性能好和抗震性能好等优良特点。

3. 建筑装饰材料

装饰材料是指用于内、外墙面，地面和顶棚铺设、粘贴或涂刷的饰面材料。装饰材料种类繁多，在此仅简要介绍几种常用的材料，它们分别是石材、陶瓷与玻璃。

图 3.14　建筑石材

石材资源丰富，强度高、硬度大、耐久性好、颜色绚丽，加工后具有很强的装饰效果，是一种重要的装饰材料。石材种类很多，在日常生活中使用最多的装饰石材是花岗岩和大理石。石材可广泛用做室内室外地面或墙面的装饰材料(见图 3.14)。

凡以黏土、长石，石英为基本原料，经配料、制坯、干燥、焙烧而制得的成品，统称为陶瓷制品。用于建筑工程的陶瓷制品，则称为建筑陶瓷，主要包括釉面砖、外墙面砖、地面砖、陶瓷锦砖(马赛克)、卫生陶瓷等。建筑陶瓷应用广泛，是室内外墙面及地面装饰的重要材料。

进入近现代后，玻璃的应用已从开始时简单的窗用材料发展为具有保温隔热、控光、隔音及内外装饰的多功能的建筑光学材料。玻璃的种类繁多，通过对原材料和生产工艺的控制，可以生产出许多具有不同特性的玻璃，它们具有一系列的优良特性，可以满足人们对于各种不同用途的需求。

3.4 合成高分子材料

合成高分子材料是指由许多低分子化合物作为组成单元，多次互相重复连接聚合而成的物质。合成高分子材料作为高分子材料的主体，是 19 世纪 30 年代才开始发展起来的一类新材料，发展极其迅速，现已进入人类生活的各个方面。在土木工程材料中，合成高分子材料已成为一种重要的、必不可少的建筑材料。

合成高分子材料有许多优良的特性，如优良的加工性能、质量轻、导热系数小、化学稳定性较好、功能的可设计性强、出色的装饰能力、电绝缘性好等。但同时其也具有一些缺点，如易老化、可燃性及毒性、耐热性差等。

土木工程中常用的合成高分子材料主要有以下几种：建筑塑料、建筑涂料、黏胶剂。

1）建筑塑料

塑料是以聚合物为基本材料，加入各种添加剂后，在一定温度和压力下混合、塑化、成型的材料或制品的总称。建筑塑料是在土木建筑工程中所使用的塑料制品的总称。

土木工程中常用的塑料种类有聚氯乙烯、聚乙烯、聚苯乙烯等塑料。塑料在土木工程中常用于制作塑料门窗、管材和型材等。塑料与其他合成高分子材料一样具有以下特性：质量轻、比强度高、可塑性好、耐蚀性好、耐热性差、热膨胀系数高、易老化、可燃等。

2）建筑涂料

建筑涂料是一种重要的建筑装饰材料，将建筑涂料涂抹在墙体表面，涂料对墙体起美观或者保护作用。常用的建筑涂料有环氧树脂、聚氨酯等。

3）黏胶剂

黏胶剂是能将各种材料紧密地黏接在一起的物质的总称，它也是一种重要的高分子材料。用黏胶剂黏接建筑构件、装饰品等不仅美观大方、工艺简单，而且还可以起到隔离、密封和防腐的作用。

人类在很久以前就开始使用淀粉、树胶等天然高分子材料做黏合剂。现代黏合剂通过其使用方式可以分为聚合型(如环氧树脂)、热融型(如尼龙、聚乙烯)、加压型(如天然橡胶)、水溶型(如淀粉)。

3.5 建筑钢材与木材

3.5.1 建筑钢材

建筑工程中使用的各种钢材称为建筑钢材，它包括钢结构中所用的各种型钢、钢板和钢筋混凝土用的钢筋、钢丝等，以及钢门窗等。

从19世纪初，人类开始将钢材用于建造桥梁和房屋。到19世纪中叶，钢材的品种、规格、生产规模大幅度增长，强度不断提高，相应地与钢材有关的加工技术(切割和连接等)也大为发展，这些为土木工程结构向大跨重载方向发展奠定了重要基础。与此同时，钢筋混凝土问世，并在20世纪20年代出现了预应力钢筋混凝土，使近代土木工程结构的形式和规模发生了飞跃性的进展。

土木工程中使用的钢材可划分为钢结构常用的型材(见图3.15)和钢筋混凝土常用的线材两大类。型材主要指轧制成的各种型钢、钢轨、钢板、钢管等。线材主要指钢筋(见图3.16)或钢丝。土木工程常用的钢筋有粗钢筋和细钢筋。钢丝有碳素钢丝、刻痕钢丝和钢绞线。

图3.15　型钢

图3.16　钢筋

钢材作为主要的建筑材料之一，具有强度高、塑性和韧性好，能承受冲击和振动荷载，良好的加工性能、便于装配等优点，在建筑工程中应用广泛，尤其在高层、超高层建筑物以及桥梁中，钢材作为主要的结构材料，可以形成大跨度、高承载力的承重结构。钢材的缺点是易锈蚀和耐火性差。

3.5.2 木材

木材是一种历史悠久的工程材料。早在2000多年前，中国古代就有许多以木材作为主要结构材料的大型土木工程。在现代土木工程中，木材、钢材和水泥为中国三大建筑材料。在工程建筑中，木材的用途广泛，屋架、梁、门窗、地板、桥梁、混凝土模板及室内装饰等，都使用木材(见图3.17)。

图3.17 木材

木材有很多优点，如轻质高强、易于加工、有良好的弹性和韧性、能承受冲击和振动作用、绝缘性和隔热性好、木纹美丽、装饰性好等。但木材也有缺点，如构造不均匀，易吸湿、吸水，因而产生较大的湿胀、干缩变形，易燃、易腐蚀等。不过，经过加工和处理后，这些缺点均能得到较大程度的改善。

树木分为针叶树和阔叶树。适用于建筑工程的针叶树有松树和杉树等树种，其材质多松软、纹理直、密度小、强度高、易加工，树干通直高大，且耐腐蚀，是主要建筑用材，可用于承重结构和装饰材料。阔叶树常用树种有榆木、水曲柳、柞木、榆木等，树木通直部分较短、材质较硬、密度高、胀缩大、易变形、易开裂，由于材质硬又称为硬木。其加工困难，但纹理美观，常用于加工成较小尺寸的木料或制成胶合板，用于室内装饰和制作家具。

由于木材构造质地不均，其强度成各向异性，即木材强度与其受力方向有很大关系。木材按受力方向分顺纹受力、横纹受力和斜纹受力。木材按受力性质分受拉、受压、受弯、受剪4种情况。木材顺纹抗拉强度最高，横纹抗拉强度最低。

本 章 小 结

通过本章的学习，掌握常用土木工程材料的分类及其功能，了解土木工程材料的发展历史。

木材和石材是最早使用的土木工程材料。随着人类文明的进步，人类通过对天然材料的简单加工得到了砖、瓦等人造土木工程材料。17世纪生铁在土木工程中的应用和19世纪水泥的发明使土木工程出现了质的飞跃。随着社会文明的进步，人类对土木工程提出了更高的要求，进入21世纪后，土木工程材料正向着高性能、多功能、安全和可持续发展的方向改进。

思 考 题

3-1 什么是无机胶凝材料?

3-2 简述混凝土材料的优缺点。

3-3 试举3种常用的功能材料，并简述其工作原理。

3-4 什么是合成高分子材料?简述高分子材料的优缺点。

3-5 土木工程中常用的合成高分子材料有哪几种?简述其特点。

阅读材料

生态混凝土

进入21世纪，世界能源日趋紧张，环境污染加剧，如何保护地球环境，使人类社会能够可持续发展，现已成为全世界共同关心的课题。而作为人类使用量最大的建设材料，混凝土是一把双刃剑。它一方面是人类社会现今发展不可或缺的重要材料；另一方面其材料的生产和应用伴随着巨大的资源、能源消耗以及对环境的污染。据2005年统计数据显示，全世界每年生产水泥约20×10^{9}t，混凝土$30\times10^{9}cm^{3}$。水泥生产消耗大量石灰石、黏土以及煤等资源，每年因此排放约20×10^{9}t的二氧化碳和20×10^{8}t的粉尘。

因此，混凝土今后的发展方向必然是既要满足现代人的需求，又要考虑环境的因素，减轻对地球环境的负荷，有利于资源、能源的节省和生态平衡。具有环保性能的生态型混凝土无疑成为了21世纪混凝土的未来发展方向。

日本混凝土工学协会1995年将生态混凝土定义如下：所谓生态混凝土，就是通过材料筛选、添加功能性添加剂、采用特殊工艺制造出来的具有特殊结构与功能，能减少环境负荷，提高与生态环境的相协调性，并能为环保作出贡献的混凝土。生态混凝土指的是一类特种混凝土材料，具有特殊的结构与表面特性，能够适应生物生长，对调节生态平衡、美化环境景观、实现人类与自然的协调具有积极作用。

生态混凝土与绿色高性能混凝土的概念相似，但绿色混凝土的重点在于无害，而生态混凝土强调的是直接有益于生态环境。

生态混凝土能够适应生物生长，对调节生态平衡、美化环境景观、实现人类与自然的协调具有积极作用。有关生态混凝土的研究和开发还刚刚起步，现在所研究的生态混凝土主要有以下几种。

1）透水、排水性混凝土

透水、排水性混凝土与传统的混凝土相比，最大的特点是具有15%～30%的连通孔隙，具有透气性和透水性。将这种混凝土用于铺筑道路、广场、人行道路等，能够扩大城市的透水、透气性能，增加都市人生活的舒适性，减小交通噪声，对调节城市空间的气温和湿度，维持地下水水位和生态平衡具有重要作用。

2）生物适应型混凝土

普通的混凝土在形成时由于水泥的水化形成大量的氢氧化钙，使得混凝土呈强碱性，pH 高达 12～13。虽然这样的强碱性具有保护钢筋不被腐蚀的作用，但同时这种碱性也使得植物和其他生物难以适应，所以开发出一种低碱性和内部具有一定空隙的、适应生物生长的混凝土是生态混凝土的一个重要研究方向。

3）绿化、景观混凝土

绿化、景观混凝土是指能够植被的绿化混凝土，较传统混凝土生硬、粗糙、色调灰冷，将它用于城市道路两旁、公路边坡等地方，可以增加城市绿化，同时它也能够吸收噪声和粉尘，对城市气候的生态平衡也起到积极作用。此外，各种造型及色彩的混凝土构件，用于路旁栏杆、园林结构物等，可起到美化城市、丰富景观的作用。

总之，随着时代的进步，社会不断的向前发展，对生态环境的保护越来越重要，人类要寻求可持续发展之路。开发和研究先进可靠的生态混凝土，尽可能地降低混凝土材料对环境的影响，即混凝土材料所消耗的资源、能源和它的循环利用，同时保证使用的结构安全，将是这个时代的要求，也是以后混凝土发展的必然方向。

第4章 地基与基础工程

教学目标

本章主要讲述浅基础、深基础和地基处理的基本概念及分类。通过本章学习，应达到以下目标。

(1) 了解场地勘察的程序与方法和地基处理的意义和方法。

(2) 理解浅基础、深基础的概念和类型及其应用范围。

教学要求

知识要点	能力要求	相关知识
场地勘察与地基处理	(1) 了解建筑场地勘察的基本程序与方法 (2) 了解地基处理的意义和基本方法	(1) 岩土工程常用的勘察方法 (2) 各种地基处理方法的适用范围
浅基础	(1) 理解浅基础概念 (2) 掌握浅基础的基本分类	不同浅基础的特点及其应用范围
深基础	(1) 理解深基础概念 (2) 掌握深基础的基本分类	不同深基础的特点及其应用范围

基本概念

地基、基础、勘察、地基处理、浅基础、深基础、桩基础。

引例

上海锦江饭店北楼为何下沉

上海锦江饭店位于上海市淮海中路、茂名南路上，是一家有着80年历史的著名的五星级花园式饭店。全店由风格迥异的4幢楼宇组成，总建筑面积$6.4\times10^4m^2$。主建筑为北楼和中楼，两楼连同中楼附属建筑西楼原为英籍犹太人沙逊的产业。1948年，董竹君购下华懋公寓；1950年将其与锦江川菜馆、锦江茶室合并创设锦江饭店，并在次年6月正式开业。1959年1月，建成锦江小礼堂；1965年，建成南楼。锦江饭店的北楼，原名华懋公寓，有13层，高57m，建筑面积$21351m^2$，钢筋混凝土结构。该楼1929年竣工，是当时上海最高的大楼。风格为传统的哥特式建筑，外部棕色面砖贴饰，立面钢窗排列整齐。由于设计时对地基土性考虑不足，沉降2米多，原建筑底层今成地下室。可见地基与基础设计非常重要。

一般来说，工业与民用建筑、高层建筑、桥梁建筑等建筑物均由两大部分组成。通常以室外地面整平标高(或河床最大冲刷线)为基准，基准线以上部分为上部结构，基准线以下部分为下部结构。将上部结构荷载传递给地基土、连接上部结构与地基土的下部结构称为基础。远古时代的建筑活动中，人类就已创造了自己的地基基础工艺。中国西安半坡村新石器时代遗址和殷墟遗址的考古发掘，都发现了土台和基础。著名的隋朝石工李春所建、现位于河北省赵县的赵州桥将桥台基础置于密实砂土层上，据考证1300多年来沉降仅几厘米。

4.1 场地勘察与地基处理

4.1.1 建筑场地勘察

1. 场地勘察的目的和任务

基础是建筑物非常重要的组成部分，作为承受基础传来的荷载的地基，必须要求具有一定的强度和变形能力，而地基的强度和变形能力主要取决于建筑场地的地质状况，因此，出于安全和经济的考虑，各项工程建设在设计和施工前，必须按照基本建设程序进行建筑场地的岩土工程地质勘察。

对建筑场地地基勘察的目的是运用各种勘察手段和方法，调查研究和分析评价建筑场地的工程地质条件，从地基的强度、变形和场地的稳定性等方面获取建筑场地及其有关地区的工程地质条件的原始资料，为工程建设规划、设计、施工提供可靠的地质依据，以充分利用有利的自然和地质条件，避开或改造不利的地质因素，保证建筑物的安全和正常使用。工程地质勘察必须结合具体建筑物类型、要求和特点以及当地的自然条件和环境来进行，勘察工作要有明确的目的性和针对性。

根据《岩土工程勘察规范》(GB 50021—2001)(以下简称“GB 50021—2001”)的规定，岩土工程勘察应该按照建设各阶段的要求，正确反映工程地质条件，勘察的主要任务如下。

(1) 查明建筑场地的工程地质条件，选择地质条件优越的场地。

(2) 查明场区内崩塌、滑坡、岩溶等不良地质现象，分析其对建筑场地稳定性的危害程度，为拟定改善和防治这些不良地质条件的措施提供地质依据。

(3) 查明建筑物地基岩土的地层时代、岩性、地质构造、土的成因类型及其埋藏分布规律，测定地基岩土的物理性质和力学性质。

一般来说，场地的复杂程度不同，工程重要性不同，地基复杂程度不同，勘察的任务、内容和要求也不同。因此岩土工程勘察的等级，应根据工程重要性等级(见表4-1)、场地等级(见表4-2)和地基等级(见表4-3)来综合考虑并确定。

表4-1 工程重要性等级划分

安全等级	破坏后果	工程类型
一级	很严重	重要工程
二级	严重	一般工程
三级	不严重	次要工程

表 4-2 场地复杂程度等级划分

场地等级	特点
一级	对建筑抗震危险的地段；不良地质现象强烈发育；地质环境已经或可能受到强烈破坏；地形地貌复杂
二级	对建筑抗震不利的地段；不良地质现象一般发育；地质环境已经或可能受到一般破坏；地形地貌教复杂
三级	地震设防烈度等于或小于 6 度，对建筑抗震有利的地段；不良地质现象不发育；地质环境基本未受破坏；地形地貌简单

表 4-3 地基复杂程度等级划分

种类＼等级	一级(复杂地基)	二级(中等复杂地基)	三级(简单地基)
岩土种类	岩土种类多，很不均匀，性质变化大，需特殊处理	岩土种类较多，不均匀，性质变化较大	种类单一，均匀，性质变化不大
特殊岩土	严重湿陷、膨胀、盐渍、污染的特殊岩土及需作专门处理的岩土	除复杂地基所规定的特殊性岩土以外的特殊性岩土	无特殊岩土

2. 岩土工程勘察阶段的划分

岩土工程勘察等级不同，工作内容、方法和详细程度也不同。与设计阶段相适应，岩土工程勘察一般可分为可行性研究勘察，初步勘察和详细勘察与施工勘察 3 个阶段。对于工程地质条件复杂或有特殊施工要求的重要建筑工程，如特殊地质条件、特殊土地基以及动力机器基础工程等，尚应增加施工勘察。对于面积不大，且工程地质条件简单的场地或有建筑经验的地区，可适当地简化勘察阶段，对于建筑性质和总平面位置已经确定的工程，也可直接进行一次性勘察。

1) 可行性研究勘察阶段

可行性研究勘察工作对于大型工程是非常重要的环节，其目的在于从总体上判定拟建场地的工程地质条件能否适宜工程建设项目。一般通过取得几个候选场址的工程地质资料进行对比分析，对拟选场址的稳定性和适宜性作出工程地质评价。内容主要包括：①搜集区域地质、地形地貌、地震、矿产和附近地区的工程地质资料及当地的建筑经验；②在收集和分析已有资料的基础上，通过踏勘，了解场地的地层、构造、岩石和土的性质、不良地质现象及地下水等工程地质条件；③对工程地质条件复杂，已有资料不能符合要求，但其他方面条件较好且倾向于选取的场地，应根据具体情况进行工程地质测绘及必要的勘探工作。

2) 初步勘察阶段

初步勘察是在选定的建设场址上进行的。根据选址报告书了解建设项目类型、规模、建设物高度、基础的形式及埋置深度和主要设备等情况。初步勘察的目的是对场地内建筑地段的稳定性作出评价；为确定建筑总平面布置、主要建筑物地基基础设计方案以及不良地质现象的防治工程方案作出工程地质论证。主要内容包括：①搜集拟建项目的相关文件和资料、建筑场区的地形图、有关工程性质及工程规模的文件；②初步查明地质构造、地层构造、岩石和土的性质；地下水埋藏条件、冻结深度、不良地质现象的成因和分布范围及其对场地稳定性的影响程度和发展趋势；③对抗震设防烈度为7度或7度以上的建筑场地，应判定场地和地基的地震效应。对高层结构的初步勘察，在搜集分析已有资料的基础上，应该对可能采取的地基基础类型、基坑开挖与支护、基坑降水方案等进行初步的勘察与分析，给出合理的评价。根据(GB 50021—2001)，初步勘察阶段的勘探线、勘察点间距按表4-4确定，初步勘察的勘探孔深度可按表4-5确定。

表4-4　初步勘察阶段的勘探线、勘探点间距

地基复杂程度等级	勘探线间距/m	勘探点间距/m
一级(复杂)	50～100	30～50
二级(中等复杂)	75～150	40～100
三级(简单)	150～300	75～200

表4-5　初步勘察的勘探孔深度

工程重要性等级	一般性勘探孔/m	控制性勘探孔/m
一级(重要工程)	≥15	≥30
二级(一般工程)	10～15	15～30
三级(次要工程)	6～10	10～20

3) 详细勘察与施工勘察阶段

详细勘察的目的是提出设计所需的工程地质条件的各项技术参数，对建筑地基作出岩土工程评价，并为地基类型、基础形式、地基处理和加固、不良地质现象的防治工程等具体方案提出建议。主要内容包括：①搜集附有坐标及地形的建筑物总平面布置图，各建筑物的地面整平标高、建筑物的性质和规模，可能采取的基础形式与尺寸和预计埋置的深度，建筑物的单位荷载和总荷载、结构特点和对地基基础的特殊要求等资料；②查明不良地质现象的成因、类型、分布范围、发展趋势及危害程度，并提出评价与整治所需的岩土技术参数和整治方案建议；③查明建筑物范围内各岩土层的类别、深度、分布、工程特性，计算和评价地基稳定性和承载力；④对抗震设防烈度大于或等于6度的场地，应划分场地土类型和场地类别；对抗震设防烈度大于或等于7度的场地，应分析预测地震效应，判定饱和砂土和粉土的地震液化可能性，并对液化等级作出评价；⑤查明地下水的埋藏条件，判定地下水对建筑材料的腐蚀性。当需要基坑降水设计时，尚应查明水位变化幅度与规律，提供地层的渗透性系数；对需进行沉降计算的建筑物，尚应提出地基变形计算参数，预测建筑物的沉降、差异沉降或整体倾斜。

详细勘察的手段主要以勘探、原位测试和室内土工试验为主，必要时可以补充一些物探和工程地质测绘。详细勘察的勘探工作量，应按场地类别、建筑物特点及建筑物的安全等级和重要性来确定。对于复杂场地，必要时可选择具有代表性的地段布置适量的探井。根据(GB 50021—2001)，详细勘察阶段的勘探线、勘察点间距按表4-6确定，勘察孔深度可按表4-7确定。

表 4-6 详细勘察阶段的勘探点间距

地基等级	复杂程度	间距/m
一级	复杂	10～15
二级	中等复杂	15～30
三级	简单	30～50

表 4-7 详细勘察阶段的勘探孔深度

基础底面宽度 b /m	勘探孔深度/m		
	软土	一般黏性土、粉土及砂土	老堆积土、密实砂土及碎石
$b\leqslant5$	$3.5b$	$(3.0-3.5)b$	$3.0b$
$5<b\leqslant10$	$(2.5-3.5)b$	$(2.0-3.0)b$	$(1.5-3.0)b$
$10<b\leqslant20$	$(2.0-2.5)b$	$(1.5-2.0)b$	$(1.0-1.5)b$
$20<b\leqslant40$	$(1.5-2.0)b$	$(1.2-1.5)b$	$(0.8-1.0)b$
$40<b$	$(1.3-1.5)b$	$(1.0-1.2)b$	$(0.6-0.8)b$

3. 岩土工程勘察方法

岩土工程勘察是为了查明场地土层的分布及各土层的工程性质，岩土工程勘察方法主要包括钻探、室内土工试验与原位测试 3 种方法。

1）钻探

钻探是指用一定的钻探设备、工具(如钻机等)来破碎地壳岩石或土层，从而在地壳中形成一个直径较小、深度较大的钻孔过程。通过取出岩芯可直观地确定地层岩性、地质构造、岩体风化特征等。从钻孔中取出岩样、水样可进行室内试验，利用钻孔可进行工程地质、水文地质及灌浆试验、长期观测工作以及地应力测量等。钻探是岩土工程勘察中最常用的一种方法。对土层进行钻探时，取土数量和质量是非常重要的，取土试样的竖向间距，应按照设计和施工的要求、土层的均匀性和代表性确定，一般在受力层内每隔 1～2m 采取原状土试样一个，对每个场地内每一主要土层的原状土试样不应少于 6 个，当土质不均匀或结构松散难以采取原状土试样时，应采用原位测试方法。

2）室内土工试验

从钻孔中取得原状土试样后，应立即封蜡防止水分流失，注明试样的上下端以及取样深度并及时送实验室进行试验。《岩土工程勘察规范》(GB 50021—2001)规定各类工程均应测定下列土的分类指标和物理性质指标。①砂土：颗粒级配、比重、天然含水量、天然密度、最大和最小密度；②粉土：颗粒级配、液限、塑限、比重、天然含水量、天然密度和有机质含量；③黏性土：液限、塑限、比重、天然含水量、天然密度和有机质含量。所以，土的室内物理性质试验通常包括：土的颗粒分析试验，含水量试验，比重试验，密度试验，液、塑限试验，有机质含量试验，渗透试验和击实试验。

3）原位测试

由于土样在采集、运送、保存和制备过程中不可避免地会受到扰动，室内试验结果的精度会受到一定程度的影响，因此采用原位试验可在原位的应力条件、天然含水量下直接测定岩土的性质，测定结果较为可靠。原位测试主要有以下几种方法。

（1）载荷试验：在现场的天然土层上，通过一定面积的荷载板向土层施加竖向静载荷，并测定压力 p 和沉降 s 的关系。根据 $p-s$ 曲线测定土的变形模量，评定土的承载力，适用于密实沙，硬塑黏性土等低压缩性土。

（2）静力触探试验：利用静压力将圆锥形金属探头压入地基土中，依据电测技术测得贯入阻力的大小来判定地基土的工程性质，适用于黏性土、粉土、砂土、含少量碎石的土层。

（3）标准贯入试验：标准贯入试验是用 63.5kg 的穿心锤，落距 76cm 将贯入器打入土中 30cm 所用的击数 n 值的大小来判定岩土的性质，适于砂土、粉土和一般粘性土。

（4）十字板剪切试验：将十字形金属板插入钻孔的土层中，施以匀速的扭矩，直至土体破坏，从而求得土的不排水抗剪强度，适用于原位测定饱和软黏土。

4. 工程勘察报告

岩土勘察报告是在前期勘察过程中，在收集、调查、勘察室内试验和原位试验等获得的原始资料基础上以文字和图表反映出来的勘察结果。岩土勘察报告的内容，应根据任务的要求、勘察阶段、地质条件和工程特点等具体情况确定，一般应包括以下几点。

（1）勘察的目的、要求和任务。

（2）拟建工程概况。

（3）勘察方法及各项勘察工作的数量布置及依据。

（4）场地工程地质条件分析，包括地形地貌、地层岩性、地质构造、水文地质和不良地质现象等内容，对场地稳定性和适宜性作出评价。

（5）岩土参数的分析与选用，包括各项岩土性质指标的测试成果及其可靠性和适宜性，评价其变异性，提出其标准值。

（6）工程施工和使用期间可能发生的岩土工程问题的预测及监控，预防措施。

（7）成果报告还应附有必要的图表，即勘察点平面布置图，工程地质柱状图，工程地质剖面图，原位测试成果图表，室内试验成果图表，岩土利用、整治、改造方案的有关图表，岩土工程计算简图及计算成果图表。

岩土工程勘察成果报告书一般包括绪论、一般部分、专门部分和结论 4 部分。

4.1.2 地基处理

中国地域辽阔、环境多样，土质各异、地基条件有时很复杂。在工程建设中，有时会不可避免地遇到地质条件不良或软弱地基，为了使建造在这类地基上的建筑物都能够很好地满足承载和变形的要求，人们需对其进行必要处理。

1. 地基处理的意义

地基处理的目的就是通过采用各种地基处理方法，改善地基土的工程性质，满足工程设计的要求。

地基处理的历史可追溯到远古时代，中国劳动人民在地基处理方面积累了极其宝贵的丰富经验。从陕西省半坡村新石器时代的遗址中，柱基的地基和柱坑周围的回填土内，发现掺有“红烧土碎块、粗陶片”，说明当时人们已开始用换土法处理地基。北京 400 年前的城墙基础、陕西省三原县的清河龙桥护堤等都是灰土夯实筑成的，至今坚硬如石。

许多现代的地基处理技术都可以在古代找到其雏形。中国古代在沿海地区极其软弱的地基上修建海堤时，采用每年农闲时逐年填筑，即现代堆载预压法中称为分期填筑的方法，利用前期荷载使地基逐年固结，从而提高土的抗剪强度，以适应下一期荷载的施加。

现在，随着国家经济建设的迅速发展，大型工业厂房和高层建筑的增加，地基处理技术也日新月异，出现了许多新的地基处理方法，以满足设计建筑物对地基强度与稳定性和变形要求的地基。

2. 地基处理的方法

地基处理方法有很多种。按处理土性对象不同可分为砂性土处理和黏性土处理，饱和土处理和非饱和土处理；按时间长短可分为临时处理和永久处理；按处理深度可分为浅层处理和深层处理。

通常按地基处理的作用机理对地基处理方法进行分类如下。

1）置换法

置换是指利用物理性质和力学性质较好的岩石材料替换天然地基中部分或全部软弱土体，以形成双层地基或复合地基。该方法可提高地基承载力、减少沉降量，可消除或部分消除土的湿陷性和胀缩性，还可防止土的冻胀作用并能改善土的抗液化性能。

属于置换的地基处理方法有换土垫层法、挤淤置换法、褥垫法、砂石桩置换法、石灰桩法等。

换土垫层法常用于基坑面积宽大和开挖土方量较大的回填土方工程见图 4.1，适用于处理浅层地基，一般不大于 3m。

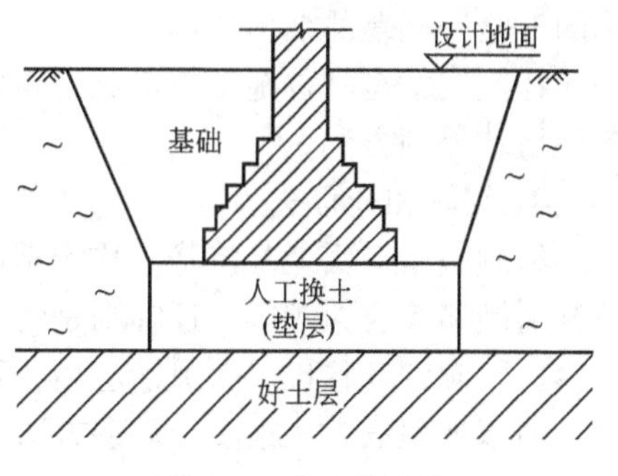

图 4.1 换土垫层法

2）深层密实法

深层密实法是指采用爆破、夯击、挤压或振动等方法，对松软地基土进行振动或挤压使地基土体孔隙比减小、土体密实、抗剪强度提高，以实现提高地基承载力和减少沉降，达到地基处理的目的。深层密实法按照施工机具和方式的不同，有爆破法、强夯法和挤密法之分。

3）排水固结法

排水固结法又称预压法，是指软土地基在附加荷载的作用下完成排水固结，使孔隙比减少，抗剪强度提高。

该方法常用于解决软黏土地基的沉降和稳定问题。它可使地基的沉降在加载预压期间基本完成或大部分完成，从而使建筑物在使用期间不致产生过大的沉降和沉降差；同时，增加了地基土的抗剪强度，从而提高地基的承载力和稳定性。

4）加筋法

加筋是在地基中设置强度高、弹性模量大的筋材，用以提高地基承载力，减少沉降和增加地基稳定性。

加筋法中采用土工合成材料适用于砂土、黏性土和软土；采用加筋土适用于人工填土的路堤和挡墙结构；土锚、土钉和锚定板适用于稳定的土坡；树根桩适用于各类土，可用于稳定土坡支挡结构，或用于对既有建筑物的托换工程。

5）胶结法

胶结法是指向土体内灌入或拌入水泥、水泥砂浆以及石灰等化学浆液，通过灌注压入、高压喷射或机械搅拌，使浆液与土颗粒胶结起来，在地基中形成加固体或增强体，达到改善地基土的物理和力学性质的目的。

工程上可进一步分为注浆法、高压喷射注浆法和水泥土搅拌法。胶结法适用于处理淤泥、淤泥质土、黏性土、粉土等地基。

6）热学处理法

热学处理法按照温度的不同可分为热加固法和冻结法。热加固法是通过焙烧、加热地基土体，依靠热传导将细颗粒土加热到100℃以上；而冻结法是采用液体氮或二氧化碳的机械制冷设备与一个封闭式液压系统相连接，而使冷却液在内流动，从而使软而湿的地基土体冻结。热学处理法会增加土的强度、降低土的压缩性，以改变土体物理性质和力学性质达到地基处理的目的。

热加固法适用于非饱和黏性土、粉土和湿陷性黄土。冻结法适用于各类土，特别在软土地质条件，开挖深度大于7m，以及低于地下水位的情况下是一种普遍适用的处理措施。

7）基础托换法

基础托换又称托换技术，是为解决对既有建筑物的地基需要处理和基础需要加固的问题，以及对既有建筑物基础下需要修建地下工程或其邻近需要建造新工程而影响既有建筑物的安全等问题的技术总称。

托换技术是一种施工技术难度较大、费用较高、工期较长的特殊处理方法，需要应用各种地基处理方法。

8）纠倾和迁移法

纠倾是指对因地基沉降不均匀造成倾斜的建筑物进行矫正，有加载纠倾、掏土纠倾、顶升纠倾和综合纠倾等。迁移则是将已有建筑物从原来的位置移到新的位置，即进行整体迁移。纠倾和迁移也需要灵活应用各种地基处理方法。

地基处理的方法很多，许多方法还在不断发展和完善中。作为从事土木工程设计或者施工的人员，需要明白的是，任何一种地基处理方法都不是万能的，都有其局限性。因而在选用某一种地基处理方法时，一定要根据地基土质条件、工程要求、工期、造价、施工机械条件等因素综合分析再确定。对已选定的地基处理方案，可先在有代表性的场地上进行相应的实体试验，以检验设计参数、选择合理的施工方法和确定处理效果。另外也可采用两种或多种地基处理方案。

4.2 浅基础

一般按基础的埋置深度，基础可分为浅基础和深基础两大类；但有时其界限不是很明显。

通常把位于天然地基上、埋置深度小于5m的一般基础(柱基或墙基)以及埋置深度虽超过 5m，但小于基础宽度的大尺寸基础(如箱形基础)，统称为天然地基上的浅基础。

在建筑地基基础中，地基是建筑物荷载作用下产生不可忽略的附加应力与变形的那部分地层。地基可分为天然地基和人工地基。不需要对地基进行处理就可以直接放置基础的天然土层称为天然地基，如天然土层土质过于软弱或有不良的工程地质问题，需要经过人工加固或处理后才能修筑基础的地基称为人工地基(或称为地基处理)。

埋置深度是指室外设计地平到基础底面的距离。在桥梁结构中，对于无冲刷河流，埋置深度是指河底或地面至基础底面的距离；有冲刷河流是指局部冲刷线至基础底面的距离。

当地基土软弱(通常指承载力低于 100kPa 的土层)，不适于做天然地基上的浅基础时，也可将浅基础做在人工地基上。

天然地基上的浅基础埋置深度较浅，可用简便施工方法进行基坑开挖和排水，无须复杂的施工设备，即可修建，工期短、造价低，因而设计时宜优先选用天然地基。只有在这类基础及上部结构难以适应较差的地基条件或某些特殊基础工程，才考虑采用大型或复杂的基础形式，如深水中的桥墩基础，在土层中深度虽较浅(埋置深度小于 5m)，但在水下部分较深，可按深基础进行设计。

浅基础按结构形式分类，可分为扩展基础、连续基础、筏形基础、箱形基础和壳体基础。

1. *扩展基础*

扩展基础，即通过扩大水平截面使得基础所传递的荷载效应侧向扩展到地基中，从而满足地基承载力和变形的要求。扩展基础根据所用材料可分为无筋扩展基础(刚性基础)和钢筋混凝土扩展基础(柔性基础)。

1) 刚性基础

刚性基础是指由砖、毛石、素混凝土、毛石混凝土、灰土(石灰和土料按体积比 3∶7 或 2∶8)和三合土(石灰、砂和骨料加水泥混合而成)等材料做成的无须配置钢筋的基础(见图 4.2)。刚性基础的材料具有较好的抗压性能，但抗拉、抗剪强度不高。刚性基础适用于六层和六层以下(三合土基础不宜超过四层)的民用建筑和轻型厂房。

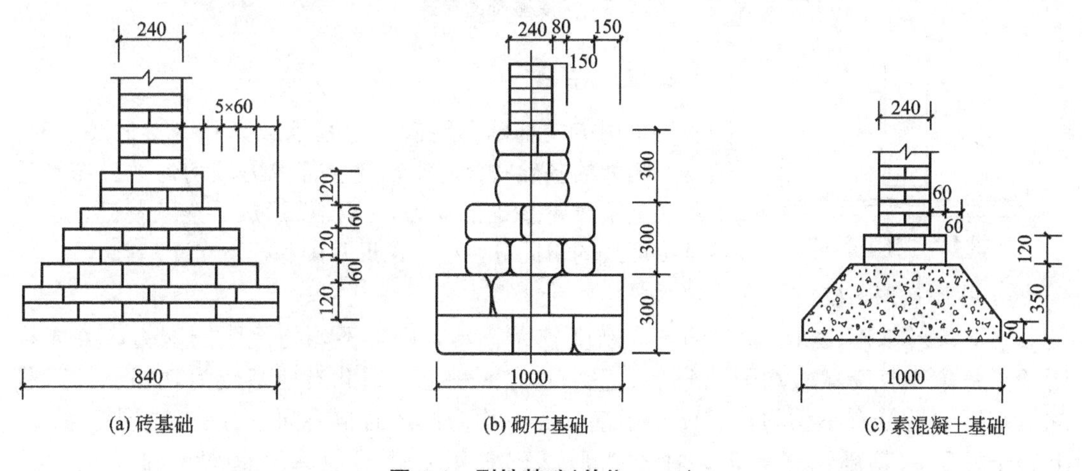

图 4.2 刚性基础(单位：mm)

在桥梁结构中，刚性基础常用的材料有混凝土、粗石料和片石、砖。

2）柔性基础

柱下钢筋混凝土独立基础和墙下钢筋混凝土条形基础被称为柔性基础。这类基础的抗弯和抗剪性能良好，可在竖向荷载较大、地基承载力不高以及承受水平力和力矩荷载等情况下使用。其优于刚性基础之处为基础高度较小，更适合在需要较小基础埋置深度时使用。

墙下钢筋混凝土条形基础的示意图(见图 4.3)。柱下钢筋混凝土独立基础的示意(见图 4.4)。其截面常做成角锥形或台阶形(见图 4.5)，其中(a)、(b)两种称为板式基础，(c)称为梁式基础；预制柱则采用杯形基础(见图 4.6)，用于装配式单层工业厂房。

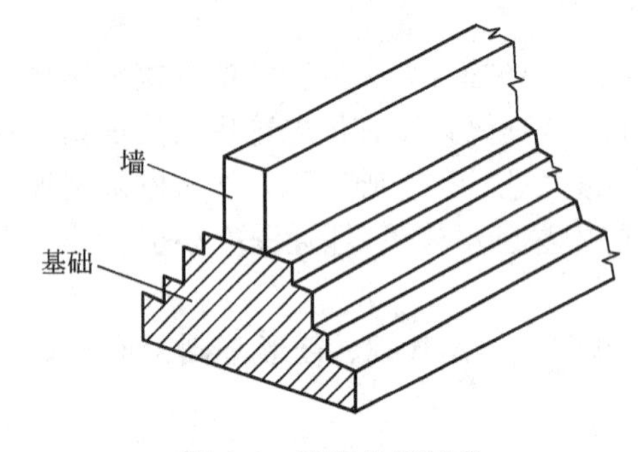

图 4.3　墙下条形基础

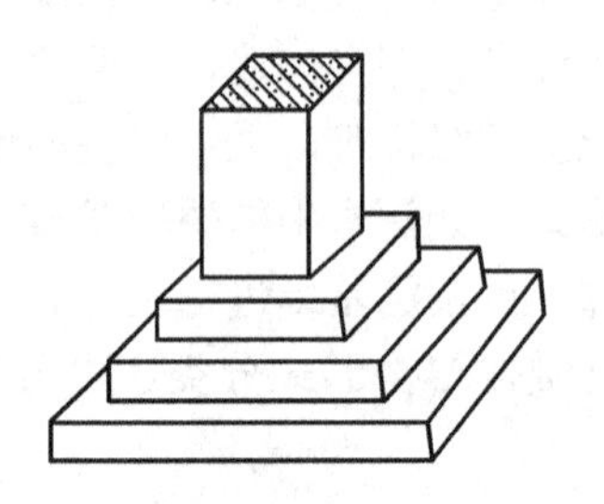

图 4.4　柱下独立基础

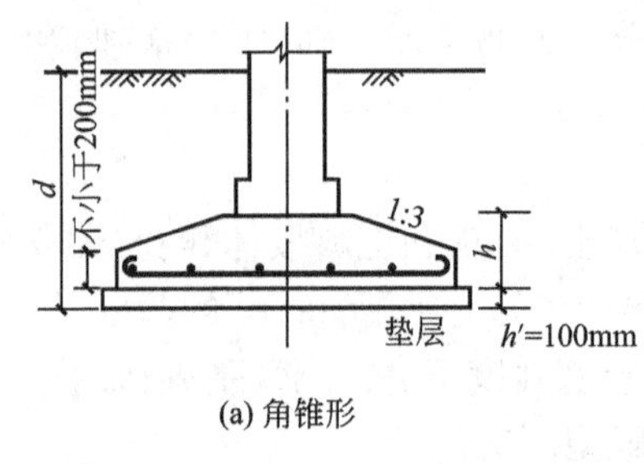

(a) 角锥形

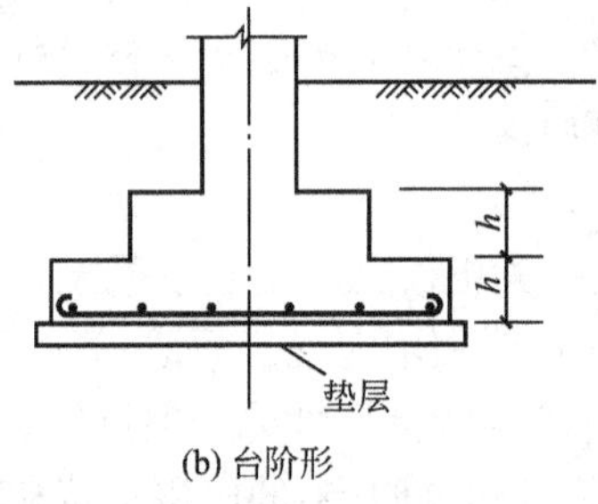

(b) 台阶形

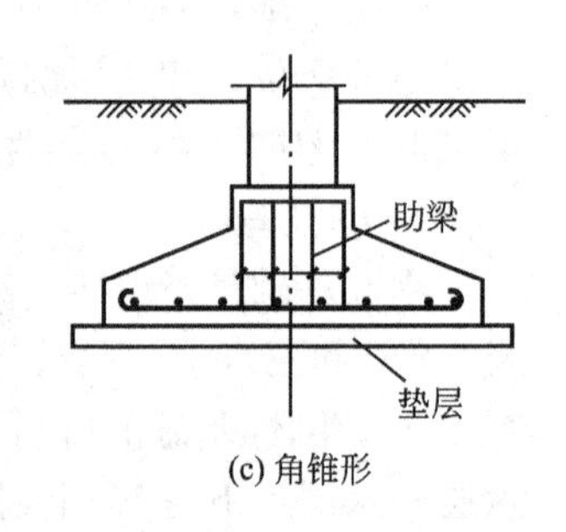

(c) 角锥形

图 4.5　扩展基础的形式

图 4.6　杯形基础

2. 连续基础

当采用扩展基础不能满足地基承载力和变形的要求时，通常将相邻的基础联合起来，使上部的力较均匀地分布到整个基底上来改善基础的受力，这样就形成了连续基础。连续基础按形式的不同分为柱下条形基础和柱下交叉基础。

1）柱下条形基础

柱下条形基础(见图 4.7)的抗弯刚度较大，具有调整不均匀沉降的能力，并能将所承受的集中柱荷载较均匀地分布到整个基底面积上。因此当地基较为软弱、柱荷载或地基压缩性分布不均匀，需要控制基础的不均匀沉降时常将同一方向(或同一轴线)上若干柱子的基础连成条形。柱下条形基础常用于软弱地基上框架或排架结构的基础。

2) 柱下交叉基础

如果地基软弱且在两个方向分布不均匀，而基础需要两个方向均有足够的刚度来调整不均匀沉降，减少基础之间的沉降差，可在柱网下沿纵横两个方向分别设置钢筋混凝土条形基础，形成柱下交叉基础(见图 4.8)。

3. 筏形基础

当用单独基础(扩展基础)或条形基础(连续基础)都不能满足地基承载力要求时，往往需要把整个建筑物基础(或地下室部分)做成一片连续的钢筋混凝土板，成为筏形基础。筏形基础常用于多层与高层建筑，具体可分为平板式和梁板式。

筏形基础由于底面积大，故可减小基底压力，同时提高地基土的承载力，并能更有效地增强基础的整体性，能将各个柱子的沉降调整得比较均匀(见图 4.9)。

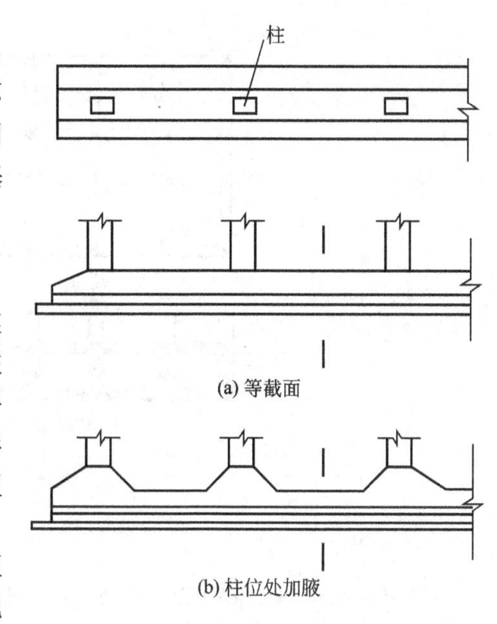

图 4.7　柱下条形基础

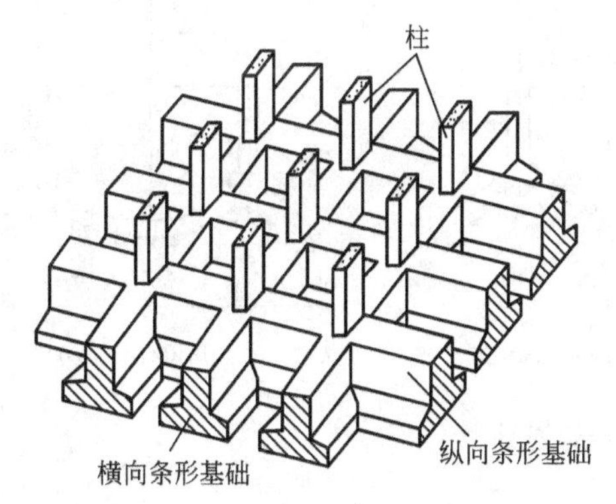

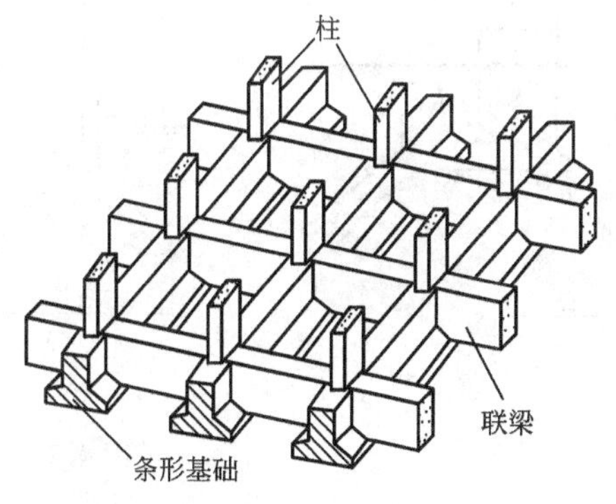

图 4.8　柱下交叉基础

梁
柱
板

图 4.9　筏形基础

4. 箱形基础

箱形基础(见图 4.10)是由钢筋混凝土底板、顶板和纵横墙体组成的整体结构，是高层建筑广泛采用的一种基础形式。箱形基础具有更大的抗弯刚度，只能产生大致均匀的沉降或整体倾斜，从而基本上消除了因地基变形而使建筑物开裂的可能性。但为保证箱形基础的刚度要求设置较多的内墙，受墙开洞率的限制，箱形基础作为地下室时，对使用带来一些不便。

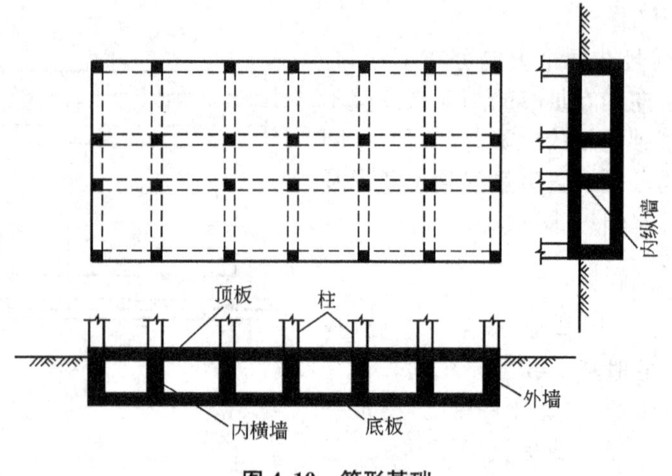

图 4.10　箱形基础

5. 壳体基础

为了更好地发挥混凝土的抗压性能，基础的形式可做成各种形式的壳体，称为壳体基础(见图 4.11)。壳体基础的优点是省材料、造价低。

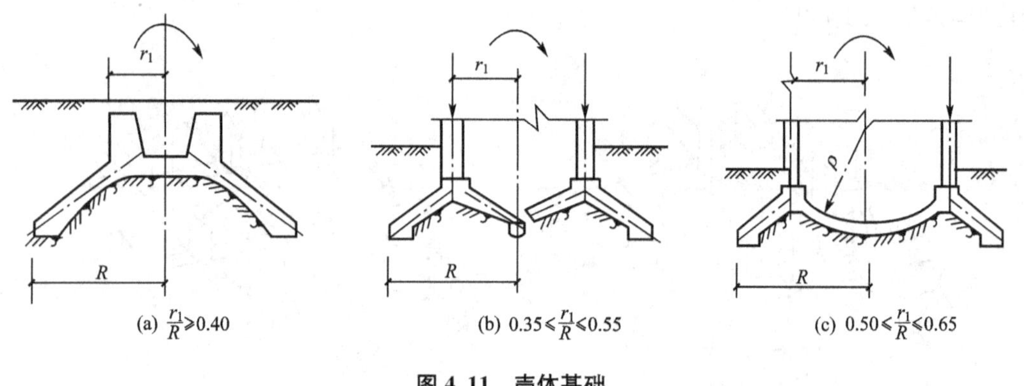

图 4.11　壳体基础

4.3 深　基　础

位于地基深处承载力较高的土层上、埋置深度大于 5m 或大于基础宽度的基础，称为深基础。

通常当上部建筑物荷载较大，而适合作为持力层的土层又埋藏较深，用天然浅基础或仅做简单的地基加固仍不能满足要求时，常采用深基础。

深基础主要有桩基础、沉井基础、地下连续墙和墩基础等。其中以桩基础应用最为广泛。

1. 桩基础

桩是设置于岩土中的竖直或倾斜的构件，其自身长度远远大于横截面尺寸。桩基础又称桩基，是桩与桩顶连接的承台共同组成的基础或由柱与桩直接连接的单桩基础。一般认为，由 2 根以上基桩组成的桩基础称为群桩基础(见图 4.12)。

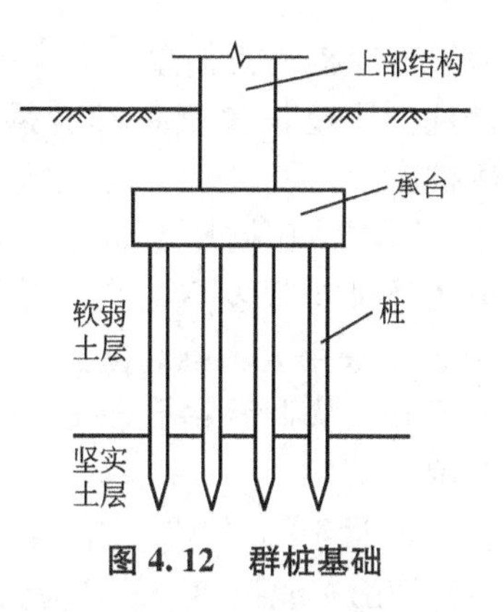

图 4.12 群桩基础

桩基础具有承载力高、稳定性好、沉降量小且均匀等特点。因此，桩基础成为在不良土质地区修建各种建筑物所采用的基础形式，在高层建筑、桥梁、港口和近海结构等工程中得到广泛应用。

人们通常从不同的角度和标准对桩进行分类。按承载性状可分为端承桩和摩擦桩(见图 4.13)。按桩身材料不同可分为木桩、混凝土桩、钢筋混凝土桩、钢桩、组合材料桩等。按施工方法可分为预制桩、灌注桩；按成桩方法可分为非挤土桩、挤土桩、部分挤土桩；按使用功能可分为竖向抗压桩、竖向抗拔桩、水平受荷桩和复合受荷桩。桩的几何尺寸和形状差别很大，对于桩的承载性状有较大的影响。按桩身直径 D 的大小不同，桩可分为大直径桩：$D \geqslant 800$mm；中等直径桩：250mm$<D<$800mm 和小直径桩：$D \leqslant 250$mm。按桩的长度 L 不同，桩可分为短桩：$L<10$m，中长桩：10m$<L<$30m 和长桩：30m$<L \leqslant$50m。按桩端是否有扩底，桩可分为扩底桩和非扩底桩。其中扩底桩按照扩底部分的施工方法不同又可分为挖扩桩、钻扩桩、挤扩桩、夯扩桩、爆扩桩、振扩桩等。

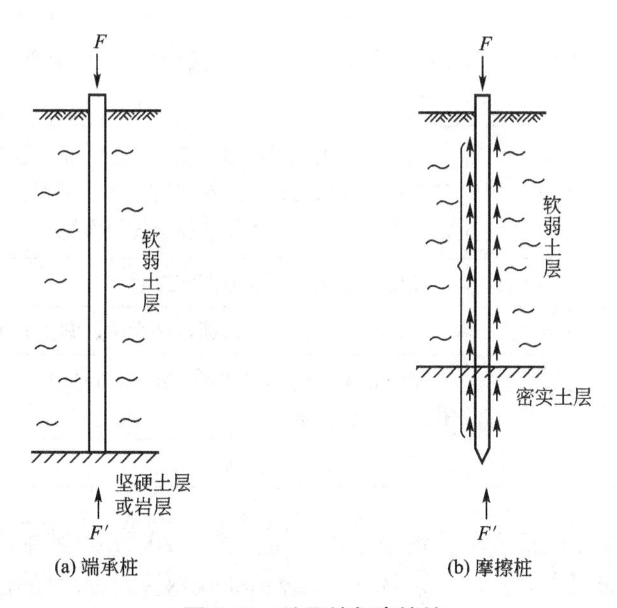

图 4.13 端承桩与摩擦桩

随着工程建设的发展，超长大直径钻孔灌注桩被广泛应用于桥梁深水基础。对于超长桩的界定，国内有关桩基础的现行规范都没有明确指出。在工程实践中，人们对于“超长桩”有各种不同的提法。一般认为超长桩是指桩长大于 50m 的各种类型桩为超长桩。至于大直径桩的界定，在房屋建筑工程与桥梁工程应用中，也有不同的提法。《建筑桩基技术规范》(JGJ 94—2008)按桩径大小分小直径桩、中等直径桩和大直径桩 3 类，并明确指出桩径 $d \geqslant 800$mm 的桩为大直径桩；国外一般认为桩径超过 760mm 的桩为大直径桩；王伯惠、上官兴针对桥梁工程桩基础，特将桩径2.5m以上的桩称为大直径桩。故超长大直径钻孔灌注桩一般指桩长大于50m、桩径为2.5m以上的钻孔灌注桩。

国内钻孔桩是1963年冬在河南安阳冯宿桥的两座桥台中首先被使用。当时国家经济还处于初步发展时期，钻孔使用的是水利部门打井用的大锅锥，孔径一般为60～70cm，采用人力推磨方式钻孔。虽然方法比较原始，但是钻孔质量仍可保证，使用效果很好。从此，钻孔桩在河南竹竿河和白河两座大桥和其他一些省、市开始被推广应用。

20世纪70年代，由于建造九江长江大桥的需要，首创了双壁钢围堰钻孔桩基础，这一时期山东北镇建造的黄河大桥采用钻孔灌注桩长达100m，这在当时属于世界罕见。20世纪80年代，随着经济建设的发展，全国公路铁路建设得到普遍发展，大江大河上的大跨度桥梁纷纷开始建设。大桥需要更大更长的桩基础。1985年，河南郑州黄河大桥，摩擦桩深70m，成桩直径达220cm；广东肇庆西江大桥，嵌岩桩直径达250cm。1992年，在湖南湘潭湘江二桥的基础中，采用桩径ϕ500cm/ϕ350cm的变截面大直径桩基础。国内桥梁中大直径超长桩的不完全统计表见表4-8。

表4-8 国内桥梁中大直径超长桩一览表

桩 长/m	桩身直径/m	大桥名称
50～100	≥2.5	泸州长江大桥、九江长江大桥、常德沅江大桥、宜城汉江大桥、三门峡黄河大桥、钱塘江二桥、武汉长江大桥、广东斗门大桥
	≥3.0	湖南石龟山大桥引桥、黄石长江大桥、珠海横琴大桥、益阳资江二桥、江汉四桥、广东鹤洞大桥、芜湖公铁长江大桥、南京长江二桥、广东番禺大桥和新会崖门大桥
	3.5	湖南沅陵大桥及湘潭湘江二桥
	4.0	铜陵长江大桥、南昌新八一大桥、湖南石龟山大桥
	5.0	湖南张家界鹭鸶湾大桥(挖孔空心桩)、江西湖口大桥(多次成孔及人工挖孔桩)
>100	≥2.5	苏通大桥、东海大桥

南京长江二桥中的南汉大桥为钢箱梁斜拉桥，长为2958m，其主跨为628m，该跨度目前在同类桥梁中居国内第一，世界第三，其基础采用双壁钢围堰钻孔灌注桩基础，两个主塔，42根直径3.0m的钻孔灌注桩，桩长达83m和102m。

苏通长江公路大桥(以下简称“苏通大桥”)位于江苏省东南部长江口南通河段，连接苏州和南通，大桥全长8.2km，按双向6车道高速公路标准建设。主航道采用主跨1088m的双塔斜拉桥，港区专用航道采用(140＋268＋140)m预应力混凝土连续刚构。主桥索塔基础为大直径超长钻孔灌注桩基础。南、北主塔群桩基础基桩总数均为131根，均采用大直径2.8m/2.5m的变截面超长桩，其桩长分别为114m和117m。

东海大桥起始于上海南汇芦潮港，跨越杭州湾北部海域，在浙江嵊泗县崎岖列岛的小洋山岛登陆，是当前世界最长、国内首座跨海大桥，全长约31km，其中海上段28km。大桥标准桥宽31.5m，分上、下行双幅桥面，采用双向6车道加紧急停车带高速公路标准，设计行车速度80km/h。大桥设5000t级主通航孔1处，采用双塔单索面钢—混结合梁斜拉桥结构，跨径布置为(73+132+420+132+73)m，通航净高40m，主墩按10000t级防撞能力设计。基础采用2.5m的钻孔灌注桩基础，桩长约120m。

2. 沉井基础

沉井基础是以沉井法施工的地下结构物的一种深基础形式。这种基础先在地表制作成一个井筒状的结构物(沉井)，通过从井内不断挖土，依靠自身重量克服井壁摩阻力后下沉到设计标高，经过混凝土封底并填塞井孔，使其成为桥梁墩台或其他结构物的基础，(见图4.14)。

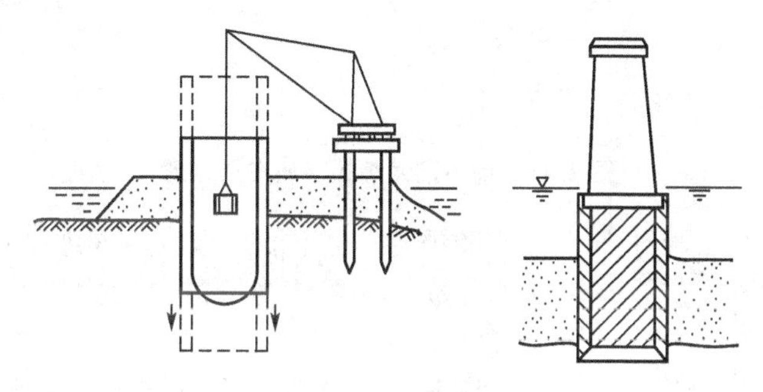

图4.14 沉井基础

沉井既是基础，又是施工时的挡土和挡水围堰结构，施工工艺并不复杂。沉井的优点是埋置深度可以很大、整体性强、稳定性好，能承受较大的垂直荷载和水平荷载。沉井的缺点是施工期较长；对细沙及粉沙类土在井内抽水易发生流沙现象，造成沉井倾斜；沉井下沉过程中遇到的大孤石、树干或井底岩层表面倾斜过大，均会给施工带来一定困难。综合考虑经济因素和施工可能性，沉井基础多用于桥梁墩台基础、取水构筑物、污水泵站、地下工业厂房、大型设备基础、地下仓库、人防隐蔽所、盾构拼装井、船坞、矿用竖井，以及地下车道及车站等大型深埋基础和地下构筑物的围壁。

3. 地下连续墙

地下连续墙是利用一定的设备和机具，在稳定液护壁的条件下，沿已构筑好的导墙钻挖一段深槽，然后把钢筋笼吊放入槽，浇注混凝土，筑成一段混凝土墙，再将每个墙段连接起来，形成一种连续的地下基础构筑物。地下连续墙的平面布置示意(见图4.15)。

地下连续墙主要起挡土、挡水(防渗)和承重作用，按成槽方法可分为槽板式(或称壁板式)地下墙、桩排式地下墙和组合式地下墙；按墙体材料不同可分为刚性混凝土墙、塑性混凝土墙、自凝灰浆墙和固化灰浆防渗墙等。

4. 墩基础

墩基础(见图4.16)也是土木工程中常用的一种深基础。从外形和工作机理上墩与桩很难严格区分，在中国工程界通常将置于地基土中，用以传递上部结构荷载的杆状构件通称为桩。其实墩与桩还是有区别的。墩的断面尺寸较大，相对墩身较短，体积巨大。墩身一

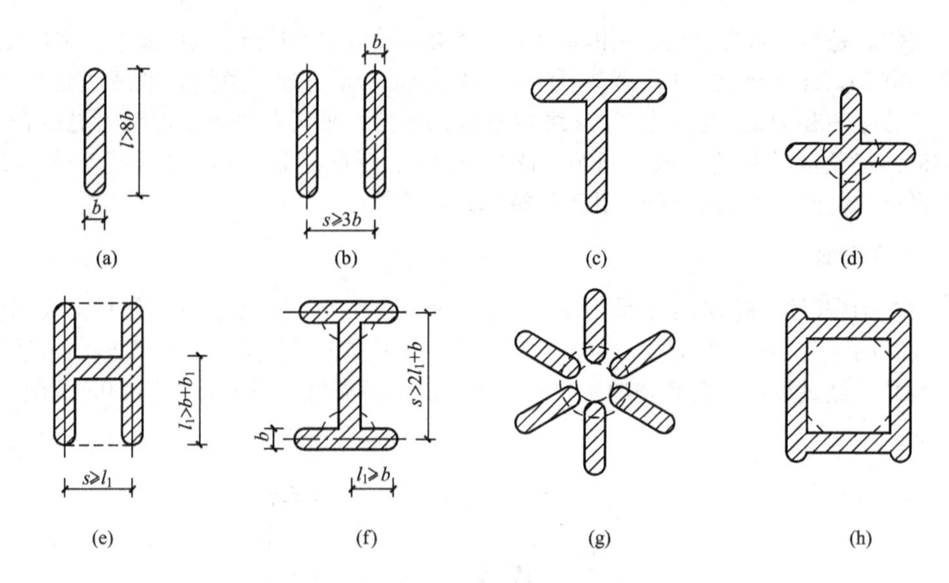

图 4.15 地下连续墙的平面布置示意

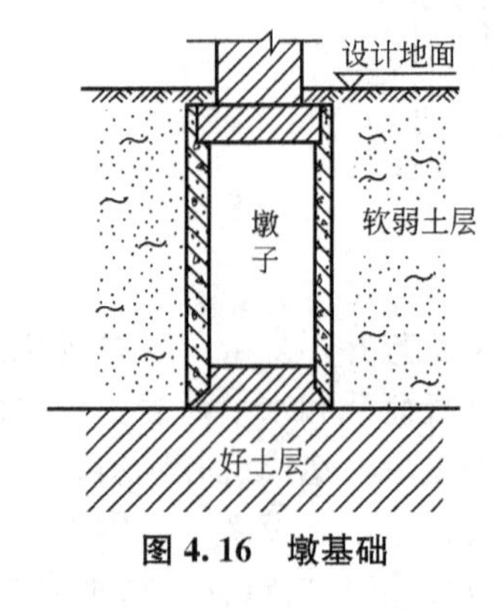

图 4.16 墩基础

般不能预制，也不能打入、压入地基，只能现场灌注或砌筑而成。一般认为墩的直径大于 0.8m；墩身长度为 6～20m；长径比不大于 30m。

墩基础广泛应用于桥梁、海洋钻井平台和港口码头等近海建筑物中。在中国西南山区，常常用直径(或边长)达几米的大尺寸墩治理滑坡，抵抗滑动力。在广州、深圳等地较广泛采用的“一柱一桩”，实际上是“一柱一墩”，单墩承载力达几亿牛，可做高层建筑物的基础。

本 章 小 结

通过本章的学习，了解建筑场地的基本勘察程序与方法及地基处理的常用方法。掌握浅基础和深基础的分类和作用。

一般来说，各类建筑主要由上部结构和基础两大部分组成。上部结构的荷载通过基础传递给地基土或者与地基土相连的下部结构，同时可以减小上部结构的位移或者不均匀沉降。按埋置深度可将基础分为浅基础和深基础两大类。

地基处理是通过各种方法改善地基础的工程性质，满足建筑物对地基承载力和变形的要求。

思 考 题

4-1 简述浅基础的类型，举例说明扩展基础的应用。

4-2 简述深基础的类型。

4-3 简述桩基础的概念及其分类。

4-4 为什么要进行地基处理？简述地基处理方法的分类。

阅读材料

比萨斜塔的纠偏

意大利比萨斜塔高达56m(见图4.17)，历时177年才竣工。但因为地基较浅(只有10英尺，约3.048m)且地下土壤不稳定发生下陷，塔在修建之初就出现轻微倾斜。随着工程的进展，倾斜度不断增加，最终导致塔南面地基比北面低约2m。1990年稳固“扶正”工程开始前，斜塔以每年约1mm的速度向南倾斜。它呈现出标志性的倾斜，斜塔之前与垂直线之间的角度为5.5°。

图4.17 比萨斜塔

比萨斜塔因为它的“斜”而闻名于世，但是倾斜角度太大也会给这幢建筑物带来倒塌的危险。为此，意大利政府投入2000万英镑(约合3960万美元)，于1999年～2001年对斜塔进行稳固“扶正”。维修人员历经11年的工作，将比萨斜塔的倾斜角度从原来的5.5°“修正”为现在的3.99°。

“扶正”比萨斜塔的工程是在工程学专家米凯莱·雅苗尔科夫斯基的领导下进行的。纠偏工程主要措施是将向南倾斜的塔基北侧地基下的土慢慢抽出。经过11年的努力，工作人员将比萨斜塔扳“正”43.8cm后，已基本恢复到1700年的状态。

另外，由于比萨斜塔距离地中海较近，频繁的暴雨袭击使重达14500t的塔身受损和褪色。从2001年开始，一个10名专家组成的强力修复小组又使用激光、凿子、针管等清洗塔身，耗时八年零三个月的时间，将塔身的24424块石头清洗得焕然一新。修复小组的负责人安东·萨特则表示说：“石头的状况十分糟糕，这主要是空气污染导致的，游人和鸽子也要负一定的责任。再加上塔身倾斜导致风和雨水带来的海盐沉积在局部区域，这都导致很多石头被侵蚀。我们已经取出了过去修复时使用的混凝土，连被鸽子粪便腐

蚀的地方、游人们乱涂乱花的痕迹以及在攀爬旋梯时留下的手印都被我们清理干净了。”

专家表示，经过这次耗时共达20年的修复之后，比萨斜塔在未来200年内都可以安然无恙，无须再进行加固。“斜塔一度濒临倒塌，但我们设法使它停止倾斜，并保持固定。”护塔组织的发言人朱塞佩·班蒂沃格里奥说：“至少今后200年不会出现意外。”

第5章 建筑工程

教学目标

本章主要讲述建筑工程的相关知识。通过本章的学习，应达到以下目标。

(1) 掌握建筑工程常用的基本构件和结构体系。

(2) 掌握高层建筑的特点和结构体系。

(3) 了解智能建筑和绿色建筑及其发展趋势。

(4) 了解常用的几种特种结构。

教学要求

知识要点	能力要求	相关知识
基本构件与结构体系	(1) 理解基本构件类型及作用 (2) 熟悉常用的房屋结构体系	板、梁、墙、柱的受力特点
单层建筑与多层建筑	(1) 单层工业厂房组成与结构形式 (2) 掌握多层建筑结构体系	(1) 单层工业厂房应用 (2) 混合结构与框架结构
高层与超高层建筑	(1) 了解高层建筑结构设计特点 (2) 掌握高层建筑的结构体系和特点	(1) 管理、经济、技术控制措施 (2) 进度调整的方法和内容
智能建筑和绿色建筑	了解绿色建筑和智能建筑的概念	绿色建筑和智能建筑的应用
特种结构	了解常用的几种特种结构	烟囱、水塔、电视塔、仓筒

基本概念

柱、梁、楼板、墙体、结构体系、单向板、双向板、单层建筑、多层建筑、高层建筑、智能建筑、绿色建筑、特种结构。

引例

天下第一关——山海关

天下第一关包括山海关城、东罗城以及“天下第一关”城楼、靖边楼、牧营楼、临闾楼等。

关城平面呈方形，周长约4km。城墙高14m，厚7m，内用夯土填筑，外用青砖包砌。东墙的南北两侧与长城相连，墙上有奎光阁、牧营楼、威远堂、临闾楼等建筑。东、南、北三面墙外挖掘了深8m、宽17m的护城河并架设悬索桥。城中心筑有钟鼓楼。

山海关的四面均开辟城门，东、西、南、北分别称“镇东门”、“迎恩门”、“望洋门”和“威远门”。四门上以前都筑有高大的城楼，但目前仅存镇东门楼。东门面向关外，最为重要，由外至内设有卫城、罗城、瓮城和城门四道防护。城门为巨大的砖砌拱门，位于长方形城台的中部。城台高 12m，其上的城楼高 13m，宽 20m，进深 11m，为砖木结构的二层楼重檐歇山顶建筑。城楼上层西侧有门，其余三面设箭窗 68 个，平时以窗板掩盖。

衣食住行是人们生活的四大要素，人们向往宽敞、明亮、坚固、耐用的住宅；同时，高楼林立的城市、现代化的工厂、标志性的公共建筑，都与建筑工程息息相关。

人们通常所说的建筑包含两种含义：它既表示建造活动同时又表示这种活动的成果。建筑的目的是取得一种人为的环境，供人们从事各种活动。建筑的成果通常分为两类：建筑物和构筑物。可供人们在其中进行生产、生活或其他活动的房屋或场所称为建筑物，如学校、影剧院、厂房等；而人们不在其中生产、生活的建筑则叫做构筑物，如水塔、烟囱、堤坝、输电塔、囤仓等。

5.1 基本构件与结构体系

5.1.1 基本构件

一般的房屋主要由板、梁、柱、墙、基础等构件组成，每个构件的类型和作用分述如下。

1. 板

板是指平面尺寸较大而厚度相对较小的平面结构构件，主要承受垂直于板面方向的荷载，受力以弯矩、剪力、扭矩为主，但在结构计算中剪力和扭矩往往可以忽略不计。

板按照平面形状可分为方形板、矩形板、圆形板、扇形板、三角形板、梯形板和各种异形板等。板按支撑条件可分为四边支撑板、三边支撑板、两边支撑板、一边支撑板和四角点支撑板等；按支撑边的约束条件可分为简支边板、固定边板、连续边板、自由边板等；按截面形状可分为实心板、空心板、槽形板、单(双)T 形板、单(双)向密肋板、压型钢板等；按所用材料可分为木板、钢板、钢筋混凝土板、预应力板等；按受力特点可分为单向板和双向板两种。

单向板指板上的荷载沿一个方向传递到支承构件上的板，双向板指板上的荷载沿两个方向传递到支承构件上的板，分别(见图 5.1 和图 5.2)。当矩形板为两边支承时为单向板；当有四边支承时，板上的荷载沿双向传递到四边，则为双向板。

2. 梁

梁是工程结构中的受弯构件，通常水平放置，但有时也斜向设置以满足使用要求，如楼梯梁。梁的截面高度与跨度之比一般为 1/8～1/16，高跨比大于 1/4 的梁称为深梁；梁的截面高度通常大于截面的宽度，但因工程需要，梁宽大于梁高时，称为扁梁；梁的高度沿轴线变化时，称为变截面梁。

梁按截面形式可分为矩形梁、T 形梁、倒 T 形梁、L 形梁、Z 形梁、槽形梁、箱形梁、空腹梁、叠合梁等(见图 5.3 和图 5.4)。

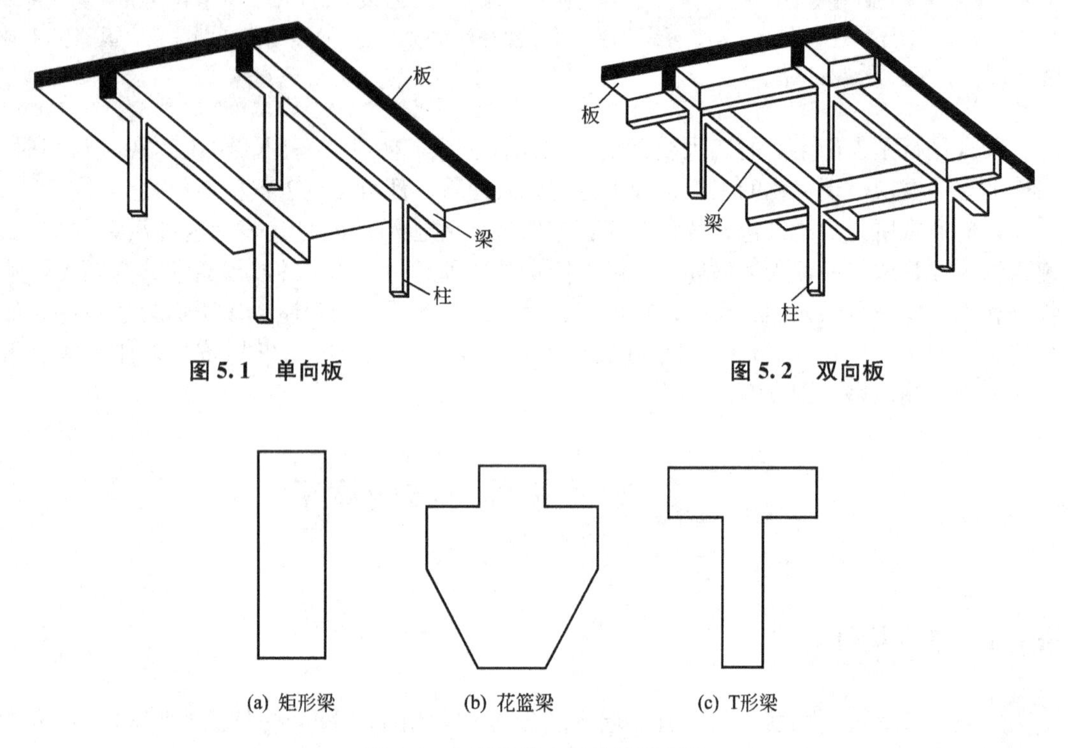

图 5.1　单向板

图 5.2　双向板

图 5.3　钢筋混凝土梁的截面类型

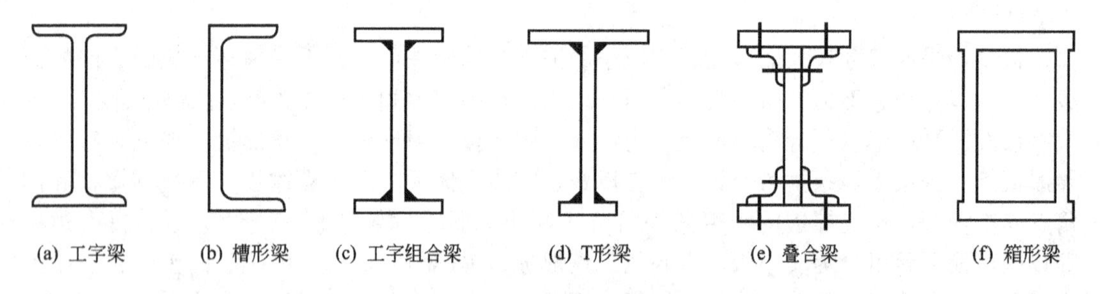

图 5.4　钢梁的截面类型

梁按所用材料分为钢梁、钢筋混凝土梁、预应力混凝土梁、木梁以及钢与混凝土组成的组合梁等。

梁按常见支承方式分为简支梁、悬臂梁、一端简支另一端固定梁、两端固定梁、连续梁等(见图 5.5)。

梁按在结构中的位置可分为主梁、次梁、连梁、圈梁、过梁等。主梁除承受板直接传来的荷载外，还承受次梁传来的荷载。次梁一般直接承受板传来的荷载，再将板传来的荷载传递给主梁。连梁主要用于连接两榀框架，使其成为一个整体。圈梁一般用于砖混结构，将整个建筑围成一体，增强结构的抗震性能。过梁一般用于门窗洞口的上部，用以承受洞口上部结构的荷载。

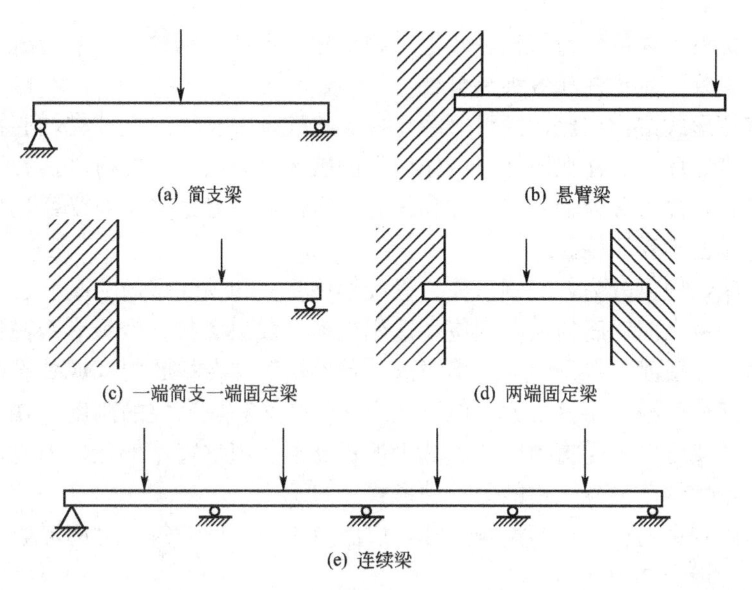

图 5.5 梁按支承方式分类

3. 柱

柱是指承受梁传来的荷载及其自重的线形构件，其截面尺寸远小于高度，工程中柱主要承受压力，有时也承受弯矩。

按截面形式可分为方柱、圆柱、管柱、矩形柱、工字形柱、H形柱、L形柱、十字形柱、双肢柱、格构柱、实腹柱等。实腹柱一般指混凝土柱(见图 5.6)；格构柱多为型钢组成，一般由两肢或多肢组成，各肢间用缀条或缀板连接(见图 5.7)。

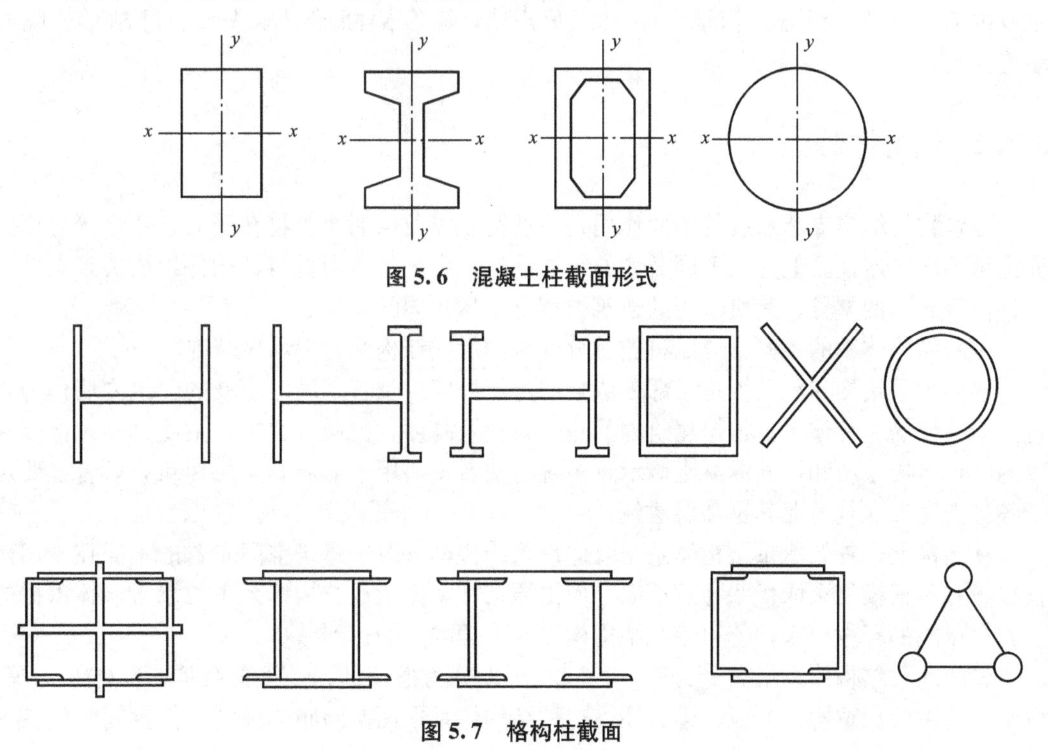

图 5.6 混凝土柱截面形式

图 5.7 格构柱截面

按柱所用材料，柱可分为石柱、砖柱、砌块柱、木柱、钢柱、钢筋混凝土柱、劲性钢筋混凝土柱、钢管混凝土柱和各种组合柱。

按柱的破坏形式或长细比，柱可分为短柱、长柱及中长柱。短柱在轴心荷载作用下的破坏是材料强度破坏，长柱在同样荷载作用下的破坏是屈曲，丧失稳定。

按受力形式，柱可分为轴心受压柱和偏心受压柱，后者是受压兼受弯构件。工程中的柱绝大多数都是偏心受压柱。

按配筋方式，柱可分为普通钢箍柱、螺旋形钢箍柱和劲性钢筋混凝土柱。普通钢箍柱用普通钢箍来约束纵向钢筋的横向变位，适用于各种截面形状。螺旋形钢箍柱可以提高构件的承载能力，柱截面一般是圆形或多边形。劲性钢筋柱在柱的内部或外部配置型钢，型钢分担很大一部分荷载，用钢量大，但可减小柱的断面和提高柱的刚度；在未浇灌混凝土前，柱的型钢骨架可以承受施工荷载和减少模板支撑。用钢管作外壳，内浇混凝土的钢管混凝土柱，是劲性钢筋混凝土柱的另一种形式。

工程中，最常见的柱是钢筋混凝土柱，广泛应用于各种建筑。钢筋混凝土柱按制造和施工方法可分为现浇柱和预制柱。

4. 墙

墙是承受梁板传来的荷载及其自重的竖向构件。它在重力和竖向荷载作用下主要承受压力，有时也承受弯矩和剪力，但在风荷载、地震作用下，则主要承受剪力和弯矩。

墙体按形状可分为平面形墙、筒体墙、曲面形墙、折线形墙等；按受力情况则有以承受重力为主的承重墙、以承受风力或地震产生的水平力为主的剪力墙，以及作为隔断等非受力作用的非承重墙等；按材料可分为砖墙、砌块墙、钢筋混凝土墙、钢格构墙、组合墙等；按施工方式有现场制作墙、大型砌块墙、预制板式墙、预制筒体墙等；按位置或功能则有内墙、外墙、纵墙、横墙、山墙、女儿墙，以及隔断墙、耐火墙、屏蔽墙、隔音墙等。

5.1.2 结构体系

建筑物的结构支承系统的主要作用是传递荷载以及保证建筑物在受力、变形等方面的安全可靠和稳定性。但是，不同类型的结构体系，由于其所用材料、构件组成关系以及力学特征等方面的差异，其所适用的建筑类型是不尽相同的。

按照结构体系的不同，可以将建筑分为墙体承重结构和骨架承重结构。

墙体承重结构支承系统是以部分或全部建筑外墙以及若干固定不变的建筑内墙作为垂直支承系统的一种体系。根据建筑物的建造材料及高度、荷载等要求，主要分为砌体墙承重的混合结构系统和钢筋混凝土墙承重系统。前者主要用于低层和多层建筑，后者主要用于各种高度的建筑，尤其是高层建筑。

在结构上，骨架承重结构体系与墙体承重结构体系对于建筑空间布置的不同在于用两根柱子和一根横梁来取代一片承重墙，使得原来在墙体承重结构体系中被承重墙体占据的空间尽可能的释放出来，使得建筑结构构件所占据的空间达到减少。

骨架承重结构体系根据受力特点不同又可以分为框架结构、框剪结构、筒体结构等。框架结构主要承重构件为板、梁、柱。这种结构体系平面空间布局灵活，但空间刚度较为薄弱，主要用于多层建筑中，如商场、教学楼、办公楼、医院等。

为了增强框架结构的刚度，可以在框架结构的适当部位设置一定数量的剪力墙，形成框剪结构。这种结构体系被广泛的应用于高层建筑中。

由密柱高梁空间框架或空间剪力墙所组成，在水平荷载作用下起整体空间作用的抗侧力构件称为筒体(由密柱框架组成的筒体称为框筒；由剪力墙组成的筒体称为薄壁筒)。由一个或数个筒体作为主要抗侧力构件而形成的结构称为筒体结构，它适用于平面或竖向布置繁杂、水平承载大的高层建筑。

5.2 单层建筑与多层建筑

5.2.1 单层建筑

单层建筑包括一般单层建筑和大跨度建筑。其中，一般单层建筑按照使用目的又可分为单层民用建筑和单层工业厂房。单层民用建筑一般的结构形式为砖混结构，即墙体采用砖墙，楼面板和屋盖板采用钢筋混凝土板。

1) 单层民用建筑

(1) 砖混结构。

砖混结构是指建筑物中竖向承重结构的墙、柱等采用砖或者砌块砌筑，横向承重的梁、楼面板、屋面板等采用钢筋混凝土结构。也就是说砖混结构是以小部分钢筋混凝土及大部分砖墙承重的结构。砖混结构属于混合结构的一种，是采用砖墙来承重，钢筋混凝土梁柱板等构件构成的混合结构体系，适合开间进深较小，房间面积小的单层民用建筑。

由于选材方便、施工简单、工期短、造价低等特点，砖混结构是我国当前单层民用建筑中使用最广泛的一种建筑形式。

砖混结构建筑的墙体的布置方式有：横墙承重；纵墙承重；纵横墙混合承重；砖墙和内框架混合承重；底层为钢筋混凝土框架，上部为砖墙承重结构。常用于沿街底层为商店，或底层为公共活动的大空间，上面为住宅、办公用房或宿舍等建筑。

(2) 砖木结构。

砖木结构是房屋的一种建筑结构形式，指建筑物中竖向承重结构的墙、柱等采用砖或砌块砌筑，楼板、屋架等用木结构。这种结构建造简单，容易就地取材而且费用较低，通常用于农村的屋舍、庙宇建筑等，比较典型的有著名的福建土楼和客家土楼，如图 5.8 所示。

土楼按结构可分为内通廊式(客家土楼)和单元式(闽南土楼)。例如福建永定的振成楼建于 1912 年，建筑结构奇特，是楼中有楼的二环楼。外环楼是架梁式的土木结构，内环楼是砖木结构，有外土内洋之称。该楼设计不但有抗地震、防风、防盗和防火之特点，更有冬暖夏凉的功效。

(3) 竹结构。

竹结构是符合现代建筑绿色环保和可持续发展趋势的一种独特结构形式，竹结构设计人性化，居住舒适方便，建造方便快捷，竹材可以形成标准化的构件和板材，以不同的方式灵活地组合，省去砌体结构和混凝土结构房屋所必需的大型机械设备。

竹结构房屋能够通过更换损坏部分而得到经常性的维护，竹材可以广泛利用在结构、隔断、面层等各个部分，适应建筑生命周期里的变化。若以普通住宅的开展作为开发目的，也可采取竹集成材料“面板化”的工厂生产形式来降低成本、缩短工期、保证品质、应对技术人员不足等问题。同时，竹材还具有质量轻、弹性好、抗冲击力强等优点，因此具有优越的抗震性能。我国2010年上海世博会上展示的“德中同行之家”，就是一座主体支撑完全采用竹材的两层建筑，是建筑结构可持续发展的一个生动典范(见图5.9)。

图5.8　土楼

图5.9　上海世博会“德中同行之家”

现代轻型竹结构体系在我国的地震多发地区有较大的应用潜力，竹结构住宅凭借其独特的性能，将会有很大的发展空间和潜力。

(4) 其他大跨结构。

大跨度结构是指跨度大于60m的建筑，多用于民用建筑中的展览馆、体育馆、大会堂、航空港候机大厅等公共建筑，其结构体系常见的包括：网架结构、网壳结构、悬索结构、悬吊结构、索膜结构、充气结构、薄壳结构等。

① 网架结构。网架结构是由多根杆件按照一定的网格形式通过节点连结而成的空间结构。网架结构除了具有空间受力、重量轻、刚度大、抗震性能好等优点之外，还具有工业化程度高、自重轻、稳定性好、外形美观的特点。其缺点是汇交于节点上的杆件数量较多，制作安装较平面结构复杂。

网架结构广泛用作体育馆、展览馆、俱乐部、影剧院、食堂、会议室、侯车厅、飞机库、车间等，一般是以大致相同的格子或尺寸较小的单元(重复)组成的，常应用在屋盖结构。

通常将平板型的空间网格结构称为网架，而将曲面型的空间网格结构简称为网壳。网架一般是双层的，以保证必要的刚度(图5.10)，在某些情况下也可做成三层，而网壳有单层和双层两种。平板网架无论在设计、计算、构造还是施工制作等方面均较简便，因此是近乎“全能”的适用大、中、小跨度屋盖体系的一种良好的形式。

网架的形式较多。按结构组成情况，通常分为双层或三层网架；按支承情况分，有周边支承、点支承、周边支承和点支承混合、三边支承一边开口等形式；按照网架组成情况，可分为由两向或三向平面桁架组成的交叉桁架体系、由三角锥体或四角锥体组成的空间桁架角锥体系等。

② 网壳结构。网壳结构是一种与平板网架类似的空间网格结构，均以杆件为基础，按一定规律组成网格，按壳体坐标进行布置的空间构架，它兼具杆系和壳体的双重性质，所以也综合了薄壳结构和平板网架结构的优点。其传力特点主要是通过壳内两个方向的拉力、压力或剪力逐点传力。

网壳结构是一种有着广阔发展前景的空间结构。其主要的优点是自重轻，施工速度快，建筑造型美观，更适合建造大跨度结构。网壳结构包括单层网壳结构、预应力网壳结构、板锥网壳结构、肋环型索承网壳结构、单层叉筒网壳结构等。

按照杆件位置可分为：单层网壳和双层网壳。按照材料分为：钢筋混凝土网壳，钢网壳，胶合木网壳，塑钢网壳和玻璃钢网壳等。

网壳结构最常用的结构形状有：穹顶网壳(图5.11)，筒形网壳，双曲网壳以及双曲抛物面网壳四种，如加拿大1967蒙特利尔博览会建造的美国馆，建筑师富勒善用三角形的网架组成多面体穹窿。这种结构以较少的材料造成了轻质高强的屋盖，轻巧的覆盖了很大的空间。

图5.10 网架结构

图5.11 网壳结构

③ 索膜结构。索膜结构是20世纪中期发展起来的一种新型建筑结构形式，是由多种高强薄膜材料及加强构件(钢架、钢柱或钢索)通过一定方式使其内部产生一定的预张应力以形成某种空间形状，作为覆盖结构，并能承受一定的外荷载作用的一种空间结构形式。膜只能承受拉力而不能受压和弯曲，其曲面稳定性是依靠互反向的曲率来保障，习惯上又称空间索膜结构。

根据索膜结构受力特性大致可分为：充气式索膜结构、张拉式索膜结构、骨架式索膜结构和组合式索膜结构等几大类。

索膜结构的膜材就是氟料表面涂层与织物布基按照特定的工艺粘合在一起的薄膜材料。常用的氟塑材料涂层有聚四氟乙烯、聚偏氟乙烯、聚氯乙烯等。织物布基主要用聚酯长丝(涤纶PES)和玻璃纤维有两种。索膜结构建筑中最常用的膜材料有聚四氟乙烯膜材料和聚偏氟乙烯膜材料两种。

索膜结构具有造型轻巧优美、与环境协调性好、施工方便快捷、结构自重轻，安全性好等优点，非常适合于建造大跨度空间结构。索膜结构主要应用在大型体育场、大型会展场所、展览中心、机场、火车站以及公交车站等，如图5.12所示。

图 5.12　索膜结构体育场

2）单层工业厂房

单层工业厂房一般采用钢筋混凝土或钢结构，屋盖采用钢屋架结构。按生产规模可分为：大型，中型和小型。按结构材料可分为砌体混合结构、钢结构、钢筋混凝土结构、刚-混凝土混合结构。按结构形式可分为排架结构和刚架结构两大类，其中排架结构是目前单层厂房的基本结构形式，如图 5.13 所示。

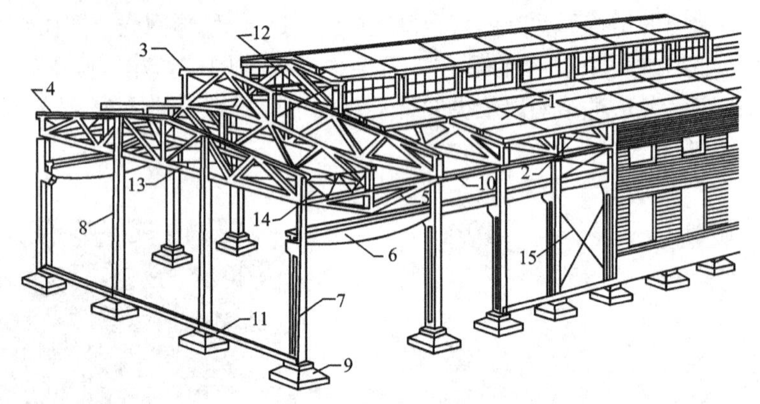

1—屋面板；2—天沟板；3—天窗架；4—屋架；5—托架；6—吊车梁；7—排架柱；
8—抗风柱；9—基础；10—系梁；11—基础梁；12—天窗架垂直支撑；
13—屋架下弦横向水平支撑；14—屋架端部垂直支撑；15—柱间支撑

图 5.13　单层工业厂房示意图

单层工业厂房具有以下结构特点。

① 跨度大，高度大，承受的荷载大，构件的内力大，截面尺寸大，用料多。

② 荷载形式多样，并且常承受如吊车荷载、动力设备荷载等动力荷载和移动荷载。

③ 隔墙少，柱是承受屋面荷载、墙体荷载、吊车荷载以及地震作用的主要构件。

④ 基础受力大，对地质勘察的要求较高。

排架结构是由屋架(或屋面梁)、柱、基础等构件组成，柱与屋架铰接，与基础刚接。此类结构能承担较大的荷载，在冶金和机械工业厂房中应用广泛，其跨度可达 30m，高度 20～30m，吊车吨位可达 150t 或 150t 以上。

刚架结构的主要特点是梁与柱刚接，柱与基础通常为铰接。由于梁、柱整体结合，在受荷载后，在刚架的转折处将产生较大的弯矩，容易开裂；另外，柱顶在横梁推力的作用下，将产生相对位移，使厂房的跨度发生变化，故此类结构的刚度较差，仅适用于屋盖较轻的厂房或吊车吨位不超过 10t，跨度不超过 10m 的轻型厂房或仓库等。

5.2.2　多层建筑

多层建筑是指建筑高度大于 10m，小于 24m，且建筑层数大于 3 层，小于等于 7 层的建筑。多层建筑最常用的结构形式有：砌体结构和框架结构。

1）砌体结构

砌体结构又称砖石结构，是由砌体作为竖向承重结构、由其他材料(一般为钢筋混凝土或木结构)构成楼盖所组成的房屋结构。砌体结构具有取材方便，耐火性和耐久性，保温隔热性能好，节约水泥和钢材等优点。但是与钢筋混凝土相比，砌体结构抗震以及抗裂性能较差，手工施工效率低，常用在层数不高，使用功能要求较简单的民用建筑，如宿舍，住宅中。

砌体结构分类如下。

按照砌块材料的不同可分为：砖砌体，砌块砌体和石砌体三大类。

按照竖向荷载的传递路线可分为：纵墙承重体系，横墙承重体系，纵横墙承重体系和内框架承重体系。

(1) 纵墙承重体系。

对于进深较大的房屋，楼板、屋面板或檩条铺设在梁(或屋架)上，梁(或屋架)支撑在纵墙上，主要由纵墙承受竖向荷载，荷载的传递路线为：板→梁(或屋架)→纵墙→基础→地基；而对于进深不大的房屋，楼板、屋面板直接搁置在外纵墙上，竖向荷载的传递路线是：板→纵墙→基础→地基。

(2) 横墙承重体系。

横墙承重体系类型的房屋的楼板、屋面板或檩条沿房屋纵向搁置在横墙上，由横墙承重。主要楼面荷载的传递途径是：板→横墙→基础→地基，因此称为横墙承重体系。横墙承重体系多用于横墙间距较密、房间开间较小的房屋，如宿舍、招待所、住宅、办公楼等民用建筑。

(3) 纵横墙承重体系。

常见的有两种情况：一种是采用现浇钢筋混凝土楼板，另一种是采用预制短向楼板的大房间。开间比横墙承重体系大，但空间布置不如纵墙承重体系灵活，整体刚度也介于两者之间，墙体用材、房屋自重也介于两者之间，多用于教学楼、办公楼、医院等建筑。

(4) 内框架承重体系。

如房屋内部由柱子承重，并与楼面大梁组成框架，外墙仍为砌体承重者，称为内框架结构。内框架承重体系一般可见于多层工业、商业和文教用房等建筑。有时在某些建筑的底层，为了取得较大的使用空间，也采用这种承重结构方式，或采用底部框剪上部砖混结构。

2）框架结构

如图5.14所示，框架结构是比较常见的一种结构形式。框架体系的优点是能适应较大的建筑空间要求，建筑平面布置灵活，结构自重轻，在一定高度范围内造价较低，结构设计和施工简单，结构整体性，抗震性能较好。框架结构常用在要求使用空间较大的建筑，比如大型商场，办公楼，超市，餐厅和书店等，其缺点是结构抗侧移刚度小，在水平荷载作用下水平侧移大，因此不适于超高层建筑。

框架结构的分类如下。

按框架结构所用材料的不同，可分为钢框架和钢筋混凝土框架。

按照框架结构组成分类有：梁板式结构和无梁式结构。

按施工方法不同可分为整体式、半现浇式、装配式和装配整体式等。

钢筋混凝土框架结构的布置方案有横向框架承重，纵向框架承重，纵向和横向框架承重三种。如果需要提高结构的横向抗侧刚度，有利立面处理和采光通风时常采用承重框架

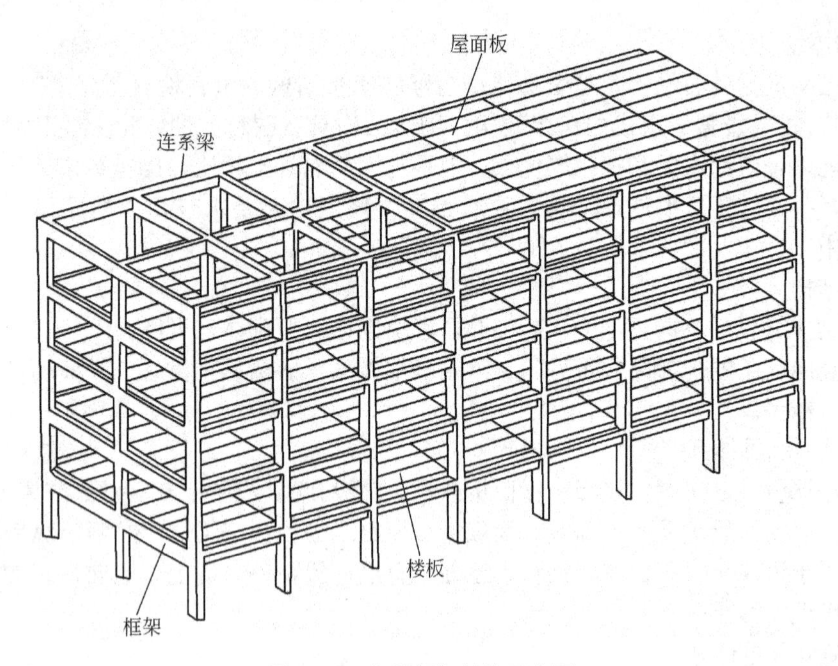

图 5.14　多层框架结构示意图

沿房屋横向布置。若房屋采用大柱网或楼面荷载较大，或有抗震设防要求时，主要承重框架应沿房屋纵向布置，此时横向抗侧刚度小且有利获得较高净空。主要承重框架沿房屋纵向布置，开间布置灵活，适用于层数不多，荷载要求不高的工业厂房。当建筑使用有特殊要求时，承重框架也可沿房屋纵向和横向布置，使得纵横向刚度和整体性均比较好。

5.3 高层建筑与超高层建筑

高度和层数是高层建筑的两个主要指标。多少高度或多少层数以上的建筑物称为高层建筑？世界各国的规定不完全统一。因为高层建筑一般标准较高，因此，对高层建筑的定义与一个国家的经济条件、建筑技术、电梯设备、消防装置等因素有关。在结构设计中，高层建筑要采取专门的计算方法和构造措施。

中国《高层建筑混凝土结构技术规程》(JGJ 3—2010)中规定：10 层及以上或房屋高度大于 28m 的建筑物称为高层建筑，并按照结构形式和高度分为 A 级和 B 级。建筑高度超过 100m 的建筑均为超高层建筑。

现代高层建筑于 19 世纪末起源于美国，当时由于纽约市与芝加哥的地价昂贵且用地不足等原因，发展地区经济，增加更多的营业面积，兴建摩天大楼的趋势锐不可当。当时，威廉·勒巴隆·詹尼设计的芝加哥家庭保险大楼被世界公认为第一幢摩天建筑。这座 10 层楼的大楼建造于 1884～1885 年，毁于 1931 年。

第一次世界大战之后，世界经济的中心由欧洲转移至美国，至 1929 年的经济危机是美国建筑的繁荣期，摩天大楼也随着美国经济而快速发展。1931 年 102 层的帝国大厦于纽约落成，此后长达 40 年的时间帝国大厦雄踞世界第一高楼的地位，成为摩天大楼甚至是纽约的象征。

在经济的强劲发展势头下，高层建筑的建设日益完善。1974年芝加哥西尔斯大楼竣工，取代纽约世界贸易中心双塔世界最高大楼的地位，也让世界第一的光荣重回芝加哥这座被称为摩天大楼发源地的城市。

与多层建筑物相比，高层建筑物设计具有以下特点。①水平荷载作为设计的决定性因素。②侧移成为设计的控制指标。③轴向变形的影响在设计中不容忽视。④延性成为设计的重要指标。⑤结构材料用量显著增加。

高层建筑最突出的外部作用是水平荷载，故其结构体系常称为抗侧力体系。基本的钢筋混凝土抗侧力结构单元有框架、剪力墙、筒体等。由它们可以组成各种结构体系。在高层建筑结构设计中，正确地选用结构体系和合理地进行结构布置是非常重要的。

按照使用的材料区分，高层建筑物可分为混凝土结构、钢结构和钢—混凝土混合结构等类型。

混凝土结构具有取材容易、耐久性和耐火性好、承载能力大、刚度好、节约钢材、造价低、可模性及能浇制成各种复杂的截面和形状等优点，现浇整体式混凝土具有整体性好，经过合理设计，可获得较好的抗震性能。混凝土结构布置灵活方便，可组成各种结构受力体系，在高层建筑中得到广泛应用，特别是在中国和其他一些发展中国家，高层建筑主要以混凝土结构为主。

钢结构具有强度高、截面小、自重轻、塑性和韧性好、制造简便、施工周期短、抗震性能好等优点，在高层建筑中也有广泛的应用。但由于高层建筑钢结构用钢量大，造价高，加之因钢结构防火性能差，需要采取防火保护措施，增加了工程造价。钢结构的应用还受钢铁产量的限制。在发达国家，高层建筑的结构类型主要以钢结构为主。近年来，随着中国国民经济的增强和钢产量的大幅度提高及高层建筑高度的增加，采用钢结构的高层建筑也不断增多，特别是对地基条件比较差或抗震要求高而高度又较大的高层建筑，更适合采用钢结构。

钢—混凝土组合结构或混合结构不仅具有钢结构自重轻、截面尺寸小、施工进度快、抗震性能好等优点，同时还兼有混凝土结构刚度大、防火性能好、造价低的优点，因而被认为是一种较好的高层建筑结构形式，近年来在中国发展迅速。组合结构是将钢材放在构件内部，外部由钢筋混凝土做成，或在钢管内部填充混凝土，做成外包钢构件。

目前中国高层建筑中仍以混凝土结构为主，高层建筑钢结构和组合结构已有相当的数量，预期其应用会逐步增多，应对此设计和施工进行更深入的研究。

高层建筑混凝土结构体系主要包括框架结构、剪力墙结构、框架-剪力墙结构、框支剪力墙结构和筒体结构体系。

5.3.1 剪力墙结构

利用建筑物墙体作为承受竖向荷载、抵抗水平荷载的结构称为剪力墙结构体系(见图5.15)。竖向荷载在墙体内主要产生向下的压力，侧向力在墙体内产生水平剪力和弯矩。因这类墙体具有较大的承受水平力的能力，故被称为剪力墙。在地震区，水平力主要为水平地震作用力，因此把抗震结构中的剪力墙称为抗震墙。

竖向荷载由楼盖直接传到墙上，因此剪力墙的间距取决于楼板的跨度。一般情况下剪力墙的间距为3～8m，适用于小开间的建筑。当采用大模板、滑升模板或隧道模板等先进

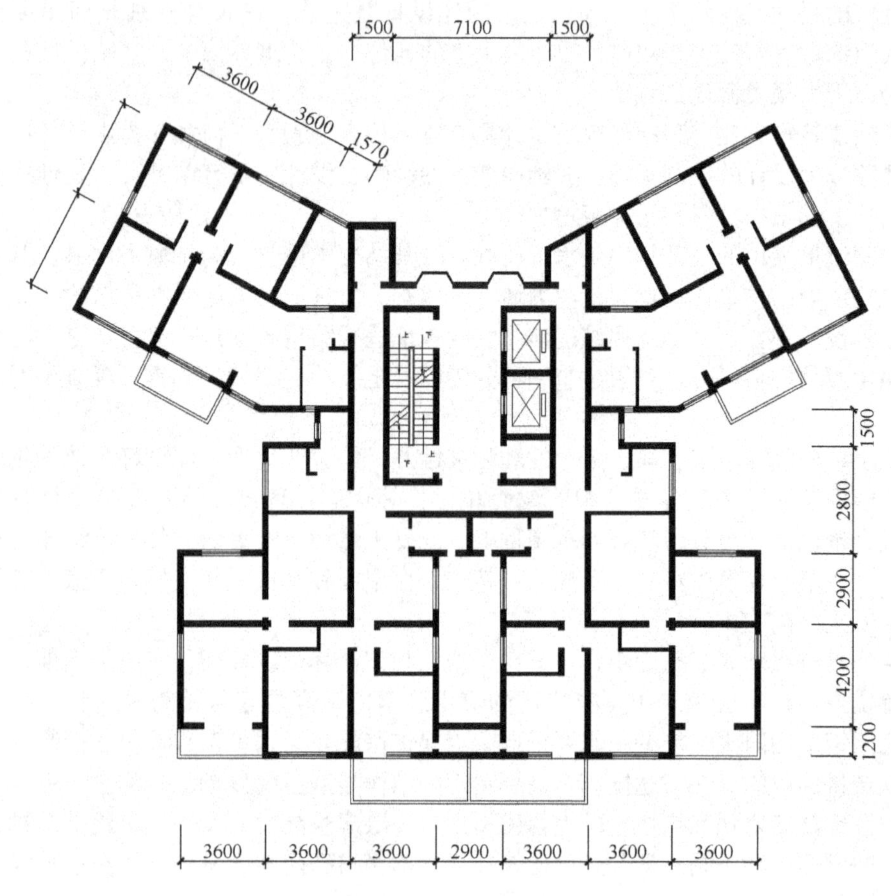

图 5.15　剪力墙结构平面图(单位：mm)

施工方法时，施工速度很快，可节省砌筑隔断等工程量。因此剪力墙结构在住宅及旅馆建筑中得到了广泛应用。

现浇钢筋混凝土剪力墙结构的整体性好、刚度大，在水平荷载作用下侧向变形小，承载力也容易满足，因此这种结构形式适合于建造较高的高层建筑。从十几层到三十几层都很常见，在四五十层及更高的建筑中也很适用。

5.3.2　框架-剪力墙结构

为了充分发挥框架结构平面布置灵活和剪力墙结构侧向刚度大的特点，当建筑物需有较大空间且高度超过了框架结构的合理高度时，可采用框架和剪力墙共同工作的结构体系，称为框架-剪力墙结构，如图 5.16 所示。框架-剪力墙结构体系以框架为主，并布置一定数量的剪力墙，通过水平刚度很大的楼盖将两者联系在一起共同抵抗水平荷载。其中剪力墙承担大部分水平荷载，框架只承担较小的一部分。

框架-剪力墙结构一般可采用以下几种形式。

(1) 框架和剪力墙分开布置，各自形成比较独立的抗侧力结构。

(2) 在框架结构的若干跨内嵌入剪力墙。

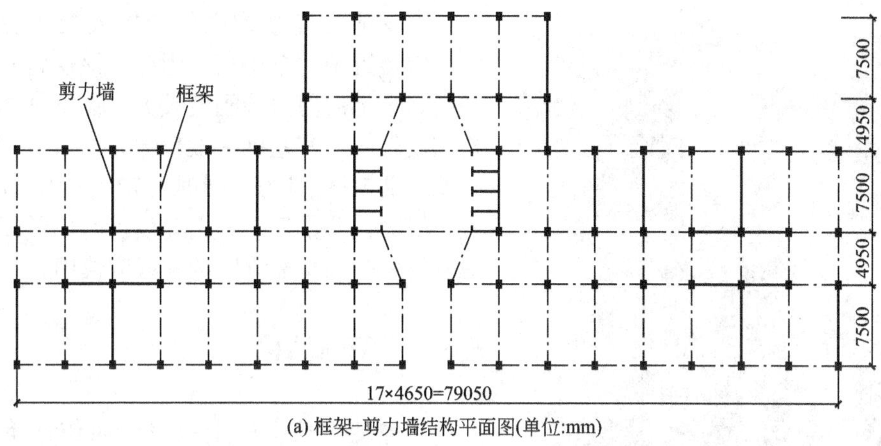

(a) 框架-剪力墙结构平面图(单位:mm)

(b) 框架-剪力墙结构立体图

图 5.16 框架-剪力墙结构

(3) 在单片抗侧力结构内连续分别布置框架和剪力墙。

(4) 上述两种或 3 种形式的混合。

由于框架与剪力墙的协同工作，使框架各层层间剪力墙趋于均匀，各梁、柱截面尺寸和配静电趋于均匀，改变了纯框架结构的受力及变形特点。框架-剪力墙结构的水平承载力和侧向刚度都有很大提高，可用于办公楼、旅馆、住宅以及某些公益用房。1998 年建成的上海明天广场(见图 5.17)，60 层，高 238m，为当时最高的框架-剪力墙结构。

5.3.3 框支剪力墙结构

现代城市的土地日趋紧张，为合理利用土地，建筑商常常采用上部为住宅楼或办公楼，而下部开设商店或商场。这两种建筑的功能完全不同，上部住宅楼和办公楼需要小开间，比较适合采用剪力墙结构，而下部的商店或商场则需要大空间，适合采用框架结构。为满足这种建筑功能的要求，必须将这两种结构组合在一起。为完成这两种体系的转换，需在其交界位置设置巨型的转换大梁，将上部剪力墙的力传至下部柱子上。这种结构体系称为框支剪力墙体系。

图 5.17　上海明天广场

框支剪力墙结构中的转换大梁一般高度较大，常接近于一个层高。因此，该层常常用做设备层。上部的剪力墙刚度较大，而下部的框架结构刚度较弱，其差别一般较大，这对整幢建筑的抗震是非常不利的，同时，转换梁作为连接节点，受力也非常复杂，因此设计时应予以充分考虑，特别是在抗震设防的地区应慎用。

5.3.4　筒体结构

筒体结构是由一个或多个筒体作承重结构的高层建筑体系，适用于层数较多的高层建筑。筒体在风荷载的作用下，其受力类似刚性的箱型截面的悬臂梁，迎风面将受拉，而背风面将受压。由钢筋混凝土剪力墙围成的筒体称为实腹筒。

筒式结构可分为框筒体系、筒中筒体系、桁架筒体系、成束筒体系等。

1）框筒体系

布置在房屋周围、由密排柱和窗裙梁形成的密柱深梁框架围成的筒体称为框筒。框筒可作为抗侧力结构单独使用，为了减少楼板和梁的跨度，在框筒结构底部可设置一些柱子。这些柱子仅用来承受竖向荷载，不考虑其承受水平荷载。例如，1996 年建成的马来西亚双塔楼，88 层，高 450m，框筒结构，为 20 世纪世界上最高的建筑(见图 5.18)。

图 5.18　马来西亚双塔楼

2）筒中筒体系

筒中筒结构一般用实腹筒做内筒，框筒或桁架筒做外筒。内筒可集中布置电梯、楼梯、竖向管道等。楼板起承受竖向荷载、作为筒体的水平刚性隔板和协同内、外筒工作等作用。在这种结构中，框筒的侧向变形以剪切变形为主，内筒一般以弯曲变形为主，两者通过楼板联系，共同抵抗水平荷载，其协同工作原理与框架剪力墙结构类似。由于内、外筒的协同工作，结构侧向刚度增大，侧移减小，因此筒中筒结构成为 50 层以上超高层建筑的主要结构体系。

3）桁架筒体系

在筒体结构中，增加斜撑来抵抗水平荷载，以进一步提高结构承受水平荷载的能力，增加体系的刚度。这种结构体系称为桁架筒体系。

香港的中国银行大厦于 1990 年建成，平面为 52m×52m 的正方形，70 层，高 315m，至天线顶高为 367.4m。上部结构为 4 个巨型三角形桁架，斜腹杆为钢结构，竖杆为钢筋混凝土结构。钢结构楼面支承在巨型桁架上。4 个巨型桁架支承在底部三层高的巨大钢筋混凝土框架上，最后由 4 根巨型柱将全部荷载传至基础。4 根巨型桁架延伸到不同的高度，最后只有一个桁架到顶。

4) 成束筒体系

成束筒体系是由若干单筒集成一体成束状，形成空间刚度极大的抗侧力结构。成束筒中相邻筒体之间具有共同的筒壁，每个单元筒又能单独形成一个筒体结构。因此，沿房屋高度方向，可以中断某单元筒，房屋的侧向刚度及水平承载力沿高度逐渐变化。最典型的成束筒体系的建筑应为 1974 年建成的美国芝加哥西尔斯塔楼(见图 5.19)

图 5.19 西尔斯塔楼

美国芝加哥的西尔斯塔楼，地上 110 层，地下 3 层，高 443m，包括两根 TV 天线，高 475.18m，采用钢结构成束筒体系。1～50 层南 9 个小方筒连组成一个大方形筒体，在 51～66 层截去一个对角线上的两个筒，67～90 层又截去另一对角线上的另两个筒，91 层及以上只保留两个筒，形成立面的参差错落，使立面富有变化和层次，简洁明快。

高层和超高层建筑在结构设计中除采用钢筋混凝土结构代号 RC)外，还采用型钢混凝土结构(代号 SRC)，钢管混凝土结构(代号 CFC)和全钢结构(代号 S 或 SS)。

高层钢结构建筑在国外已有 110 多年的历史，1883 年最早一幢钢结构高层建筑在美国芝加哥拔地而起，到了二战后由于地价的上涨和人口的迅速增长，以及对高层及超高层建筑的结构体系的研究日趋完善、计算技术的发展和施工技术水平的不断提高，使高层和超高层建筑迅猛发展。钢筋混凝土结构在超高层建筑中由于自重大，柱子所占的建筑面积比率越来越大，在超高层建筑中采用钢筋混凝土结构受到质疑；同时高强度钢材应运而生，在超高层建筑中采用部分钢结构或全钢结构的理论研究与设计建造可以说是同步前进。

5.4 智能建筑与绿色建筑

5.4.1 智能建筑

智能建筑是指通过将建筑物的结构、系统、服务和管理四项基本要求以及它们的内在关系进行优化，来提供一种投资合理，具有高效、舒适和便利环境的建筑物。它以建筑物为平台，兼备信息设施系统、信息化应用系统、建筑设备管理系统、公共安全系统等，集结构、系统、服务、管理及其优化组合为一体，向人们提供安全、高效、便捷、节能、环保、健康的建筑环境。

智能建筑在 20 世纪末诞生于美国，第一幢智能大厦于 1984 年在美国哈特福德（Hartford)市建成。自1984年以来的二十几年中，智能建筑以一种崭新的面貌和技术，迅速在世界各地展开，尤其是亚洲的日本、新加坡等国家，为了适应智能建筑的发展，进行了大量的研究和实践，相继建成了一批具有智能化技术的建筑。随着计算机、网络、控制、通信等各种技术在建筑弱电系统中的应用，逐渐构成了所谓“建筑智能化系统”。并从最初的各子系统相互独立，发展到系统集成。目前智能建筑已具有较完整的集多种网络、融合多种信息的综合性系统。

我国的智能建筑虽始于20世纪90年代，但发展迅速，现已在智能建筑方面已取得了一定的成果。2008年北京奥运会主体育馆之一“水立方”(图5.20)是我国智能建筑的代表作之一，水立方的设计体现着智能与节能的完美结合。水立方表面使用的膜结构为新型环保材料ETFE膜，既赋予了建筑冰晶状的外貌，使其具有独特的视觉效果和感受，同时又具有节能环保的作用。该场馆每天能够利用自然光的时间达到了9.9小时，使空调和照明负荷降低20%～30%；另外，游泳中心消耗掉的水有80%从屋顶收集并循环使用，这样可以减弱对供水的依赖和减少排放到下水道中的污水；系统对废热进行回收，热回收冷冻机的应用一年可节省60万度电；外层膜上分布着密度不均的镀点，这镀点将有效的屏蔽直射入馆内的日光，起到遮光、降温的作用。合理组织自然通风、循环水系统的合理开发，高科技建筑材料的广泛应用，都共同为水立方增添了更多的智能化信息。

智能建筑是信息时代的必然产物，随着科学技术的发展和人们对于建筑智能化要求的提高，建筑物智能化程度将越来越高。

图5.20 智能建筑北京水立方

图5.21 绿色建筑杭州科技馆

5.4.2 绿色建筑

绿色建筑是指在建筑的全寿命周期内，最大限度地节约资源(节能、节地、节水、节材)，保护环境和减少污染，为人们提供健康、适用和高效的使用空间，与自然和谐共生的建筑。即要求在建筑设计、建造及使用中充分考虑环境保护的要求，将建筑物与环保、高新技术、能源等紧密结合起来，在有效满足各种使用功能的同时，能够有益于使用者身心健康，并创造符合环境保护要求的工作和生活空间结构。

“绿色”并不是指一般意义的绿化，它代表一种象征，指建筑对环境无害，能充分利用环境自然资源，并且在不破坏环境基本生态平衡条件下建造的一种建筑，又可称为可持续发展建筑、节能环保建筑。绿色建筑的室内布局十分合理，尽量减少使用合成材料，充分利用阳光，节省能源，为居住者创造一种接近自然的感觉。以人、建筑和自然环境的协调发展为目标，在利用天然条件和人工手段创造良好、健康的居住环境的同时，尽可能地控制和减少对自然环境的使用和破坏，充分体现向大自然的索取和回报之间的平衡。

绿色建筑具有如下特点：

(1) 绿色建筑是节约型建筑。绿色建筑的初始投资较普通建筑高，但在建筑物的全使用寿命期内成本会较普通建筑物低，且会取得良好的环境效应。

(2) 绿色建筑是环保型建筑。建筑物的修建每年消耗掉全世界资源开采量的40%，电量的30%，导致了大量温室气体的排放，绿色建筑在使用过程中能降低建筑能耗，降低对环境的损害。

(3) 绿色建筑是可持续型建筑。2010年上海世博会的各国展馆建筑是可持续建筑物的范例，建筑物中大量使用可再生和可重复利用材料。

(4) 绿色建筑是人本型建筑。绿色建筑的节能并不是以牺牲人们的舒适度和工作效率为代价的，它是指在转变能源利用方式及使用环保科技的条件下，满足甚至提高建筑物的舒适度。

图5.21为绿色建筑杭州科技馆，该馆集成十大先进节能系统。节能效率达76.4%。科技馆东西立面采用陶土板。均属于可回收使用、自洁功能的绿色环保建材。

5.5 特种结构

5.5.1 电视塔

电视塔是指用于广播电视信号发射传播的建筑。为了使信号传送的范围更大，发射天线就要更高，因此电视塔往往高度较大。电视塔多建于大、中城市，承担广播电视发射和节目传递、旅游观光等任务，一般被看成所在城市的象征性建筑。

塔体结构大部分或全部由混凝土构成的电视塔称为混凝土电视塔，它由塔基础、塔体和发射天线组成。塔体和地基间，承受塔体各作用的结构称为塔基础，塔基础顶面以上竖向布置的受力结构称塔体，塔体以上部分用于安装发射天线。混凝土电视塔的特点是高度较大、横截面较小、风荷载起主要作用、结构自重不可忽视。

20世纪50年代就随着电信技术及电视广播的发展，电视塔在世界上取得了较大的发展。早在20世纪70年代世界上即已建成包括俄罗斯奥斯坦金诺电视塔(高540m)和加拿大国家电视塔(高553m)。现世界上最高的电视塔为新东京铁塔，高634m，为世界第一高塔。我国电视塔也发展迅速，我国最高电视塔为广州电视塔，高600m，为世界第二高电视塔，著名电视塔还有如上海东方明珠电视塔(图5.22)高468m。这些建筑以其独特的建筑风格，都已成为当地城市名片。

5.5.2 水塔

水塔是用于储水和配水的高耸结构，用来保持和调节给水管网中的水量和水压，主要由水柜、基础和连接两者的支筒或支架组成。

水塔按建筑材料分为钢筋混凝土水塔、钢水塔、砖石支筒与钢筋混凝土水柜组合的水塔。水柜也可用钢丝网水泥、玻璃钢和木材建造。支筒一般用钢筋混凝土或砖石做成圆筒形。支架多数用钢筋混凝土刚架或钢构架。水塔基础有钢筋混凝土圆板基础、环板基础、单个锥壳与组合锥壳基础和桩基础。当水塔容量较小、高度不大时，也可用砖石材料砌筑的刚性基础。

钢筋混援土水塔：坚固耐用，抗震性能好。工业厂房或较高烈度的地震区多建造此种类型水塔，如图 5.23 所示。

钢水塔：具有钢水箱、钢支座及钢筋混凝土基础。这种水塔的部件可在工厂预制，而后运工地安装，具有施工期限短，不受季节限制的优点，但用钢量较多，且维修费较贵。

钢筋混凝土及砖石混合材料水塔具有钢筋混凝土水箱、砖石支座、钢筋混凝土或砖石基础。此种水塔能就地取材，节省钢材，易于施工，但因重量较大，抗震性较差，在软弱地基及在 8 度以上的地震区不宜采用。适用于小容量、低高度、强地基、弱层区之中间给水站及一般小站生活用水。

图 5.22　上海东方明珠电视塔

图 5.23　水塔

5.5.3　油库

油库是协调原油生产、原油加工、成品油供应及运输的纽带，是国家石油储备和供应的基地，对于保障国防和促进国民经济高速发展具有相当重要的意义。油库主要储存可燃的原油和石油产品。大多数储存汽油、柴油等轻油料，有些油库还储存润滑油、燃料油等重质油料。

油库按照储存油料的总容积可将油库划分为小型油库，其容积为一万立方米以下，中型油库其容积为一万至五万立方米，大型油库其容积为五万立方米以上。油库按主要储油方式可分为地面(或称地上)油库、隐蔽油库、山洞油库、水封石洞库和海上油库等。地面油库与其他类型油库相比，建设投资省、周期短，是中转、分配、企业附属油库的主要建库形式，也是目前数量最多的油库，如图 5.24 所示。油库按照其运输方式分为水运油库、陆运油库和水陆联运油库；按照经营油品分为原油库、润滑油库、成品油库等。

由于石油及其产品的易燃、易瀑等危险特性，使油库潜存着巨大的危险性，如果受到各种不安全因素的激发，就会引起燃烧、爆炸、混油、漏油、中毒及设备破坏等多种形式事故，造成人身伤亡和经济损失，影响工农业生产和周同环境，因此油库的防火、防爆以及油库消防是油库建设的重点。

5.5.4 筒仓

筒仓或仓筒是贮存散装物料的仓库，分为农业筒仓和工业筒仓两大类。农业筒仓用来贮存粮食、饲料等粒状和粉状物料；工业筒仓用来贮存焦炭、水泥、食盐、食糖等散装物料。

根据所用的材料不同，筒仓一般可做成钢筋混凝土筒仓、钢板筒仓、砖砌筒仓。其中钢筋混凝土又可分为整体式浇筑和预制装配、预应力和非预应力的筒仓。从经济、耐久和抗冲击性能等方面考虑，我国目前应用最广泛的是整体浇筑的普通钢筋混凝土筒仓。

筒仓的平面形状有正方形、矩形、多边形和圆形等。圆形筒仓的仓壁受力合理，用料经济，所以应用最为广泛。当储存的物料品种单一或储量较小时，用独立仓或单列布置。当储存的物料品种较多或储量大时，则布置成群仓。

圆筒群仓的总长度一般不超过 60m，方形群仓的总长度一般不超过 40m。群仓长度过大或受力和地基情况较复杂时应采取适当措施，如设伸缩缝以消除混凝土的收缩应力和温度应力所产生的影响；设抗震缝以减轻震害；设沉降缝以避免由于结构本身不同部分间存在较大荷载差或地基土承载能力有明显差别等因素而导致的不均匀沉降的影响等。

5.5.5 烟囱

烟囱是工业中常用的构筑物，是将烟气排入高空的高耸结构，能改善燃烧条件，减轻烟气对环境的污染。烟囱按建筑材料可分为砖烟囱、钢筋混凝土烟囱和钢烟囱三类。

(1) 砖烟囱。砖烟囱具有取材方便、造价低和使用年限长等优点，在中小型锅炉中得到广泛的应用。砖烟囱高度一般在 50m 以下，筒身用砖砌筑，筒壁坡度为 2%～3%，并按高度分为若干段，每段高度不宜超过 15m。筒壁厚度由下至上逐段减薄，但每一段内的厚度应相同。烟囱顶部应向外侧加厚，加厚部分的上部应用水泥砂浆抹出向外的排水坡，内衬到顶的烟囱，顶部宜设钢筋混凝土的压顶板，一般在地震烈度为七度及以下的地区建造。

(2) 钢筋混凝土烟囱。钢筋土烟囱具有对地震的适应性强、使用年限长等优点，但消耗较多的钢材、造价高。钢筋混凝土烟囱筒身高度一般为 60～250m，底部直径 7～16m，筒壁坡度常采用 2%，筒壁厚度可随分段高度自下而上呈阶梯形减薄，同一分段内的厚度应相同，分段高度一般不大于 15m

(3) 钢板烟囱。钢板烟囱的优点是：自重轻、占地少、安装快、有较好的抗震性能。缺点是钢材消耗量大，易受烟气腐蚀和氧化锈蚀，须定期进行维护保养。钢板烟囱一般用于容量较小的锅炉、临时性锅炉房，高度不宜超过 30m。为了防止筒身钢板受烟气腐蚀，可在烟囱内壁敷设耐热砖衬或耐酸水泥。

(4) 双筒或多筒式烟囱。此类烟囱具有综合造价低、自重轻、地基处理费用省、可避免筒壁产生温度裂缝等优点，在大、中型发电厂中使用较多。双筒或多筒式烟囱的构造，一般外筒为钢筋混凝土结构，筒体结构向上呈双坡变截面，最小厚度一般为280mm，外筒体主要承受风荷载。内筒为钢结构，用高耐候性结构钢制作，外包矿渣棉等保温隔热材料，钢内筒主要起排烟除尘作用。

图5.24 油库

图5.25 烟囱

本章小结

通过本章的学习，掌握建筑工程基本构件的分类和作用，掌握常用结构体系的分类和应用，掌握单层、多层和高层建筑的结构体系布置形式和特点，了解绿色建筑和智能建筑的定义，了解特种结构。

一般的建筑物主要由板、梁、墙、柱、基础等构件组成。按照结构体系的不同，建筑分为墙体承重结构和骨架承重结构。根据建筑的实际受力特点选择合适的结构体系，可组成丰富多彩的建筑形式。

随着科技的发展和人与自然之间矛盾的加剧，顺应自然、保护环境的绿色建筑应运而生。绿色建筑作为一种新兴建筑，力图实现人、建筑、自然环境和社会的协调可持续发展。

思考题

5-1 房屋的基本构件有哪些？分别在结构中具有什么作用？

5-2 简述常用于高层建筑结构的主要结构体系。

5-3 简述常用于高层结构的主要结构体系的特点。

5-4 列举目前世界上已经建成的前十名的高层建筑，并作简单描述。

5-5 高层结构是如何定义的？与多层建筑物的设计相比，高层建筑物有哪些特点？

5-6 框架-剪力墙结构中剪力墙的布置形式有哪些？

5-7 简述绿色建筑及其主要特点。

5-8 什么是特种结构？试举几例常见的特种结构。

阅读材料1

埃菲尔铁塔

埃菲尔铁塔是巴黎的标志之一，被法国人爱称为“铁娘子”，如图5.26所示。该塔与纽约的帝国大厦、东京的电视塔同被誉为西方三大著名建筑。

1889年，法国大革命100周年，巴黎举办了大型国际博览会以示庆祝。法国人希望借此机会给世界人民留下深刻印象，创作一件能象征19世纪技术成果的作品。法国政府于1886年开始举行设计竞赛征集方案，应征作品700余件，最后中选的是建筑师埃菲尔提交的有关建造一座1000英尺(约304.8m)高铁塔的设计方案。

图5.26 埃菲尔铁塔

53岁的亚历山大·古斯塔夫·埃菲尔是当时欧洲有名的建筑设计师，早年他作为桥梁专家而闻名。他一生中杰作累累，遍布世界，但使他名扬四海的还是这座以他名字命名的铁塔。用他自己的话说：“埃菲尔铁塔把我淹没了，好像我一生只是建造了她”。当初，法国政府虽然决定在巴黎建造一座世界最高的大铁塔，但提供的资金只是所需费用的1/5。埃菲尔为实现他的设计，曾将他的建筑工程公司和全部财产抵押给银行作为工程投资。

1887年1月28日，埃菲尔铁塔正式开工。250名工人冬季每天工作8h，夏季每天工作13h，终于，在1889年3月31日，这座钢铁结构的高塔大功告成。埃菲尔铁塔的金属制件有1.8万多个，重达7000t，施工时共钻孔700万个，使用铆钉250万个。由于铁塔上的每个部件事先都严格编号，所以装配时没出一点差错。施工完全依照设计进行，中途没有进行任何改动，可见设计之合理、计算之精确。据统计，仅铁塔的设计草图就有5300多张，其中包括1700张全图。

对于1889年巴黎世博会的2500万游客而言，博览会上最引人瞩目的展品便是高达300m以上的埃菲尔铁塔。它成为当时席卷世界的工业革命的象征，体现了整个世纪的建筑技术成就，也体现了最大胆、最进步的建筑工程艺术。

建成后的埃菲尔铁塔直到1930年始终是全世界最高的建筑。如今，铁塔上增设了广播和电视天线，它的总高已达320m。站在塔上，整个巴黎都在脚下。每天都有世界各地的游客慕名前来参观。到1988年，铁塔已迎接来自五大洲的游客1.23亿人次。

1989年3月31日，埃菲尔铁塔整整100岁，为此巴黎铁塔管理公司特地主持隆重的纪念活动，在铁塔2层平台的围栏上悬挂着用世界各国文字书写的“庆祝铁塔100岁”的彩色条幅。无数游客翘首目睹了这一壮观场面。埃菲尔铁塔经历了百年风雨，但在经过20世纪80年代初的大修之后风采依旧，巍然屹立在塞纳河畔。

阅读材料2

悉尼歌剧院的建造趣事

矗立在新南威尔士州首府的悉尼市贝朗岬角上的歌剧院是澳大利亚的艺术表演中心，又称海中歌剧院(见图5.27)，三面环海，南端与市内植物园和政府大厦遥遥相望。其造型新颖奇特，外形宛如一组扬帆出海的船队，也像一枚枚屹立在海岸的大贝壳，与周围海上的景色浑然一体，富有诗意，被誉为一件杰出的艺术品，成为悉尼乃至澳大利亚的标志。

图5.27　悉尼歌剧院远景

但这座刚建成不久就被列入世界遗产名录的杰出建筑，却曾是一个难产的宠儿。这座杰出建筑的总设计者乌特松是一名丹麦建筑师，当时年仅38岁，而他的这一设计曾差一点胎死腹中。1956年，为了建筑好悉尼歌剧院，澳大利亚曾组织了一场大规模的设计竞赛，世界各国的231位建筑师参加了这场角逐。但不幸的是，乌特松的设计在初评时即被淘汰。对于他独特的设计，有人曾斥之为“不伦不类的怪物”。或许是因为苍天有眼，在方案终评的时候，它又戏剧性的绝处逢生。当时，由世界著名设计师组成的评委们汇聚悉尼，其中有一位芬兰籍美国建筑师艾里尔·沙里宁，提出要看看所有的设计方案。这时人们才从废纸篓中将乌特松那已被揉皱的设计图纸重新找了回来。独具慧眼的艾里尔·沙里宁如获至宝，当场惊呼它是“难得的艺术珍品”。乌特松的设计方案被重新提上了评审会上。沙里宁力排众议，说服评委们取得共识。1957年1月29日，在悉尼艺术馆大厅内，评委会庄严宣布，乌特松的方案获一致通过，荣获大奖。

乌特松那新颖别致的设计，来源于他的天赋和偶然的灵感。他完成这一设计方案，按他后来的解释，他的设计理念既非风帆，也不是贝壳，而是切开的橘子瓣，但是他对前两个比喻也非常满意。

工程于1963年开工，他携妻带子，远涉重洋，举家来到悉尼，精心研究绘制剧院内部工程的各种图纸。先后绘制出的7000多张施工图纸，凝聚着这位建筑师的心血。一系列的施工难题在他手中迎刃而解，可是当工程进度度过了一半时，一个因追求工程完美而未计成本设计，与州政府的财政紧缩预算成本的政策，发生了矛盾，州政府决定，把音乐台改建成综合厅，并增建实验剧场，这几乎使乌特松的方案功亏一篑。乌特松坚持方案不变，州政府公共设施部则断然拒绝拨款。1966 年工程被迫停止，乌特松愤然辞职。临行前，他还特地为歌剧院屋顶设计了大波纹状瓷砖，以解决南半球强光刺眼的问题。后来歌剧院的内部装修，由 3 位澳大利亚工程师修改施工，并于 1973 年竣工。这个建造师经历一波三折的歌剧院，从方案确定到落成，前后历时 16 年，总投资 1.12 亿澳元。

整个建筑占地 1.84ha，长 183m，宽 118m，高 67m，相当于 20 层楼高。门前大台阶宽 90m，桃红色花岗岩铺面，据说是当今世界上最大的室外台阶。主体建筑采用贝壳结构，由 2194 块，每块重 15.3t 的弯曲混凝土预制件拼成 10 块贝形尖顶壳。外表覆盖着 105 块白色和奶油色的瓷砖。音乐厅、歌剧厅连同休息厅并排而立，建在巨型花岗岩基座上，由 4 块巍峨的大壳顶组成，其中三块壳顶面海依抱，一块背海屹立，远看好似两艘巨型帆船，片片白帆迎风飘扬。休息室设在壳体开口处，配有大片玻璃墙，由 2000 多块高 4m、宽 2.5m 的玻璃镶成。临窗眺望，白色绚丽的悉尼湾风光一览无余，夜间市内的万家灯火尽收眼底。旁边两块倾斜的小壳顶，形成一个大型的公共餐厅。其他活动场所设在底层基座之上，有话剧场、电影厅、大型陈列室和接待厅、各种排练场、化妆室、图书馆、展览馆、演员食堂、咖啡馆等大小厅室 900 多间。

悉尼歌剧院不仅是悉尼艺术文化的殿堂，更是悉尼的灵魂，是公认的 20 世纪世界十大奇迹之一，是悉尼最容易被认出的建筑。每天来自世界各地的观光客络绎不绝地前往参观拍照。清晨、黄昏或星空，无论徒步缓行或出海遨游，悉尼歌剧院随时为游客展现多同多样的迷人风采，如图 5.28 所示。

悉尼歌剧院设备完善，使用效果优良，是一座成功的音乐、戏剧演出建筑。那些濒临水面的巨大的白色壳片群，像海上的船帆，又如一簇簇盛开的花朵，在蓝天、碧海、绿树的衬映下，婀娜多姿，轻盈皎洁。这座建筑已被视为世界的经典建筑载入史册。

2003 年 4 月，悉尼歌剧院设计大师乌特松(见图 5.29)先生获 2003 普利策建筑学奖。普力策奖是对乌特松和他的杰作的最终承认。2008 年 11 月 29 日，乌特松在丹麦去世，享年 90 岁。然而令人遗憾的是，这位悉尼歌剧院的设计大师，在他生前直至去世都没能够亲眼看看他自己的杰作。

图 5.28 悉尼歌剧院夜景

图 5.29 乌特松

阅读材料3

世界最高的建筑——哈利法塔

哈利法塔即迪拜塔，又称迪拜大厦或比斯迪拜塔，竣工后已更名为哈利法塔，是位于阿拉伯联合酋长国的迪拜内一栋摩天大楼，如图5.30所示。工程于2004年9月21日动工，2009年11月26日迪拜塔基本建成，并达最终高度828m，2010年1月4日大楼竣工。迪拜塔项目由美国芝加哥公司的美国建筑师阿德里安·史密斯设计，韩国三星公司负责实施。建筑设计采用了一种具有挑战性的单式结构，由连为一体的管状多塔组成，具有太空时代风格的外形，基座周围采用了富有伊斯兰建筑风格的几何图形——六瓣的沙漠之花。

图5.30　哈利法塔

迪拜塔由环绕中心柱的3个部分组成。大楼采用192根桩打入地下50m深，承载着厚3.7m、面积8000m^2基座的混凝土筏板基础。大厦的桩用了近18000m^3的混凝土浇筑，墩座的桩用了15000m^3的混凝土，椽子则用了12300m^3混凝土。也就是说，地基共用了45000m^3混凝土，质量超过了1.1×10^5t。随着建筑的升高，楼层面积以盘旋而上的形式渐次收缩，自下而上地减少大楼的体积，最后到达顶部的中心柱显露出来，形成光滑的尖顶，直逼天宇。大厦高性能的外覆面系统能够抵挡夏季的极端高温。基本的材料包括反射玻璃、铝和带纹路的不锈钢拱肩板、垂直的不锈钢管状辐射叶，使得大厦的外观更为“苗条”，突出高度。

除了高度挑战极限，迪拜塔建成后采用了世界最快的电梯，速度达17.5m/s。即使是临时用来建筑施工的电梯速度也快得惊人，从首层升至124层观景层只用70s左右。在观景层，整个迪拜市容尽收眼底，被誉为世界第八奇迹的“棕榈岛”和建设中的“世界岛”都能一览无余。迪拜塔在建设中不断挑战并刷新世界建筑纪录，吸引了全世界的关注。

迪拜塔建设者说，虽然大厦位于阿拉伯半岛，却是国际合作的产物，众多建筑方中只有一家来自迪拜。建筑师和工程师是美国人，主要建筑承包商来自韩国，安全顾问是澳大利亚人，而低层内部装修则交给了新加坡公司。此外，还有4000名印度劳工在工地上奔波。

迪拜一直是海湾地区新兴城市和经济腾飞的代表。在过去的一个世纪里，北美和亚洲一些城市先后经历了经济繁荣时期，而21世纪中东经济发展热门的海湾地区，也正急于向全世界展示其成功和活力。摩天大楼就是其展现方式之一。迪拜塔是迪拜成为世界之城的一个标志。艾马尔公司的首席执行官穆罕默德·阿里·阿拉巴也表示，“迪拜塔将成为由钢筋水泥和玻璃建造起来的一项建筑和工程学的杰作，迪拜拒绝平凡，渴望建造一座世界的地标性建筑。这将是人类一项无与伦比的伟大成就”。

第6章 交通土建工程

教学目标

本章主要讲述交通土建工程的组成及各工程的分类与构造。通过本章学习，应达到以下目标。

(1) 了解交通土建工程的组成及特点。

(2) 了解道路工程、铁路工程、机场工程、隧道工程和管道工程的基本分类。

(3) 掌握道路、铁路、机场、隧道和管道的基本构造形式。

教学要求

知识要点	能力要求	相关知识
交通运输工程的组成	了解交通运输工程的组成与分类	各种交通运输方式的特点
道路工程、铁路工程	(1) 了解道路、铁路的组成与分类 (2) 了解各类工程在中国的发展趋势 (3) 掌握公路、铁路的基本构造形式	道路、铁路的基本构成及其在交通运输中的作用
机场工程、隧道工程、管道工程	(1) 了解机场、隧道和管道的组成与分类 (2) 了解国内各类交通工程的发展及趋势 (3) 掌握机场、隧道和管道的基本构造形式	机场、隧道与管道的基本构成及其在交通运输中的作用

基本概念

交通工程、道路工程、高速公路、铁路工程、隧道工程、管道工程、主干道、次干道、支道、公路、轨道、国道、省道、县道、乡道。

引例

世界最长的海底隧道位于何处

英吉利海峡隧道，如图6.1所示，又称英法海底隧道或欧洲隧道，是一条把英国英伦三岛连接到法国的铁路隧道，于1994年5月6日开通。它由3条长51km的平行隧洞组成，总长度153km，其中海底段的隧洞长度为3×38km，是目前世界上最长的海底隧道。两条铁路洞衬砌后的直径为7.6m，开挖洞径为8.36～8.78m；中间一条后勤服务洞衬砌后的直径为4.8m，开挖洞径为5.38～5.77m。从1986年2

图 6.1　英吉利海峡隧道

月 12 日法、英两国签订关于隧道连接的《坎特布利条约》到 1994 年 5 月 7 日正式通车，历时 8 年多，耗资约 100 亿英镑(约 150 亿美元)，也是世界上规模最大的利用民间资本建造的工程项目。

整个工程由两条直径为 7.6m 的铁路隧道和一条直径为 4.8m 的服务隧道组成。两条铁路隧道分居两侧，相距 30m，中间为服务隧道，铁路隧道通行电气列车，一条供巴黎和伦敦间列车直通，另一条供运载汽车的特别双层列车通行。服务隧道与铁路隧道每隔 375m 便有横向通道沟通，可使两侧隧道有良好的通风，也便于平时的维修工作，遇有突发事件时，可迅速进入抢修和疏散人员。“欧洲隧道”拥有世界上最先进的技术、设备和装置，仅用于隧道运营管理的控制和信息交流系统就有 3 套，还备有自动灭火装置、防震系统，修建防弹墙、安全通道，甚至还设置了动物捕捉器，以对付误闯入隧道的动物。隧道每隔 1.75km 安置有一个监测器，随时测定温度、烟尘及一氧化碳的含量。

交通运输是国民经济的动脉，是经济发展中的基础产业，随着中国改革开放规模的逐步扩大，市场经济进一步发展，人民生活水平的稳步提高，对交通运输的需求逐年增加，交通运输系统的发展已成为控制国民经济发展的重要因素。

一个完整的交通运输体系是由轨道运输、道路运输、水路运输、航空运输和管道运输 5 种运输方式构成，在整个系统中，各基本系统共同承担着客、货的集散与交流。各种运输方式具有不同的性能和特点，根据不同自然地理条件和运输功能发挥各自优势，相互分工、联系和合作，取长补短协调发展，形成综合的运输能力。

轨道运输的运输能力大，速度较快，运输成本和能耗都较低，系统的安全性和可靠性较高，受自然条件的影响也比较小，宜于承担中长距离货运和大宗物资的运输，但是铁路建设投资大，建设周期较长，运行维护费用较高，且铁路建设对地形及地质条件要求较高；航空运输在快速运送旅客，运输紧急物资方面显示出优越性，宜于承担大中城市间长距离客运以及边远地区高档和急需物资的运输，但运输成本高，能耗大；管道运输适宜于长距离连续输送液体(如石油)或气体(如天然气)；水路则以其低廉的运价和较大的运输能力显示其明显的经济效益，但水路运输较其他运输方式慢；在综合运输体系中，道路运输可承担其他运输形式和客货集散与联系，承担铁路、水运、空运固线外的延伸运输任务，可以深入到城镇、乡村、山区、港口和机场等角落，能独立实现“门到门”的直达运输。

中国的交通运输系统结构的变化趋势，与发达国家的整体发展趋势相似，铁路运输的比重逐年下降，但仍然占主导地位，道路运输与航空运输迅速增长，道路运输日益成为一种重要的运输方式。中国的运输业在改革开放以后取得了伟大的成就，公路、铁路、航空等方面的发展都取得了长足的进步，但总体发展仍落后于其他发达国家。中国正处在国民经济高速发展期，因此，更需要发展交通运输。

6.1 道路工程

道路运输在综合运输体系中占有极重要的位置，具有许多独特的优点。它适应性强，运输批量不受限制，时间不受约束，适于贵重易碎、保鲜货物的中短途运输；公路运输机动灵活，可实现“门到门”的直达运输，避免中转重复装卸，减小了货运损失；再者其四通八达、可深入偏僻农村和山区，极为方便；同时道路建设原始投资较少，车辆购置费也较低，资金周转快，社会效益也较显著。

新中国成立后，国家大力发展道路交通事业，特别是在改革开放以来，中国交通运输事业发展迅速。到 2002 年底，建成高速公路 25130km，一级公路 27468km，二级公路 197143km，三级公路 31514km，四级公路 818044km。到 2004 年底中国公路总通车里程 1.85×10^6km，高速公路 3.4×10^4km，其里程长度仅次于美国，位居世界第二。从 20 世纪 90 年代开始，每年以平均 3000km 的速度增长，其建设规模和速度世界罕见。

6.1.1 道路的类型与组成

1. 道路的类型

道路根据其位置、交通性质和使用特点可分为公路、城市道路和专用道路。公路是连接城市、乡村和工矿企业之间主要供汽车使用的道路；仅城市各地区使用的道路为城市道路；由特定部门修建供其使用的道路为专用道路。

1) 公路

现代公路是在 18 世纪末伴随着汽车的诞生而出现，到 20 世纪 30 年代，道路运输开始进入较快的发展阶段，二战后发展更为迅速。到 20 世纪 80 年代末，全世界公路猛增至 2×10^7km 之多，已承担世界货运量的 80%以上，成为当今世界的主要运输方式。

按交通部颁发《公路工程技术标准》(JTG B 01—2003)的规定，公路根据其使用任务、功能和适应的交通流量分为高速公路、一级公路、二级公路、三级公路、四级公路 5 个等级。

(1) 高速公路是具有 4 条或 4 条以上车道、设有中央隔离带、全部控制出入、专供汽车分向、分车道高速行驶的干线公路。例如，四车道的高速公路一般能适应各种汽车折合成小客车的远景设计年限平均昼夜交通量为 25000～55000 辆；而六车道高速公路则为 45000～80000 辆；八车道高速公路则为 60000～100000 辆。

(2) 一级公路与高速公路设施基本相同，一般能适应各种汽车折合成小客车的远景设计年限平均昼夜交通量为 15000～30000 辆。一级公路只是部分控制出入，是连接高速公路或是某些大城市的城乡结合部，开发区经济带及人烟稀少地区的干线公路。

(3) 二级公路是中等以上城市的干线公路或者通行于工矿区、港口的公路，一般能适应各种车辆折合成中型载重汽车的远景设计年限平均昼夜交通量为3000～7500辆。

(4) 三级公路是沟通县、城镇之间的集散公路，一般能适应各种车辆折合成中型载重汽车的远景设计年限平均昼夜交通量为1000～4000辆。

(5) 四级公路是沟通乡、村等地的地方公路，一般能适应各种车辆折合成中型载重汽车的远景设计年限平均昼夜交通量为：1500辆以下(双车道)；200辆以下(单车道)。

公路按照行政管理体制可分为：国道、省道、县道、乡道和专用道。

公路等级应根据公路网的规划和远景交通量的发展，从全局出发结合公路的使用任务、性质等综合确定。

2) 城市道路

城市道路与公路的分界线为城市规划区的边界线。城市道路的功能除了供城市交通运输外，还有为公共空间服务的功能，为防灾救灾服务的功能，为形成城市平面结构服务的功能。

城市道路按交通功能分为快速道、主干道、次干道和支道；按照服务功能分为居民区道路、风景区道路和自行车道路。

城市道路一般由行车道、路侧带、分隔带、交叉口和交通广场、停车场和公交车停靠站、道路雨水排放系统及其他设施等组成。行车道包括机动车道、非机动车道或轻轨、有轨车道。路侧带包括人行道、设施带和路侧绿化带。分隔带包括分隔对向行驶车辆、分隔机动和非机动车辆地带；分隔带有时兼作道路中央绿化带。道路雨水排放系统有街沟、雨水口、检查井等。其他设施包括交通信号、安全护栏、交通岛、沿路照明设施等。

2. 道路的组成

道路是一条带状的三维空间构造物。道路由路线、路基、路面及其附属设施组成。路线包括平面和纵横断面及交叉口等线形要素；路基是道路行车路面下的基础，是由土、石料等构成的带状天然地基或人工填筑物；路面是位于路基上部用各种材料分层铺筑的构筑物；道路的附属设施包括边沟、截水沟、挡土墙、护坡、护栏、信号、绿化、管理和服务等设施。

道路工程的建设有规划、设计、施工、养护维修和交通管理。规划是根据各种交通综合功能协调勘测并选定技术经济优化线路等总体部署；设计包括线路的平面、纵横断面、路基路面、桥梁隧道和排水等附属设施的设计和改扩建设计；施工包括路基路面土石方和各类附属设施的施工；养护维修包括路面、路肩、人行道和附属设施的保养和维护；交通管理是指道路工程施工和运营的日常管理。

6.1.2 道路的线形与结构

1. 道路的线形

道路的线形就是道路中心线在空间的几何形状和尺寸，可用平面线形和纵断面线形来表示。

1）平面线形

平面线形是道路中线的水平投影，常用直线、圆曲线、缓和曲线以及3种线形的组合线形。道路的平面组合线形有简单形、基本形、卵形、S形、凸形、复合形等。

2）纵断面线形

道路的纵断面线形常采用直线、竖曲线，具体内容包括纵坡设计和竖曲线设计。设计要求坡度合理、线形平顺圆滑，以达到行车安全、快速、舒适、工程造价低、运营费用少的目的。

3）空间线形设计

道路的空间线形设计是指满足汽车运动学和力学要求的前提下，研究如何满足视觉和心理方面的连续、舒适、与周围环境的协调和良好的排水条件。

4）交叉口

道路与道路、道路与铁路相交处称为交叉口。它分为平面交叉口和立体交叉口。立体交叉口多用于城市交通繁忙交汇处或高速公路交叉口，如图6.2和图6.3所示。

图6.2 北京三元桥立交

图6.3 北京四元桥立交

2. 道路的结构

道路的结构包括路基、路面、排水结构物、特殊结构物和沿线附属结构物等。

1）路基

路基是道路的基础，承担着路面及路面汽车传来的载荷。路基是由土、石等按照一定尺寸、结构要求建筑成带状土工结构物。路基必须具有一定的力学强度和稳定性，同时又要经济合理，以保证行车部分的稳定性和防止自然破坏力的损害。

路基的横断面按填挖条件的不同一般可分为路堤(见图6.4)、路堑(见图6.5)和半路堤3

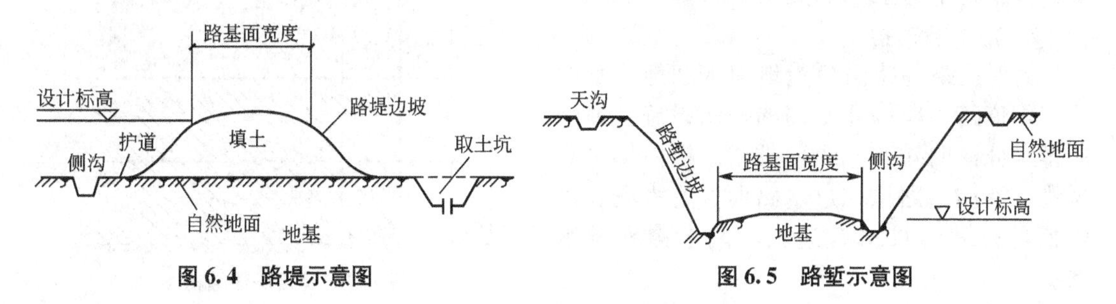

图6.4 路堤示意图　　**图6.5 路堑示意图**

种类型。路基的几何尺寸由高度、宽度和边坡组成。路基高度由线路纵断面设计确定；路基宽度则根据设计交通量和公路等级而定；路基边坡根据影响路基的整体稳定性来确定。

(1) 路堤：指路基顶面高于原地面的填方路基。路堤断面由路基顶宽、边坡坡度、护坡道、取土坑或边沟、支挡结构、坡面防护等部分组成。这种断面常用于平原地区路基。

(2) 路堑：指路基顶面低于原地面，由地面开挖出的路基。路堑有全路堑、半路堑(又称台口式)和半山洞 3 种形式。这种断面常用于山岭地区挖方路段。

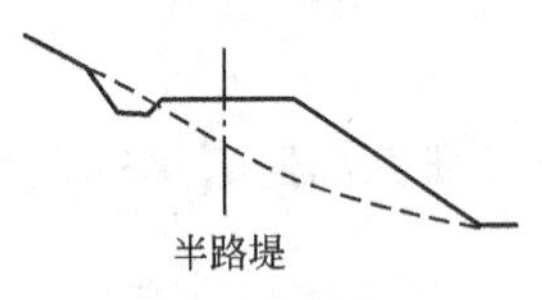

图 6.6　半路堤示意图

(3) 半路堤：指半填半挖路基，是路堤和路堑的综合形式，横断面上部分为挖方部分，下部分为填方的路基。这种形式的路基通常用在地面横坡较陡的路段。这种断面常用于丘陵区路段，如图 6.6 所示。

2) 路面

路面是指按行车道宽度及其他行车指标在路基上面用各种不同坚硬材料(如土、砂、石、沥青、石灰、水泥等)，以各种组合形式分层铺筑的具有一定厚度的路基顶面结构物。

路面的工作环境恶劣，要承受各种不同自然因素的影响，同时还要承受荷载的反复长期作用，另外还要保证路面能够正常的承担工作任务。因此，这就要求路面需具有一定的性能。

(1) 路面应有足够的强度，以承载路面上的各种荷载。

(2) 路面应有足够的稳定性，以承受住各种不利因素(如热胀冷缩、地基下沉等)的影响，保持路面不被破坏。

(3) 路面应有足够的平整度，以保证行车的舒适性，改善行车条件，减少路面的磨损。

(4) 路面应有一定的粗糙度，以使汽车在高速行驶时与路面之间有足够的摩擦力，从而防止汽车打滑。

路面承受荷载所产生的应力，随深度增加而逐渐减小。因而对道路强度的要求，必然是路面最大，垂直向下逐渐变小。根据受力情况、使用要求以及自然因素等作用程度的不同，路面都是分层铺筑的，按照各结构层在路面中的部位和功能，普通路面由面层、基层和垫层组成；而高级路面则由面层、连接层、基层、基底层和垫层组成(见图 6.7)。

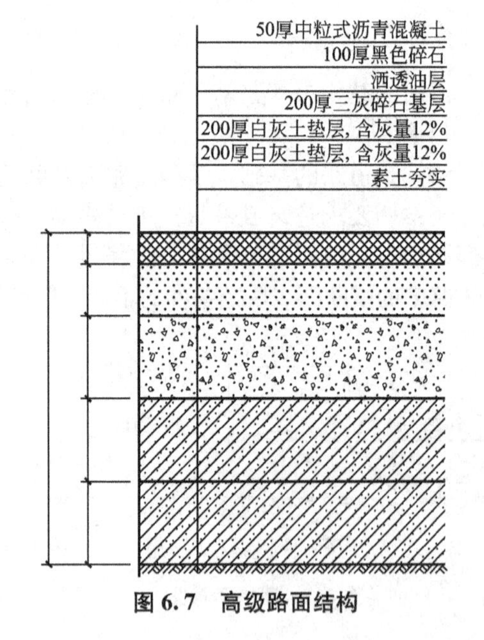

图 6.7　高级路面结构

3) 排水结构物

为保证路基路面免受地面水和地下水的侵害，道路还应修建专门的排水设施。道路的排水分横向排水和纵向排水。横向排水有桥梁、涵洞、路拱、过水路面、透水堤和渡水槽等；纵向排水有边沟、截水沟和排水沟等。

4）特殊结构物

特殊结构物有隧道、悬出路台、防石廊、挡土墙和防护工程等。隧道是道路翻山越岭或穿越深水时为改善平、纵面的线形和缩短路线长度，从地层内部开凿的通道；悬出路台是在山岭地带修筑公路时，为保证公路连续、路基稳定和确保行车安全所需修建的悬臂式路台；防石廊是在山区或地质复杂地带阻挡石块滚落到路面而修建的构筑物；挡土墙是在陡坡或沿河岸修筑公路时，为保证路基稳定和减少挖、填方工程量而修建的构筑物；防护工程是公路通过陡坡或河岸时，为了减轻水流冲刷和不良地质现象的侵害而对边坡和堤岸进行加固的人工构造物，如护栏、护柱、防护网等。

5）沿线附属结构物

沿线附属结构物有交通管理设施、交通安全设施、服务设施和环境美化设施。交通管理设施有交通标志和路面标线。交通标志有指示、警告和禁令标志3类；路面标线是以不同颜色的连续或间断线条、带方向的箭头规范车辆在路面行驶的标志。交通安全设施是在急弯、陡坡设置的护栏、护柱等。服务设施是指汽车站、加油站、修理站、停车场、餐馆、旅馆等。环境美化设施是指道路沿线的绿化设施，如路侧带和中间分隔带等地的绿化等，原则以不影响司机的视线和视距。

6.1.3 高速公路

高速公路，在一些国家或地区称为快速公路。我国高速公路的定义如下：一种具有四条以上车道，路中央设有中央隔离带，分隔双向车辆行驶，互不干扰，完全控制出入口和立体交叉桥梁与匝道，严禁产生横向干扰，为汽车专用，设有自动化监控系统，以及沿线设有必要服务设施，时速限制比普通公路较高的行驶道路，如图6.8所示。高速公路的优点是行车速度快、通行能力大；物资周转快、运输经济效益好；交通事故少，安全舒适性好；带动沿线地方经济发展，社会效益好。世界第一条高速公路是德国科隆市长康瑞德海迪那于1932年发明的。德国的部分高速公路甚至不设限速，如图6.9所示。我国高速公路设计原则为丘陵或山谷采用80～100km/h，平原地区采用120km/h以上。

图6.8 高速公路

图6.9 德国不限速的高速公路

我国现在正处于公路建设的高峰时期，已经建好运营的公路与规划建设公路里程均居世界前列。据目前资料统计显示，截止到 2009 年底，我国公路总里程达到 467.3 万千米，其中高速公路总里程为 6.63 万千米；截止到 2010 年 9 月，我国的高速铁路的通车里程达到 7400 多千米。预计到 2020 年，全国公路通车里程将达到 260 万千米～300 万千米，高等级公路总里程将达到 65 万千米，高速公路通车总里程将达到 7 万千米。在今后的 20 年，我国还将建设 4 万多千米的高速公路，其中山区高速公路约 3 万千米。

1. 高速公路的特征

1）限制交通，汽车专用

高速公路对车种及车速加以限制。例如，我国规定高速公路行车速度最低 60km/h，最高车速为 120km/h，凡车速在 50km/h 以下的车辆不得进入高速公路。同时，拖拉机、其他农用车以及非机动车等也不得使用高速公路。

高速公路还控制交通的出入，为保证高速行车、消除横向、侧向干扰，对于不准车辆进出的路口，均设置分离式立交加以隔绝；允许车辆进出的路口，则采用指定的互通式立交匝道连接。对非机动车及人、畜的控制，则主要采取高路堤、护栏等措施将高速公路“封闭”，以确保汽车的快速安全行驶。

2）分隔行驶，安全高速

高速公路采用两幅路横断面的形式，中央设置中间带，将对向车流分流，从而消除和减少对向交通的干扰和影响，既提高车速，又保证安全。对于同向车流，则采用全线画线的方法区分车道，以减少超车和同向车速差造成的干扰。

3）具有完整的安全、管理设施

高速公路具有完整的道路交通安全设施、交通监控、组织管理设施以及收费系统，对高速公路全线的运营交通实施信息化、电子化和自动化的管理。

由于高速公路全线采用分隔行驶、立体交叉、限制出入，采用较高的技术标准和完善的交通设施，因此高速公路相对于一般公路具有众多优点。行驶速度快，运输效益高，带来了巨大的经济效益和社会效益。其运输能力是一般公路的几倍至十几倍。通行能力大，运输能力必然提高。例如，美国和德国的高速公路仅占公路总长的 1.16%和 1.6%，却分别承担了其总公路交通量的 21%和 24%。另外高速公路安全性能高，高速公路的交通事故率和死亡率仅为一般公路的 1/3～1/2。但同时高速公路也有造价高、占地多等缺点。但是从其经济效益与成本比较看，高速公路的经济效益还是很显著的。

2. 高速公路的线形设计

高速公路的几何设计标准比其他等级的公路要求高，具体规定各国有所不同。我国公路工程技术标准的主要规定如下。

1）最小平曲线半径及超高横坡限制

对于设计车速为 120km/h 的高速公路，平曲线的一般最小半径为 1000m，极限最小半径为 650m，超高横坡限值为 10%。

2）最大纵坡和竖曲线

《公路工程技术标准》中规定了高速公路的最大纵坡，平原微丘为 3%，山岭重丘为 5%，竖曲线极限最小半径凹型为 4000m，凸型为 11000m。

3) 线形要求

高速公路除汽车动力行驶要求外，应考虑人体生理和心理等因素，即线形设计采用视觉分析为基础的三维空间设计，以保证线形的舒顺与美感。平、纵面的线形应避免突然变化，以使司机有足够的时间来感觉和逐渐改变车速及方向。平纵线形的配合，要能保证视觉上的平顺。长直线易使司机疲倦而发生事故，只有在道路所指方向明显无障碍，地形适宜而又符合经济原则时，才允许采用长直线段。

4) 横断面

行车带的每一行驶方向至少两个车道，便于超车。车道宽 3.75m。中间带一般在平原微丘区中央分隔带宽 3.00m，左侧路缘带宽 0.75m，中间带全宽 4.50m，地形受限制时分别为 2.00m、2.50m 和 3.00m。路肩在平原微丘区硬路肩宽不应小于 2.50m，土路肩宽不小于 0.75m，如图 6.10 所示。

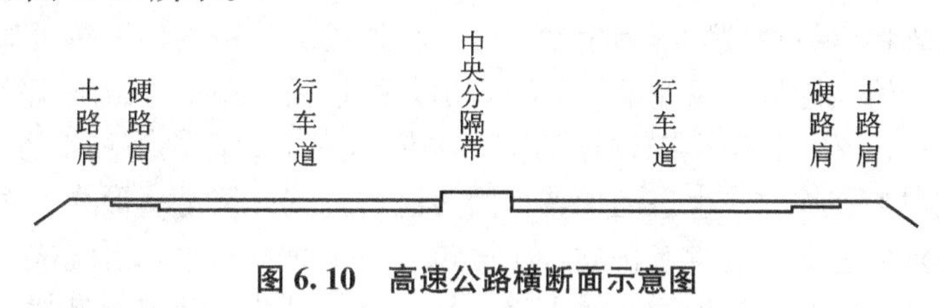

图 6.10 高速公路横断面示意图

3. 高速公路沿线设施

高速公路沿线有安全设施、交通管理设施、服务性设施、环境美化设施等。安全设施一般包括标志(如警告、限制、指示等)、标线(文字或图形来指示行车的安全设施)、护栏(有刚性护栏、半刚性护栏、柔性护栏等)、隔离设施(是对高速公路进行隔离封闭的人工构造物的统称，如金属网、常青绿篱等)、照明及防眩设施(为保证夜间行车安全所设置的照明灯、车灯灯光防眩板等)、视线诱导设施(为保证司机视觉及心理上的安全感，所设置的全线设置轮廓标)等。

4. 高速公路建设问题

(1) 投资大、造价高。我国高速公路平均造价每千米超过 1500 万元，有的达到甚至超过每千米 5000 万元，高出普通公路造价的几十倍。

(2) 占地多，对环境影响大。高速公路路基路面宽，占用土地面积多；同时大面积用地不仅对地形、植被、水系等破坏外，还会对沿线附近居民生活产生不利影响。

5. 高速公路生态护坡

公路的大量兴建，特别是高等级公路及山区高速公路的建设，产生了大量的路堑与路基边坡，破坏原有地貌土壤植被系统的生态平衡，导致地表裸露，土壤抵抗雨水侵蚀能力下降，导致水土流失加剧，生态破坏日趋严重。据调查研究表明，由于公路建设导致长江中下游每年新增加水土流失 5×10^{7}t 以上。公路建设，不可避免地会产生许多边坡工程，如果处治不力，将对周围环境与公路本身产生不可逆转的严重恶果。随着人们生活水平的日益提高，生活居住与出行环保意识的增强，其意识已经从单纯注重工程建设开始向工程建设与环境保护兼顾的方向逐步转变，从单纯强调边坡的工程防护开始向重视边坡的植被防护转移。2000 年 10 月 11 日，国务院向各省、市、自治区、国务院各部委、各直属机关等下发了《国务院关于进一步推进全国绿色通道建设的通知》，并制定全国绿色通道设计目标，使得生态护坡成为国家层面关注的科学问题。

1）生态护坡的内涵

“生态”一词源于希腊文“Oikos”，原意为“家”和“住所”。1935年美国学者坦斯勒提出“生态系统”的概念。1969年由德国学者黑克尔首次提出生态学是一门研究生物之间、生物与环境之间相互关系的科学。国外多数学者一般把生态护坡定义如下：“用活的植物，单独用植物或者将植物与土木工程和非生命的植物材料相结合，以减轻坡面的不稳定性和侵蚀。”该定义也存在以生物控制或生物建造工程进行环境保护与工程建设，即坡面生态工程（Slope Eco-engineering，SEE）或坡面生物工程（Slope Bio-engineering，SBE）的概念，也可以指利用植物进行坡面保护和侵蚀控制的途径与手段。

国内学者主要将生态护坡概括为生物护坡、植被固坡、植物护坡等具体形式。无论是国内的生物护坡、植被固坡、植物护坡，还是国外的坡面生态工程或坡面生物工程，虽然都带有一定的生态含义，属于生态护坡的范畴，但是都不能称之为真正意义的生态护坡，确切地应该将这类护坡称之为生态型护坡，因为这类护坡仅仅是从形式上对生态护坡进行了简单定义。而真正意义上的生态护坡，应该包含一个完整的生态系统或生态群落，不仅存在有植物，而且还应存在有动物和微生物，是一个有机的、动态的自然生命系统。这种系统的内部以及系统与其相邻系统间均发生着物质、能量、信息的交流和互动，还应该具备一定的新陈代谢的功能。

对于高速公路边坡而言，生态护坡具有多方面的内涵，一方面是为了保证公路的安全运营，护坡是第一要务，即必须保持边坡安全稳定，不至于滑坡影响交通；另一方面是生态环境意义需求；再有更高境界的追求就是生态、环保与景观的和谐统一。具体而言，高速公路生态护坡就是保证边坡的稳定，防止水土流失；与边坡周围生态系统密切联系，不断与周围生态系统进行物质交换；注重公路沿线环境保护，尽量避免破坏原生植被；边坡生态系统内的生物之间存在着复杂的食物链，保持着系统的生态平衡；景观营建要与周围环境相互协调；重视植物与非生命材料、植物与生物间的关系，获得良好的生态效益，有利于可持续发展；统一协调与维持当前与长远、局部与整体、开发利用环境与自然资源之间的和谐关系。换言之，对于高速公路需要将边坡处治工程与植物生态工程相结合，即利用植物与岩土体的相互作用对边坡表层进行防护、加固，使之既能满足对边坡表层稳定要求，又能尽量恢复原有自然生态环境美感的护坡方式。

其实生态护坡由来已久，我国早在1591年就已经开始生态护坡的先例，如采用柳树林的根系来稳固边坡岸堤，17世纪就开始黄河河岸的植被护坡，只是没有形成这方面的系统理论；而欧洲使用植物来进行固土护坡最早还是在19世纪。

日本是开展根系固土护坡的专业性研究较早的国家。1633年，日本人就采用铺草皮、栽树苗的方法来治理荒坡，其研究偏重于根系调查与含根土体剪力特性方面的探讨。在马来西亚、泰国等国家，香根草因其具有根系发达、扎根深、根系抗张强度比一般植物大等特点，被用于加固沟渠稳定性和高速公路路基护坡。

2）生态护坡的功能

（1）木本植物的深粗根锚固坡体作用。木本植物的深粗根系穿过坡体浅层，锚固到深部比较稳定的岩（土）层上，起到预应力锚杆的作用。研究表明，小灌木对边坡地面以下

0.75～1.5m深处有明显的土壤加强作用；而高大乔木粗大而深扎的根系，其锚固作用的影响更为深远而面广。

(2) 草本、木本浅根的加筋作用。草本、木本植物的浅根在土壤中相互缠绕、盘根错节，使边坡浅层土体成为根-土的复合结构。植物的浅根可视为带预应力的三维加筋材料，使边坡浅层土体的强度提高。

(3) 有效降低坡体孔隙水压力。一般而言，边坡的失稳与坡体内孔隙水压力的大小有着密切联系。大多数情况下，降雨往往是诱发滑坡的重要因素之一，而遍布生长在坡体的植物可以通过新陈代谢吸收和蒸腾坡体内水分，降低土体的孔隙水压力，提高土体的有效应力和抗剪强度，有利于边坡体的稳定。

(4) 提高坡体抗冲、抗蚀性能力。降雨引起的地表径流带走已被滴溅分离的土粒，一部分降雨在到达坡面之前就在空中被植物截流，以后重新蒸发到大气或下落到坡面，而下落到坡面的雨水被边坡植被阻拦，抑制地表径流并削弱雨滴溅蚀，从而能控制土粒流失。研究表明，林木根系具有强化土壤抗冲、抗蚀性的作用。

(5) 恢复被破坏的生态环境。植被覆盖的边坡为一些动物、微生物的繁衍生息提供了有利的环境，从而形成完整的生物群落，因施工而破坏的自然环境也逐渐恢复。

(6) 减少声、光污染，利于行车安全。边坡中的植被中的高大树干与密枝茂叶，能衰减、吸收刺耳的噪声，同时又能多方位反射太阳光线及车辆光线，这些均可以减轻驾驶员的行车干扰，有利于行车安全。

(7) 促进有机污染物的降解、净化大气、调节小气候。边坡植物的光合作用吸收大气中的二氧化碳，放出氧气，能稀释分解、吸收和固定沿线大气中有毒有害物质，并为植物生长所利用；另外，植物还能吸收大气中的氨气、硫化氢、二氧化硫、氯气和汞、铅蒸气等，达到净化空气的作用。

(8) 营造视觉美感的功能。人类的视觉可见的光线波长为380～760nm，感觉最舒适的波长是553nm的绿光，绿光引起的紧张状态最小。绿色植物给人的美感是通过其固有的色彩与形态等个体特征和群体景观效应来表现的，季节与气候的变化使植物群落四季花香，异彩纷呈的植物自然景观给人以轻松愉悦和心旷神怡的行车美感。如图6.11所示为高速公路生态护坡效果。

图6.11 高速公路生态护坡效果

3) 生态护坡技术

高速公路生态护坡着眼于边坡生态系统功能的修复技术，该技术是从系统功能的角度入手，通过生态功能的回归，来实现生态环境的恢复与重构及优化。在边坡植被组建生态群落理念上，是从以往的“单一草本建群”演变为目前的“灌木为主、草本为辅”的建群；在边坡植被恢复上，从以往以实现“人工建造植被”为目标，演变到目前的以实现“尊重自然，恢复自然”为目标的诸多改变。这都说明生态护坡理念正在取代绿化护坡理念并成为主流，也是边坡防护又一次理念上的进步。边坡绿化技术和生态技术在工程效果上，至少都要绿。绿化技术，绿是其最终标准。边坡生态护坡技术不仅要绿，更重要的是要恢复坡面的生态功能，进而延伸并融入到自然中，生态技术的应用须符合基本的生态学原理，表6-1列出了高速公路主要生态护坡技术。

表6-1　高速公路主要生态护坡技术

序号	护坡形式	施工工艺	适用范围
1	喷混植生	将含种子、有机质的混凝土喷在岩石坡面上	稳定的岩质边坡
2	客土喷播	利用特制的混合喷射机械，将种植基质和植物种子搅拌混合均匀，喷敷在土壤或岩石表面	开挖后裸露的岩石坡面
3	TBS技术	使用经改进的混凝土喷射机将搅拌均匀的厚层基层混合物，按设计厚度喷射到岩石坡面上	坡度小于1∶0.3的稳定的硬质边坡等
4	OH液植草	将OH液用水按一定比例稀释后与草籽一起喷洒于坡面，快速硬化后在坡表土固结成弹性薄膜体	稳定的土质边坡
5	蜂巢式网格植草	在坡面上拼铺正六边形混凝土框砖形成蜂巢式网格后，在网格内铺填种植土，再在砖框内栽草	多用于填方边坡
6	干根网状	在坡上挖方格或菱形网，将干材埋入土，使材梢暴露，入土的干材两侧生根，暴露部分萌芽成林	干旱、缺水的土质边坡，土壤条件相对较好
7	香根草生物护坡	在坡上种植香根草，利用根系长且深扎的性质，防止土壤侵蚀，控制土粒的浅层移动	多用于土质边坡，也可用于岩质边坡
8	轮胎固土	将轮胎固定在坡面上，覆客土，然后播种或栽植	多用于较缓的岩石坡面
9	绿化笼砖	用长效营养土压制而成的泥砖状土坯，在土坯的上表面种植草类植物层，把土坯装入保护网笼内	石质陡坡
10	草棒技术	将特制的草棒用螺纹钢和钢丝网按一定间距固定在坡面，再用镀锌铁丝将斜网格拉紧，覆土种植	石质或土石混合边坡，坡面较缓

（续）

序号	护坡形式	施工工艺	适用范围
11	挂网喷播	用锚杆、钢筋及钢丝网进行坡面防护处理，然后将种子、肥料、土壤稳定剂和水按一定比例混合成泥浆状喷射到边坡上	从缓坡到坡度达到60°以上的石质陡坡均可用
12	植生袋	将带有种子的编织袋铺于坡面，固定后进行养护	适用于土质、岩质边坡
13	草包技术	将植物种子播撒在两层无纺布中间，然后通过行缝、针刺及胶黏等工艺，制成草包，装土。将其垒积于坡面，形成植被	适用于稳定边坡，坡角小于60°的岩质边坡或坡角小于45°的土质边坡
14	植被毯	将植物纤维层与草种、保水剂、养土及木浆纸层合成三维复合草毯结构，提供土壤防侵蚀控制保护层和植物生长养料的边坡防护技术	应用于岩石、劣质土坡、陡坡
15	框格防护	用混凝土、浆砌块(片)石等材料，在边坡上形成骨架，采用框格防护与种草防护结合起来	多用于填方边坡，也可用于挖方土质边坡
16	土工格室植草	整平场地后铺设施工垫层并压实，再铺设土工格室，往室内填充种植土，按设计配比撒播草种	适宜边坡坡比为1∶1.3～1∶1.5
17	三维植被网	主要是用U形钉或钢钉将以热塑性树脂为原料制成的三维植被网固定在整平后的坡面上，再在其上覆土、播种、养护	适用于坡率为1∶1.25～1∶1.5的稳定边坡
18	藤蔓植物	种植攀缘性和垂吊性的植物，来遮蔽硬质岩石陡坡和挡土墙、锚定板墙等圬工砌体	有一定自然土壤的较缓边坡

6.2 铁路工程

自从1825年英国修建了世界上第一条蒸汽机车牵引的铁路——斯托克顿—达林顿铁路以来，铁路已有180年的历史了。此后，铁路主要是依靠牵引动力的提高而发展。牵引机车从最初的蒸汽机车发展成内燃机车、电力机车。运行速度也随着牵引动力的发展而加快。中国的铁路事业，在新中国成立之前，发展是缓慢的。从1876年中国最早出现的淞沪铁路到1949年中华人民共和国成立为止，70多年中全国总共修建铁路只有21000km。新中国成立后，中国铁道事业发展迅速，特别是在改革开放以后，中国铁路不管是在总里程还是在速度和质量上都取得了巨大的进步。到1998年全国铁路营业里程已达66400km，路网规模跃居亚洲第一，位列世界第三；截止到2011年，中国已运营的高速铁路总里程已超过8000km；2020年，中国铁路营业里程将达到1.2×10^5km，其中新建高速铁路将达到1.6×10^4km，加上其他新建铁路和既有提速线路，中国铁路快速客运网将达到5×10^4km。这些数据都表明中国已成为铁路设计与建设强国。图6.12所示为中国高铁构架网。

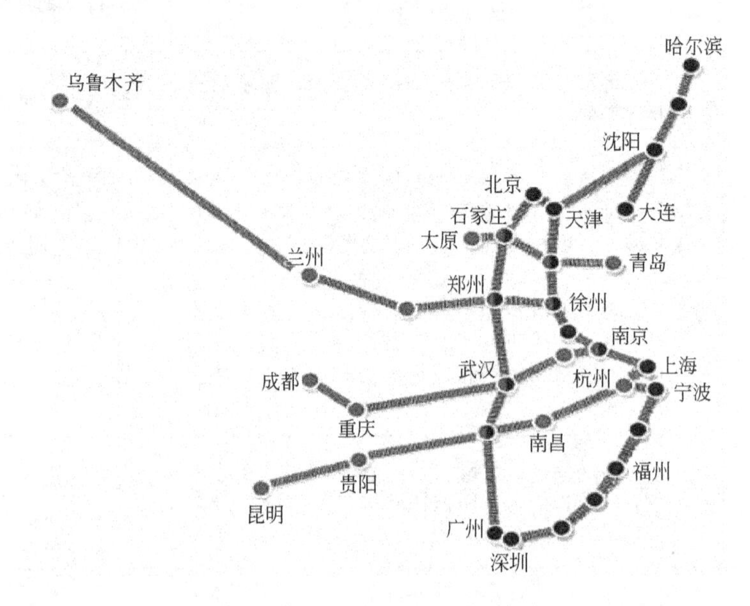

图6.12　中国高铁构架网

6.2.1　铁路的基本组成

铁路由线路、路基和线路上部建筑构成。

铁路线路是铁路横断面中心线在铁路平面中的位置以及沿铁路横断面中心线所作的纵断面状况；路基是铁路线路承受轨道和列车荷载的地面结构物；线路上部建筑包括与列车直接接触的钢轨、轨枕、道床、道岔和防爬设备等主要零件等。

1. 铁路线路设计

铁路线路设计包括选线、定线和全线线路的平面和纵剖面的设计。其中，铁路选线设计是铁路工程设计中关系全局的总体性工作。铁路定线就是在地形图上或地面上选定线路的走向，并确定线路的空间位置。

选线和定线的主要内容如下。

(1) 根据国家政治、经济和国防需要，结合线路经过地区的自然条件、资源分布和工农业发展等情况，规划线路的基本走向，选定铁路的主要技术标准。

(2) 根据沿线的地形、地质、水文等自然条件和村镇、交通、农田、水利设施，设计线路的空间位置。

(3) 布置沿线的各种建筑物，如车站、桥梁、隧道、涵洞、挡土墙等，并确定其类型和大小，使其在总体上互相配合，全局上经济合理。

(4) 设计线路主要技术标准和施工条件等。

在线路设计完成后，就要进行线路的平面设计和纵剖面设计。线路的平面设计就是设计铁路中心线在平面上的投影，一般由直线段和曲线段组成；线路的纵剖面设计就是设计铁路中心线在立面上的投影，一般由坡段线和竖曲线组成。线路的平面、纵剖面设计关系铁路工程的土建工程量、材料消耗量，故须十分谨慎。

铁路线路的平面设计也应遵循一些设计基本要求。

(1) 为了节省工程费用与运营成本，一般要求尽可能缩短线路长度。

(2) 为了保证行车安全与平顺，应尽量采用较长直线段和较大的圆曲线半径。在曲线段一般要求外轨高于内轨，以增加列车行驶时的向心力。

(3) 列车要平顺地从直线段驶入曲线段，一般在圆曲线的起点和终点处设置缓和曲线。

2. 铁路路基设计

铁路路基是承受并传递轨道重力及列车动态作用的结构，是轨道的基础。路基是一种土石结构，处于各种复杂的地质和气候环境中。路基是轨道的基础，直接承受轨道的重量、机车车辆及其荷载的压力，因此，路基的状态与线路质量的关系极为密切。路基在建设工程中应当满足相应指标，以使其符合轨道铺设、附属构筑物设置和线路养护维修的要求。

路基受到列车动态作用及各种自然力影响可能会出现道砟陷槽、翻浆冒泥和路基剪切滑动与挤起等现象，所以需要从以下的影响因素去考虑：路基的平面位置和形状；轨道类型及其上的动态作用；路基体所处的工程地质条件；各种自然营力的作用等。设计中心须对路基的稳定性进行验算。

铁路路基设计需要考虑以下问题。

(1) 横断面。铁路路基的横断面与公路路基横断面类似，其形式有路堤、路堑、半路堤、半路堑、不挖不填等。路基的宽度根据铁路等级、轨道类型等确定。

(2) 路基稳定性。铁路路基承受列车的振动荷载和各种自然力的影响，因此必须从以下方面考虑验算其稳定性：路基体所在的工程地质条件；路基的平面位置和形状；轨道类型及其上的动态作用；各种自然力的作用等。

3. 轨道的构成

轨道铺设在路基上，是直接承受机车车辆巨大压力的部分，它包括钢轨、轨枕、道床、防爬器、道岔和联结零件等主要部件，如图 6.13 所示。

1) 钢轨

钢轨的作用是直接承受列车荷载并引导车轮的运行方向，因而它应当具备足够的强度、韧性、耐磨性以及一定的粗糙度。中国所运用的钢轨的断面为宽底式钢轨，其断面很像工字梁，包括轨头、轨腰、轨底 3 个部分。钢轨可以根据其不同的运行要求而选择不同的类型，中国的钢轨分类是按每米重量来划分的，有 60kg/m、50kg/m、43kg/m、38kg/m 等几种主要尺寸。

为了减少接头的数量，节省接头零件和线路的维修费用，理论上钢轨的长度应该越长越好，但是一根钢轨的轧制长度总是有限的，同时它也受加工条件和运输条件等的限制。目前中国钢轨的标准长度有 12.5m 和 25m 两种。另外，还有专供曲线地段铺设内轨用的标准缩短轨若干种。

图 6.13 铁路轨道

2）轨枕

轨枕是钢轨的支座，除承受钢轨传来的压力并将其转给道床以外，还起着保持钢轨位置和轨距的作用。轨枕按照制作材料主要分钢筋混凝土枕、木枕、钢枕 3 种，中国使用较广泛的是木枕和钢筋混凝土枕。木枕具有弹性好、易加工、重量轻、更换方便等优点；其主要缺点是要消耗大量的木材，而且使用寿命较短。经过防腐处理的木枕，一般可用 15 年左右。钢筋混凝土轨枕使用寿命则较长，稳定性也高，养护工作量小，加上材料来源较广，所以在中国铁路上应用广泛。

中国普通轨枕的长度为 2.5m，道岔用的岔枕和钢桥上用的桥枕，其长度有 2.6～4.85m 等。每千米线路上铺设轨枕的数量，应根据运量及行车速度等运营条件确定，一般在 1440～1840 根/千米之间。轨枕数量越多，轨道的强度越大。

3）道床

道床通常就是轨道下面的碎石层，其作用为：承受轨枕上部的荷载并均匀地传给路基；保持轨道的稳定性；排除线路上的地表水；缓和车轮对钢轨的冲击。

中国铁路的道床材料主要是筛分碎石，碎石道砟是用人工或机器破碎筛分而成的火成岩(如花岗岩)或沉积岩(如石灰石)，这种材料坚硬且表面粗糙，有尖锐的棱角，相错结合，因此线路稳定性很好。同时它的化学性质稳定，不易风化，所以是最好的道床材料。

4）防爬设备

列车运行时，车轮与钢轨间存在有纵向水平力的作用，使钢轨产生纵向移动，有时甚至带动轨枕一起移动，这种现象叫做爬行。爬行经常出现在复线铁路的正向运行方向、运量较大的单线铁路、长大下坡道上以及列车制动时。

线路爬行对铁路危害很大，它会引起轨枕的位置歪斜、间隔不正；会使钢轨的接头缝隙不均；线路爬行常使轨枕离开捣固坚实的基础，造成线路沉落，产生低接头等。根据资料分析，线路危害有 30%以上与爬行有关。因此必须采取有效措施加以防止。通常的做法是一方面加强钢轨和轨枕间的扣压力与道床阻力；另一方面设置防爬器和防爬支撑。

6.2.2 铁路的分类

1. 地下铁道与城市轻轨

地下铁道简称地铁，是指以在地下运行为主的城市铁路系统。地铁在城市交通中发挥着巨大的作用，给城市居民出行提供了便捷的交通。世界上第一条地铁是1863年首先在英国伦敦开通的。现在全世界建有地下铁道的城市很多，如法国的巴黎，英国的伦敦(见图6.14)，俄罗斯的莫斯科，美国的纽约、芝加哥，加拿大的多伦多，中国的北京(见图6.15)、上海、天津、广州等城市。

图6.14 伦敦地铁

图6.15 北京地铁

地铁具有运量大、速度快、安全、准时、节约能源、不污染环境等优点，而且可以在建筑物密集而不利于发展地面交通的地区大力发展，加大了城市的空间利用率，为减少城市拥堵提供了有效的解决办法。地铁的缺点是绝大部分线路和设备处于地下，而城市地下地形复杂，各种管线纵横交错且高楼林立，极大地增加了施工工作量。而且在建设中还涉及隧道开挖、线路施工、供电、通信信号、水质、通风照明、振动噪声等一系列技术问题，以及考虑防灾、救火系统的设置等，这些都需要大量的资金投入。因此，地铁的建设费用非常高，中国每千米的地铁造价达8亿元人民币。另外，地铁建设周期较长、见效慢，一旦发生火灾或其他自然灾害，乘客疏散比较困难，容易造成人员伤亡和财产损失，对社会造成不良影响。

城市轻轨是城市客运有轨交通系统的又一种重要形式，也是当今世界发展最为迅猛的轨道交通形式。近年来，随着城市化步伐的加快，中国的城市轻轨建设也进入了一个高速发展期，中国重庆、上海、北京等城市纷纷新建城市轻轨。它一般有较大比例的专用道，大多采用浅埋隧道或高架桥的方式，车辆和通信信号设备也是专门化的，克服了有轨电车运行速度慢，正点率低，噪声大的缺点。轻轨比公共汽车速度快、效率高、省能源、无空气污染等。轻轨比地铁造价更低，见效更快。

地铁与轻轨都是城市快速轨道交通的一部分，因其快速、运量大、低噪声、低能耗、正点率高、污染少和乘坐舒适等优点而被誉为“绿色交通”。地铁与轻轨的不同点主要体现在以下方面。

(1) 轮轨系统。地铁与轻轨都以钢轮和钢轨为行走系统的交通方式，钢轨有轻重之分。我国地铁均采用 60kg/m 的重型钢轨，只在空车运行、速度低的区段，才选用 50kg/m 和 43kg/m 的轻型钢轨；我国轻轨的列车的轴重只有 100kN，轻轨在正线上宜采用 50kg/m 的钢轨，在车场支线内可用 43kg/m 的钢轨。由于重型钢轨轨道稳定性好、养护与维修工作量少、杂散电流少等优点，地铁与轻轨都趋向用重型钢轨，如上海明珠轻轨线也选用 60kg/m(PD_3 型)的高强耐磨钢轨。地铁轨道采用 DTⅢ型、DTⅣ型弹性扣件固定钢轨；而轻轨轨道则采用轻轨Ⅰ型、轻轨Ⅱ型、WJ-2 型弹性扣件来固定。地铁普遍采用轨枕式整体道床和浮置板式整体道床；而高架轻轨因其重量大、增加桥梁负荷而不宜采用。

(2) 运输量。地铁单向运输量高峰期间平均每小时运载 30000～90000 人次；而轻轨单向运输量高峰期间运载 10000～30000 人次/h。

(3) 线路规划。轻轨线以高架线和地面线为主，只有在人口密集的繁华区段时才浅埋地下，一般不设地下车站；而地铁无疑都位于地下深部，而且地铁线与轻轨线的曲率半径和坡度要求一般也不相同。

(4) 运行速度。国内地铁列车最高行驶速度可达 120km/h，运营速度为 30～40km/h；轻轨列车最高行驶速度为 45km/h，运营速度为 25～30km/h。

(5) 信号系统。大部分轻轨系统可在无信号装置的情况下安全运行，只有在道口、曲线地段、隧道内、瞭望距离受到限制的地段或者行车密度大时设置信号；而地铁必须设置信号系统，且尽量选用列车自动控制系统。

2. 高速铁路

铁路现代化的一个重要标志是大幅度地提高列车的运行速度。高速铁路是发达国家于 20 世纪 60 年代逐步发展起来的一种城市与城市之间的运输工具。世界上第一条高速铁路是日本的东海道新干线(见图 6.16)，最高速度为 210km/h。日本、法国、德国等是当今世界高速铁路技术发展水平最高的几个国家。

一般地，铁路时速 100～120km/h 为常速；时速 120～160km/h 为中速；时速160～200km/h 为准高速或快速；时速 200～400km/h 为高速；时速 400km/h 以上称为特高速。

高速铁路为城市之间的快速运输提供了极大方便，同时也对铁路选线与设计等提出了更高的要求。例如，铁路沿线的信号与通信自动化管理，铁路机车和车辆的减震和隔声要求，对线路平、纵断面的改造，加强轨道结构，改善轨道的平顺性和养护技术等。

我国正在把铁路提速作为加快铁路运输业发展的重要战略。1997 年 4 月 1 日我国实施第一次铁路大提速，列车时速首次达到 140km/h，同时在全国 4 条主要干线运行的快速列车时速也被提高至 120km/h。在 1998 年、2000 年和 2001 年，我国铁路又连续实施 3 次提速。2004 年 4 月 18 日，我国铁路开始启动历史上的第五次大面积提速，主要干线列车时速达到 200km/h，标志着我国铁路在扩充运能和提高技术装备方面实现新的突破。2007 年 4 月 18 日，我国铁路第六次大面积提速，最高时速达 250km/h，第六次提速的亮点是时速达 200km/h 的动车投入使用。2011 年京沪高铁(见图 6.17)全线开通，这是我国第一条具有世界先进水平的铁路，线路总长 1318km，设计时速 350km/h，初期运营时速 300km/h。这条路线的通车标志着我国已经进入了高速时代。

图 6.16 日本的东海道新干线

图 6.17 我国的京沪高铁

3. *磁悬浮铁路*

磁悬浮铁路与传统铁路不同，它是利用电磁系统产生的吸引力和排斥力将铁路上的列车托起，使整个列车悬浮在线路上，再利用电磁力进行导向，并利用直流电机将电能直接转换成推进力来推动列车前进。

与传统铁路相比，磁悬浮铁路由于消除了轮轨之间的接触，因而无摩擦阻力，线路垂直荷载小，适于高速运行。该系统采用一系列先进技术，使得列车时速高达 500km/h；无机械振动和噪声，无废气排出和污染，有利于环境保护；能充分利用能源，获得较高的运输效率；列车运行平稳，能提高旅客的舒适度；由于磁悬浮系统采用导轨结构，不会发生脱轨和颠覆事故，提高了列车的安全性和可靠性。尽管磁悬浮列车技术有上述的许多优点，但仍存在着一些不足。

(1) 磁悬浮技术对线路的平整度、路基下沉量及道岔结构方面的要求很高，因此在建造时需要优秀的施工技术。

(2) 由于磁悬浮系统是由电磁力完成悬浮、导向和驱动功能的，断电后列车的安全问题需要确保。

(3) 磁悬浮列车造价高昂，建设所需投入较大，利润回收期较长，投资风险较大。

2001 年 3 月 1 日，我国第一条磁悬浮列车线路(见图 6.18)在上海动工兴建。上海磁悬浮快速列车西起地铁 2 号线龙阳路站，东至浦东国际机场，采用德国技术建造，全长约 33km，设计最大时速 430km/h，单向运行时间为 7min。该工程于 2002 年建成，上海磁悬浮快速列车工程既是一条浦东国际机场与市区连接的高速交通线，又是一条旅游观光线，还是一条展示高科技成果的示范运行线。随着这条铁路的开发与运行，大大缩短了我国铁路建设与世界先进水平的差距。

图 6.18 中国第一条磁悬浮列车线路

6.3 机场工程

航空工业的发展是20世纪重要的科技进步之一。机场作为航空运输系统中运输网络(航线)的交汇点，是旅客和货物由地面转向空中或由空中转向地面的接口(交接面)，是航空工业中必不可少的重要部分。改革开放后，我国经济发展迅速，对航空运输的需求迅猛增长，因此对机场的数量和质量相应地也有了更高的要求。

图6.19 北京首都国际机场

随着世界经济和科技的进一步发展，机场已成为大城市的交通基础建设的重要组成部分，世界各国的大城市都拥有先进的机场，如美国纽约肯尼迪国际机场、德国法兰克福机场、英国伦敦希思罗机场等。我国目前建成的最大机场为北京首都国际机场(见图6.19)。

6.3.1 机场的分类与组成

1. 机场的分类

机场是供飞机起飞、着陆、停驻、维护、补充给养及组织飞行保障活动所用的场所，是民航运输网络中的节点，是航空运输的起点、终点和经停点。机场应包括相应的空域及相关的建筑物、设施与装置。

机场按服务对象区分，分为军用机场、民用机场和军民两用机场；按航线性质划分，可分为国际航线机场和国内航线机场；按机场在民航运输网络系统中所起的作用划分，可分为国际机场、干线机场和支线机场。

2. 机场的组成

机场主要由3部分构成，即飞行区、航站区及进出机场的地面交通系统。

(1) 飞行区是机场内用于飞机起飞、着陆和滑行的区域，通常还包括用于飞机起降的空域在内。飞行区由跑道系统、滑行道系统和机场净空区构成。

(2) 航站区是飞行区与机场其他部分的交接部。航站区包括旅客航站楼、停机坪、车道边、站前停车设施(停车场或停车楼)等。

(3) 进出机场的地面交通系统通常是由与机场相连的公路、铁路、地铁(或轻轨)等组成。其功能是把机场和附近城市连接起来，将旅客和货物及时运进或运出机场。它也是机场的重要组成部分，交通系统的好坏将直接影响到机场的工作效率。

机场的其他设施还包括机务维修设施、供油设施、空中交通管制设施、安全保卫设施、救援和消防设施、行政办公区、生活区、辅助设施、后勤保障设施、地面交通设施及机场空域等。

6.3.2 机场场道布局

1. 跑道

跑道是机场飞行区的主体，直接供飞机起飞滑行和着陆滑行之用。飞机需要借助跑道才能顺利起飞和降落，如果没有跑道，地面上的飞机无法上天，天上的飞机无法落地，因此跑道是机场上最重要的工程设施。跑道必须要有足够的长度、宽度、强度、粗糙度、平整度以及规定的坡度，来满足飞机的正常起降。机场的构形主要取决于跑道的数目、方位以及跑道与航站区的相对位置。跑道布置的构形可归纳为单条跑道、多条平行跑道和不平行的交叉跑道3种基本形式。

跑道按其作用可分为主要跑道、辅助跑道、起飞跑道3种。

主要跑道是指在条件许可时比其他跑道优先使用的跑道，按使用该机场最大机型的要求修建，长度较长，承载力也较高；辅助跑道又称次要跑道，是指因受侧风影响，飞机不能在主跑道上起飞着陆时，供辅助起降用的跑道，由于飞机在辅助跑道上起降都有逆风影响，所以其长度比主要跑道短些；起飞跑道是指只供起飞用的跑道。

跑道系统由跑道的结构道面、道肩、防吹坪、升降带、跑道端安全区、停止道和净空道组成。如图6.20所示为机场跑道方案。

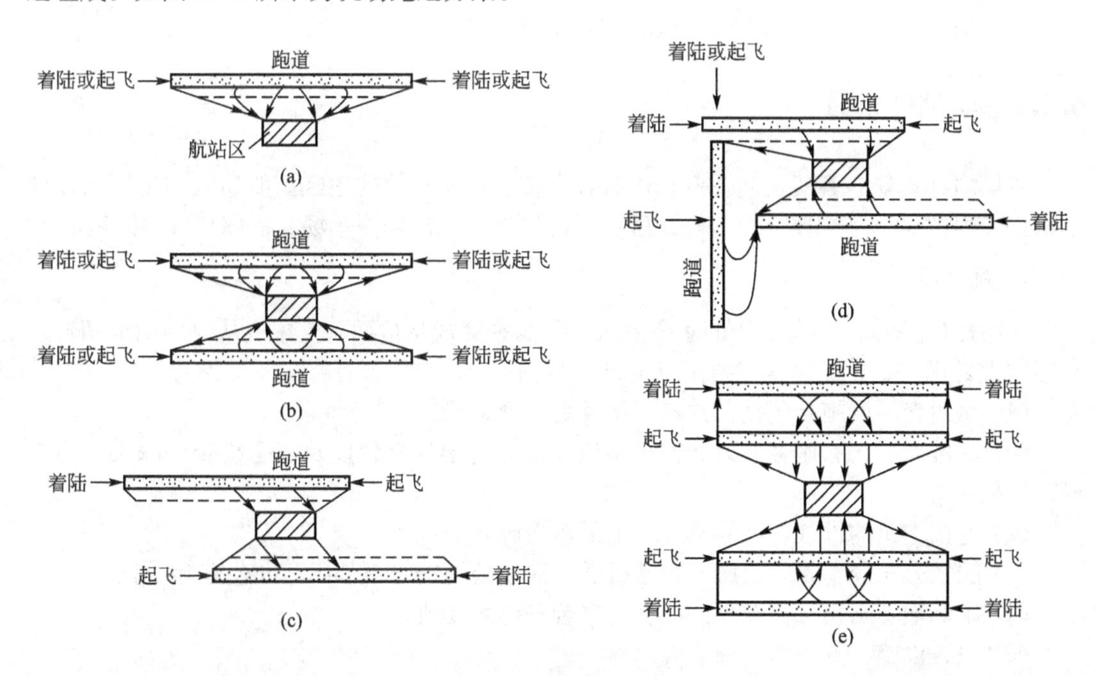

图6.20 机场跑道方案

道肩对称设在跑道的两侧。设置道肩的作用在于减少飞机冲出或偏离跑道时有损坏的危险，同时也减少雨水渗入跑道土基基础，确保土基强度。

为了防止紧靠跑道端的地区表面受到高速喷气的吹蚀，在跑道入口处前一定距离内(至少30m)设置防吹坪。防吹坪宽度应等于跑道宽度加道肩宽度。

为了减少飞机一旦冲出跑道遭受损失的危险，保证飞机起降过程中安全飞越相应的上空，划定一块包括跑道和停止道(如设停止道)在内的矩形场地，称为升降带。

跑道端安全区设置在升降区两端，用来保障起飞着陆的飞机偶尔冲出跑道以及提前接地时的安全。

停止道的作用在于一旦中断起飞，飞机可以在停止道上减速并停止。因此，停止道应能承受飞机中断起飞时的荷载，不致使飞机结构受损。

机场设置净空道，是确保飞机完成初始爬升之用。是否设置停止道和净空道以增加跑道的可用长度，取决于跑道端以外地区的特性、使用该机场飞机的起降性能以及经济因素等。

2. 机坪与机场净空区

飞机场的机坪主要有等待坪和掉头坪。前者供飞机等待起飞或让路而临时停放用，通常设在跑道端附近的平行滑行道旁边；后者则供飞机掉头用，当飞行区不设平行滑道时，应在跑道端部设掉头坪。

机场净空区是指飞机起飞和着陆涉及的范围，沿着机场周围要有一个没有影响飞行安全的障碍物的区域。为保证飞机的起飞和降落安全以及机场的正常使用，在机场一定范围内的空域内必须没有障碍物影响飞机的飞行。为此，规定一些假想面作为障碍物限制面，凡自然物体或人工构筑物的高度伸出这些假想之外的部分，便当做障碍物而应移出或拆除。机场场址和跑道方位选样时，必须考虑净空要求。

6.3.3 航站区布局

机场内办理航空客货运输业务和供旅客、货物地面运转的地区。航站区的规划与设计是机场工程的又一个重要方面。航站区主要由航站楼、机场停车场、机坪与货运区组成。

1. 航站楼

航站楼(见图6.21)是机场的主要建筑，供旅客完成从地面到空中或从空中到地面转换交通方式之用。通常航站楼主要由以下设施组成。

(1) 地面交通设施：包括公共汽车站及走廊通道等。

(2) 站楼大厅：有旅客办票、安排座位、托运行李的柜台以及安全检查、海关、边检(移民)柜台等。

(3) 连接飞机的设施：如候机室、上下机设施等。

(4) 航空公司经营管理设施：包括机场、航空公司的管理部门和办公室等设施。

(5) 候机室：出发等候航班的旅客的集合和休息场所。

(6) 服务设施：如餐厅、商店等。

航站楼的布局包括竖向和平面布局。

航站楼竖向布局主要考虑把出发和到达的旅客流分开，以方便旅客和提高运行效率。视旅客量的多少、航站楼可使用的土地面积和地面交通系统等情况，可将航站楼布置成单层、一层半和两层或多层形式。旅客量小时，通常都布置成单层，旅客和行李的流动都在机坪层进行，旅客一般利用舷梯上下飞机，出发和到达旅客在平面上分隔开。一层系统是将旅客出入航站楼安排在一楼，而上下飞机都安排在二楼上利用登机桥进行，但在平面上将出入旅客流分隔开。两层系统则是把出发和到达旅客的活动完全分隔开，分别安排在上层和下层进行。

航站楼的平面布局同旅客量、飞机运行次数、交通类型(国内或国际)、使用该机场的航空公司数以及场地的物理性质等要素有关。航站楼的主要平面布局型式有线型、廊道型、卫星型、转运型4种。

(a) 候机楼

(b) 到达大厅

图6.21 上海浦东国际机场

2. 机场停车场、机坪与货运区

航站区除了航站楼以外，还包括停车场、机坪与货运区等设施。

机场停车场一般设置在机场的航站楼附近，当停车量较大且土地紧张时可采用多层车库。停车场的建筑面积与许多因素有关，如高峰小时车流量、停车比例及平均每辆车所需面积等，这些因素都会影响到停车场所需面积的大小。

机坪一般设在航站楼前。它主要是供客机停放、上下旅客、完成起飞前的准备和到达后各项作业之用。

机场货运区主要是供货运装卸、手续办理、货件临时储存等之用，主要由业务楼、存储库、装卸场等组成。货运可以采取客机带运和货机载运两种运输方式。客机带运通常在客机坪上进行，货机载运通常在货机坪上进行。

货运区应离开旅客航站区及其他建筑物适当距离，以便将来发展。

6.4 隧道工程

隧道是埋置于岩石或土体内的工程建筑物，是人类开发利用地下空间的一种形式，它属于地下空间的一种。经济合作与发展组织(Organization for Economic Co - operation and Development，OECD)的隧道会议对隧道所下的定义：以某种用途，在地面下用任何方法按规定形状和尺寸，修筑的断面面积大于$2m^2$的洞室。

隧道的用途广泛，除用于铁路、公路交通和水力发电、灌溉等水工隧洞外，也用于上下水道、输电线路等大型管路通道。日本青函隧道(见图 6.22)(全长 53.85km，其中海底部分 23.3 km)和英吉利海峡隧道(全长 50.5km，其中海底部分 37.3 km)是目前世界上长度排名前两位的隧道。

图 6.22　日本青函隧道

6.4.1　隧道工程的特点及其分类

1. 隧道的分类

隧道的种类繁多，从不同角度，可以有多种分类方法。

按照隧道建筑物使用的目的不同，隧道主要可分为交通隧道、水工隧道、市政隧道和矿山隧道等。而交通隧道又包括铁路隧道、公路隧道、地下隧道和航运隧道。

隧道按照通过的地区不同，又可分为山岭隧道、城市隧道、水底隧道。

隧道按照长短划分，分为以下几种。

① 特长隧道：全长 10000m 以上。

② 长隧道：全长 3000m 以上至 10000m。

③ 中长隧道：全长 500m 以上至 3000m。

④ 短隧道：全长 500m 及以下。

2. 隧道工程的特点

中国幅叫辽阔，地质多样，隧道通常是线路穿山越岭、克服障碍的一种重要手段。在中国的许多大型交通工程中，隧道的应用非常广泛。例如，成昆铁路全长共1125km,其中隧道总长就达 352km，占全线总长的 34%。采用隧道的优点如下。

(1) 山岭地区采用隧道可以大大减少展线、缩短线路长度，节约工程成本。

(2) 减少对植被的破坏，保护生态环境。

(3) 可以减少深挖路堑，避免高架桥和挡土墙，因而可减少繁重的养护工作和费用。

(4) 减少线路受自然因素，如风、沙、雨、雪、塌方及冻害等影响，延长线路使用寿命，减少阻碍行车的事故。

(5) 在城市可减少交通占地，形成立体交通；在江河、海峡及港湾地区，不可影响水路通航。

隧道是地下工程建筑物，隧道在结构计算理论和施工方法两方面与地面结构相比有很多不同之处。隧道在设计前要进行详细的地质勘探，来保证结构设计的安全性。隧道施工与地面建筑物施工也不同，空间有限，工作面狭小，光线暗，劳动条件差，这些都给施工增加了难度。

随着中国建设的发展和需要，隧道将在工程建设中占有更重要的地位，今后将建造更多的隧道设施，其工程技术标准也越来越高。隧道工程是一门综合性学科，需要具备较多的基础知识，除一般土木工程知识外，还应具备一定的交通工程、通风、照明、机电、医学及经济管理等方面的知识。

6.4.2 隧道结构设计

隧道和其他建筑结构物设计一样，基本要求是安全、经济和适用。由于是地下结构物，设计时要考虑其特殊性，并尽可能使施工容易、可靠。另外还应考虑通风、照明、安全设施与隧道的相互关系，而且整个隧道应该易于养护管理。

1. 隧道的几何设计

1) 平面线性

隧道平面是指隧道中心线在水平面上的投影。

隧道的平面线形原则上应尽量采用直线，避免曲线。如必须设置曲线时，其半径不宜小于不设超高的平面曲线半径，并应符合视距的要求。这里有两点应当引起注意：一是小半径曲线；二是超高。如果采用小半径曲线，会产生视距问题。为确保视距，势必要加宽断面。设置超高时，也会导致断面的加宽。这样相应地要增加工程费用。断面加宽后施工也变得困难，断面不统一以及它们的相互过渡都给施工增加了难度。

曲线隧道即使不加宽，在测量、衬砌、内装、吊顶等工作上也是很复杂的。此外曲线隧道增加了通风阻抗，对自然通风很不利。从这些方面考虑也希望不设曲线。不过，是否设置曲线，应该根据隧道洞口部分的地形地质条件及引道的线形等进行综合考虑决定。单向行驶的长隧道，如果在出口一侧放入大半径曲线，面向驾驶者的出口墙壁亮度是逐渐增加的，有利于驾驶者的“光适应”。此时曲线反而是设计所希望的。遇到这种情形应当另行考虑。

2) 纵断线性

隧道纵断面是隧道中心线在垂直面上的投影。隧道的纵坡以设计成不妨碍排水的缓坡为宜。在变坡点应放入足够的竖曲线。隧道纵坡过大，不论是在汽车的行驶还是在施工及养护管理上都不利。

隧道控制坡度的主要因素是通风问题。一般把纵坡保持在2%以下比较好。另外，从施工出渣和运进材料上看，大于2%的坡度是不利的。纵坡大于3%是不可取的。不存在通风问题的隧道，可以按普通道路设置纵坡。对于单向通行的隧道，设计成下坡对通风非常有利。自然通风的隧道，因为两端洞口高差是决定自然通风效果的重要因素之一，所以坡度和断面都应适当加大。

从施工中和竣工后的排水需要上考虑，在隧道内不应采用平坡。在施工时，为了使隧道涌水和施工用水能在坑道内的施工排水侧沟中流出，需要0.3%的坡度。如果预计涌水量相当大，则需采用0.5%的坡度。在高寒地区，为了避免冬季排水沟产生冻害，应适当加大纵坡，使水流动能增加，这对排水是有利的。采用"人"字坡从两个洞口开挖隧道时，施工涌水容易排出。采用单坡从两个洞口开挖隧道时，处于高位的洞口，涌水不能自然向外流出，这是综合考虑设计时应当注意到的问题。当遇陡坡隧道且涌水量又大时，应考虑成缓坡度。

3）与平行隧道或其他结构物的间距

两条平行隧道相距很近或隧道接近其他结构物时，需要根据隧道的断面形状、交叉角、施工方法及工期等决定相互间的距离。隧道在已有结构物下面设置时，应考虑由于开挖隧道面引起的基础下沉，以及爆破、地下水变化等的影响。

平行隧道的中心距，如果把地层看做完全弹性体时，约为开挖宽度的2倍，而在黏土等软地层中，则为开挖宽度的5倍，可以看做几乎不受影响。不过实际地层并非完全弹性体，相互影响的机制不明确的地方很多，所以准确的中心距并不清楚。另外，决定中心距时，还应对爆破等施工方法的影响加以考虑。

4）引线

引线的平面及纵断线形，应当保证有足够的视距和行驶安全。尤其在进口一侧，需要在足够的距离外能够识别隧道洞口。例如，道路隧道，为了使汽车能顺利驶入隧道，驾驶员应提早知道前方有隧道。通常当汽车驶近隧道，但尚有一定距离时，驾驶员若能自然地集中注意力观察到洞口及其附近的情况，并保证有足够的安全视距，对障碍物可以及时察觉，采取适当措施，才能保证行车安全。从注视点到洞口采用通视线形极为重要。在洞口及其附近放入平面曲线或竖曲线的变更点时，应以不妨碍观察隧道，且保证有足够的注视时间为最低限度。另外，设计引线时还应考虑到接近洞口的桥梁、路堤等。

5）净空断面

隧道净空是指隧道衬砌的内轮廓线所包围的空间，以道路隧道为例，包括公路建筑限界通风及其他所需的断面积。断面形状和尺寸应根据围岩压力求得最经济值。"建筑限界"指建筑物(如衬砌和其他任何部件)不得侵入的一种限界。道路隧道的建筑限界包括车道、路肩、路线带、人行道等的宽度，以及车道、人行道的净高。道路隧道的净空除包括公路建筑限界以外，还包括通风管道、照明设备、防灾设备、监控设备、运行管理设备等附属设备所需要的足够空间以及富余量和施工允许误差等。

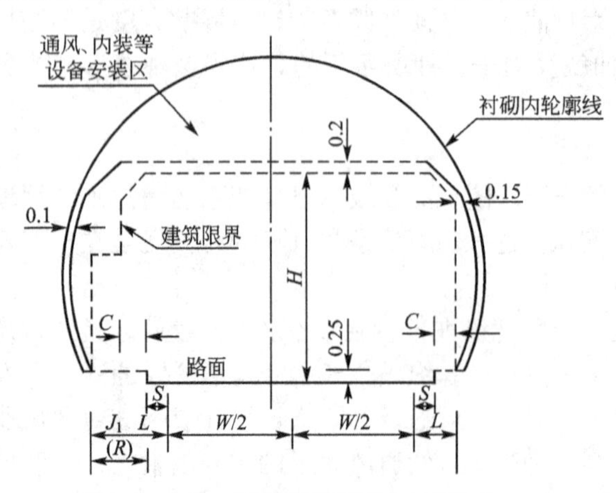

图 6.23　公路隧道横断面示意图(单位：m)

"隧道行车限界"是指为了保证道路隧道中行车安全，在一定宽度、高度的空间范围内任何物件不得侵入的限界。隧道中的照明灯具、通风设备、交通信号灯、运行管理专用设施(如电视摄像机、交通流量、流速检测仪等)都应安装在限界以外。如图6.23所示为公路隧道横断面示意图，其中W表示行车道宽度；S 为路缘带宽度；H 为净高，一般高速公路、一级公路 5m，二级以下公路 4.5m；L 为侧向宽度；J 为检修道宽度；R 为人行道宽度；C 为余宽。我国的各级公路隧道建筑对这些指标都有其规范要求。

2. 隧道结构构造

隧道可分为主体建筑物和附属建筑物。前者是为了保持隧道的稳定、保证隧道正常使用而修建的，由洞身结构及洞门组成。后者是保证隧道正常使用所需的各种辅助设施。例如，铁路隧道供过往行人及维修人员避让列车而设的避车洞，长大隧道中为加强洞内外空气更换而设的机械通风设施以及必要的消防、报警装置等。

1）洞身衬砌

（1）直墙式衬砌。这种类型的衬砌适用于地质条件比较好，以垂直围岩压力为主而水平围岩压力较小的情况，主要适用于Ⅰ～Ⅲ级围岩。直墙式衬砌由上部拱圈、两侧竖直边墙和下部铺底 3 部分组合而成。

（2）曲墙式衬砌。曲墙式衬砌适用于地质较差，有较大水平围岩压力的情况。曲墙式衬砌由顶部拱圈、侧面曲边墙和底板(或铺底)组成。除在Ⅳ级围岩无地下水，且基础不产生沉降的情况下可不设仰拱，只做平铺底外，一般均设仰拱，以抵御底部的围岩压力和防止衬砌沉降，并使衬砌形成一个环状的封闭整体结构，以提高衬砌的承载能力。

（3）锚喷式衬砌。锚喷式衬砌是指锚喷结构既作为隧道临时支护，又作为隧道永久结构的形式。它具有隧道开挖后衬砌及时、施工方便和经济的显著特点，特别是纤维喷射混凝土技术显著改善了喷混凝土的性能，在围岩整体性较好的军事工程、各类用途的使用期较短及重要性较低的隧道中广泛使用。在公路、铁路隧道设计规范中，都有根据隧道围岩地质条件、施工条件和使用要求可采用锚喷衬砌的规定。

（4）复合式衬砌。复合式衬砌是指把衬砌分成两层或两层以上，可以是同一种形式、方法和材料施作的，也可以是不同形式、方法、时间和材料施作的。目前大都采用内外两层衬砌。按内外衬砌的组合情况可分为锚喷支护和混凝土衬砌。

2）洞门

洞门是隧道两端的外露部分，也是联系洞内衬砌与洞口外路堑的支护结构，其作用是保证洞口边坡的安全与仰坡的稳定，引离地表流水，减少洞口土石方开挖量。洞门也是标志隧道的建筑物，因此，洞门应与隧道的规模、使用特性以及周围建筑物、地形条件等相协调。洞门附近的岩体通常比较破碎松软，易于失稳，形成坍塌。为了保护岩体的稳定和使车辆不受坍塌、落石等的威胁，确保行车安全，应根据实际情况，选择合理的洞门形式。

隧道在照明上有相当高的要求，为了处理好司机在通过隧道时的一系列的视觉上的变化，有时考虑在入口一侧设置减光棚等减光构造物，对洞外环境作某些减光处理。同时洞门还必须具备拦截、汇集、排除地表水的功能，使地表水沿排水渠有序排离洞门，防止地表水沿洞门流入洞内。

3）明洞

明洞是隧道的一种变化形式，它用明挖法修筑。所谓明挖是指把岩体挖开，再露天修筑衬砌，然后回填土石。这样修筑的构筑物，外形几乎与隧道无异，有拱圈、边墙和底板，净空与隧道相同，和地表相连处也没有洞门、排水设施等。

明洞一般修筑在隧道的进出口处，当遇到地质差且洞顶覆盖层较薄，用暗挖法难以进洞时，或洞口路堑边坡上有落石而危及行车安全时，或铁路、公路、河渠必须在铁路上方通过，且不宜做立交桥或涵渠时，均需要修建明洞。它是隧道洞口或线路上起防护作用的重要建筑物，在铁路线上使用的较多。

明洞的结构类型常因地形、地质和危害程度的不同，有多种形式，采用最多的为拱式明洞和棚式明洞两种。

4）附属构筑物

为了使隧道能够正常使用，保证列车安全运行，除了修筑上述主要建筑外，还要修筑一些附属构筑物。其中包括避车洞、防排水设施、照明和电力及通信设施等。当然，对于不同类型的隧道，其附属构筑物是有区别的，具体情况则需根据其具体特性加以设计。

6.4.3 隧道施工

迄今为止，人们在实践中已创造出多种能够适应各种围岩的隧道施工方法，主要有矿山法、掘进机法、沉管法、顶管法(又称顶进法)、明挖法和盖挖法等。

矿山法因最早应用于矿石开挖而得名。它包括传统矿山法和新奥法。这种方法在多数情况下需要钻眼、爆破进行开挖。新奥法在世界先进国家应用广泛，目前在中国也逐渐得以推广。

掘进机法包括隧道掘进机法和盾构法。前者应用于石质围岩；后者应用于土质围岩，尤其适应软土、淤泥等特殊地层。

沉管法、顶管法、明挖法和盖挖法主要用来修建水底隧道、地下铁道、市政隧道以及埋置很浅的山岭隧道。

1）矿山法

开挖方法应根据地质条件具体确定。较短的隧道，如果便于自然排水，可以从较低的洞口一侧开挖。较长的隧道则可从两侧开挖，长大隧道还可以在中间设置竖井或斜井，将其分割为若干区段分头开挖。

隧道开挖后，为了保证围岩的稳定，一般需要进行衬砌(永久性支护)。现在采用整体式混凝土衬砌的居多，其厚度视地质条件和隧道断面大小而异，为30～60cm，在不良地质地段还可以采用钢材和钢筋混凝土衬砌。

2）新奥法

新奥法是新奥地利隧道施工方法的简称，英文为“New Austrian Tunneling Method”，在中国又称“喷锚构筑法”。新奥法的概念是奥地利学者拉布西维兹教授于1948年提出的，它是以既有隧道工程经验和岩体力学的理论基础，将锚杆和喷射混凝土组合在一起作为主要支护手段的一种施工方法，之后这个方法在西欧、北欧、美国和日本等地下工程中获得极为迅速的发展，已成为在软弱破碎围岩地段修建隧道的一种基本方法，技术经济效益十分明显。

3）隧道掘进机法

隧道掘进机是一种机械化的隧道掘进设备，它主要包括旋转切削头的推进装置和支撑装置、控制方向的激光准直仪及其他装置。

隧道掘进机法具有一次成洞、连续掘进、速度快、洞壁光滑、对围岩扰动小、施工质量好等优点，而且能改善施工条件，减少劳动强度，但是难以适应复杂多变的地质情况。

4）盾构法

盾构法是采用盾构机掘进的施工方法，该法适应于软土隧道掘进(见图 6.24)。盾构机一般为一钢制圆筒，其直径大于隧道衬砌直径，但也有矩形、马蹄形、半圆形等与隧道截面相接近的特殊形状。盾构的种类很多，其主要构造包括盾构壳体、推进系统和拼装系统。盾构是一种价格昂贵的机械化系统，只有在开挖长大隧道时才是经济的。

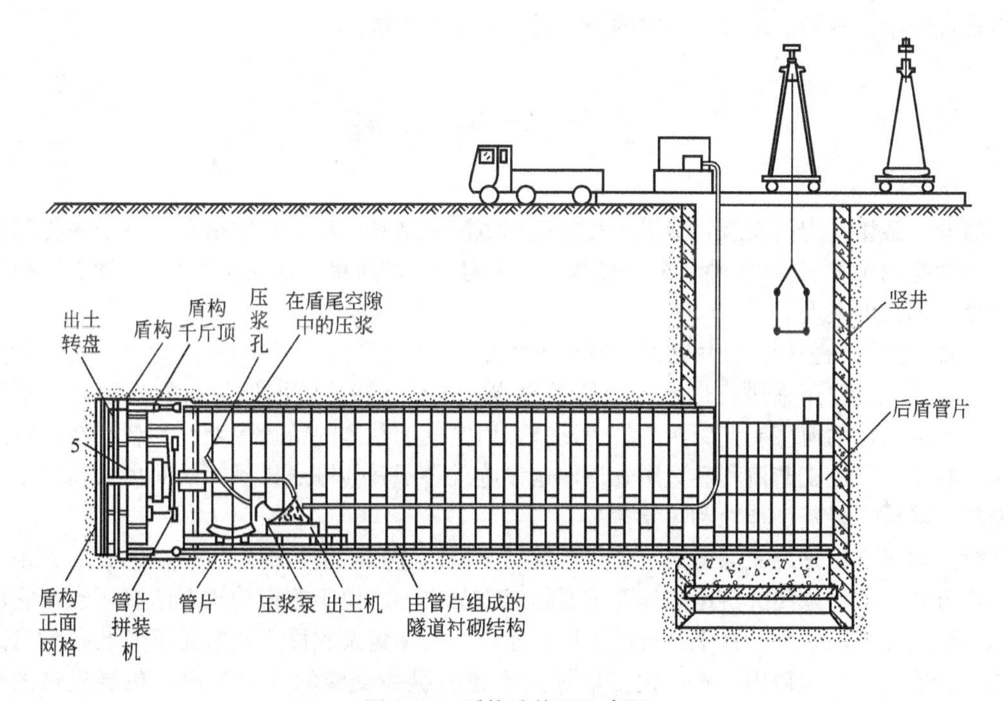

图 6.24 盾构法施工示意图

5）沉管法

当地下铁道处于航道或河流中时，可采用沉管法。这是水底隧道建设的一种主要方法。该法施工是在船台上或船坞中分段预制隧道结构，然后经水中浮运或拖运办法将节段结构运到设计位置，再以水或砂土将其进行压载下沉，当各节段沉至水底预先开挖的沟槽后，进行节段间接缝处理，待全部节段连接完毕，进行沟槽回填，于是建成整体贯通的隧道。

6）顶管法

当浅埋地铁隧道穿越地面铁路、城市交通干线、交叉路口或地面建筑物密集、地下管线纵横地区，为保证交通不致中断和行车安全，可采用顶管法施工。

顶管法施工是在做好的工作坑内预制钢筋混凝土隧道结构，待其达到强度后用千斤顶将结构推顶至设计位置。这种施工技术不仅用于浅埋地铁，还可用于城市给排水管道工程、城市道路与地面铁路立叉点以及铁路桥涵等工程。

7）明挖法

明挖法是浅埋地下通道最常用的方法，又称基坑法。它是一种用垂直开挖方式修建隧道的方法(对应于水平方向掘进隧道而言)。明挖法施工是指从地面向下开挖，并在欲建地下铁道结构的位置进行结构的修建，然后在结构上部回填土及恢复路面的施工方法。

8）盖挖法

采用明挖法修建城市浅埋隧道或地下铁道时，出于会对城市交通和居民生活带来不便，这时可考虑采用盖挖法。

盖挖法的施工顺序是先修筑边墙，然后铺设盖顶，在盖顶的掩护下向下开挖并修筑底板，是一种“自上而下”的施工方法。所以，盖挖法兼有明挖法和暗挖法的优点，已逐渐成为现代城市修筑地下多层车站时的一种行之有效的方法。

6.5 管道工程

随着社会生产力的发展，管道工程的应用范围越来越广泛，特别是在出现了各种高效高压多功能的水力机械(各种水泵、浆体系、压缩机、鼓风机、抽风机等)后，管道工程技术获得了迅猛的发展。

在现代工业、公用和民用建筑中都建有大量的管道设施，不仅用来进行水、石油和天然气管道输送，也用来进行以水为载体的煤炭、尾矿、灰渣等固体物料的长距离管道输送，以水为载体的海底矿产资源的管道提升，以空气为载体的粮食等颗粒物料装卸和管道输送，有些工厂的工艺流程甚至用管道输送设施代替了其他输送机械，从而大大简化了工艺流程，降低了投资、能耗和运营费。

管道输送方式是继铁路运输、公路运输、水路运输和航空运输之后兴起的新的大宗物料输送方式，成为国民经济运输体系重要组成部分之一。由于管道输送有诸多优点，它的应用领域正在不断扩大，几乎所有的工厂、矿山、公用建筑和民用建筑无不安装各种管道设施，如冶金工厂、矿山、石油化工厂等无不建有纵横交错的各类管道，高层建筑的供水、供热、供气和排水管道是必不可少的。随着城乡建设的发展、人民生活水平的提高和建筑标准的提高，管道工程的投资和工程量也在不断提高，在基本建设中所占的比重越来越大。石油、天然气、固体物料等的长距离管道输送在中国也获得了极大的发展，甚至出现了上千千米的石油、天然气跨国管道，进入21世纪后有众多的长距离管道输送工程继续开工建设。本节所述管道主要针对城市区域外的管道，而市内的管道属于后续市政工程的内容。

1. 管道的分类

管类种类繁多，应用于生活的各个方面。管道从整体上可以分为工业管道、公用和民用管道两大类。

其中工业管道又可按介质的压力、温度、性质分类。例如，工业管道按压力分有低压、中压、高压和超高压；按温度分有常温、低温、中温和高温；按介质性质分有普通气液介质、腐蚀性介质和化学危险品等。

公用和民用管道也可按介质和介质压力进行分类，按介质可分为供水、煤气、通风和供暖管道等；按介质压力可分为真空、无压、常压和高压管道。

介于管道种类的多样性，限于篇幅，在此仅将管道工程中应用最广、最重要的两种管道工程(工业管道中的油气输送管道、公用和民用管道中的给排水管道)进行概述。给排水管将在后述章节阐述。

2. 油气输送管道工程

长距离大口径油气管道运输，具有输送能力大、能源消耗低、损耗少、成本低、可连续均衡运输、不受气象季节影响、永久性占用土地少和运输安全性高等特点，是公路、铁路、水路和航空运输方式无法替代的第五大运输方式。管道运输业是一个庞大的工业体系，在石油天然气工业乃至世界经济当中发挥着越来越重要的作用。

一条油气输送管道的建成，首先需要对管道所建设地区进行详细的勘察，对地形地貌精心全面的考察，然后初步拟定管道线路。一般在线路的拟定过程中会出现几种不同的方案，这时需要进行综合评比，选择最佳方案，最后还要对所选定方案进行全面的优化设计，以使建设项目在满足条件的基础上达到经济和效率的最大化。

建设一条大型油气管道是一项非常巨大的工程，它所涉及的范围非常广泛。在拟定基本线路后，还应按照具体的实际情况来选择和设计管道尺寸、材料，在一些特殊地段有时还需要附加处理(如管道防腐等)。管道的尺寸主要是由管道的受力决定，主要包括管道内壁压强及管内流量等。管道所使用的材料及必要时的一些特殊处理方法，则需要根据管道运输的介质特性与管道所处具体地质情况决定。

经过50多年的努力奋斗，中国油气管道建设有了较大发展。到2005年年底，中国已建成长距离大口径油气输送干线管道35100km。其中，原油管道9200km，天然气管道20000km，成品油管道3800km，海底管道2100km。

举世瞩目的中国西气东输天然气管道(见图6.25)，西起新疆塔里木气田，东至长江三角洲，全线经过荒漠戈壁、黄土高原、太行山脉、黄淮海平原和江南水网，五次穿越长江、黄河天险，绵延近4000km，地形地貌的复杂程度和遇到的困难与挑战在世界上是少有的。强大的科技创新推动力使西气东输管道工程建设成为了世界一流工程，改变了中国管道建设水平落后于国际先进水平的局面，西气东输管道工程成为中国管道工程新世纪科技创新的代表作。

图6.25 西气东输天然气管道施工

本章小结

道路运输、轨道运输、水路运输、航空运输和管道运输组成了完整的交通运输体系。

道路运输承担固线外的延伸运输任务，可实现直达运输；轨道运输具有运输能力大，速度快，成本低，安全可靠的特点；水路运输承载能力大且运输成本低，但其运输周期长；航空运输具有速度快、成本高、能耗大的特点；管道运输适宜液体或气体的长距离连续运输。这5种运输方式相互联系、相互合作，共同承担着客、货的集散与交流，控制着国民经济的命脉。

我国未来的铁路运输仍占主导地位，道路运输与航空运输迅速增长，道路运输日益成为一种重要的运输方式。

思考题

6-1　交通运输体系的构成有哪几种？试分析各自的优缺点。

6-2　路面设计时应注意哪些方面？

6-3　什么是高速公路？简述高速公路生态护坡的内涵与功能。

6-4　简述铁路的分类和优缺点，说明铁路选线设计应注意的事项。

6-5　简述机场的组成。

6-6　简述隧道工程的优缺点。

6-7　隧道的几何设计分为哪几点？

6-8　什么是隧道建筑限界？

6-9　简述管道的分类？

阅读材料1

西气东输管道工程

西气东输管道工程横贯中国东西，西起新疆轮台县，东至上海市，途经新疆、甘肃、宁夏、陕西、山西、河南、安徽、江苏、上海、浙江10个省区市。干线总长3835km，支线全长2000km。管网覆盖110多个城市、3000多家大中型企业，近3亿人口从中获益，如图6.26所示。

西气东输工程管道干线管径1016mm，设计压力10MPa，设计年输气规模$1.2\times10^{10}m^3$，加压后年输气能力可达到180亿立方米，是中国管道建设史上距离最长、管径最大、管壁最厚、输送压力最高、技术最先进、施工条件最复杂的天然气管道。工程横贯中国，要穿越沙漠、戈壁、黄土高原，穿越长江、黄河、淮河三大水系，穿越地震断裂带和高强度地

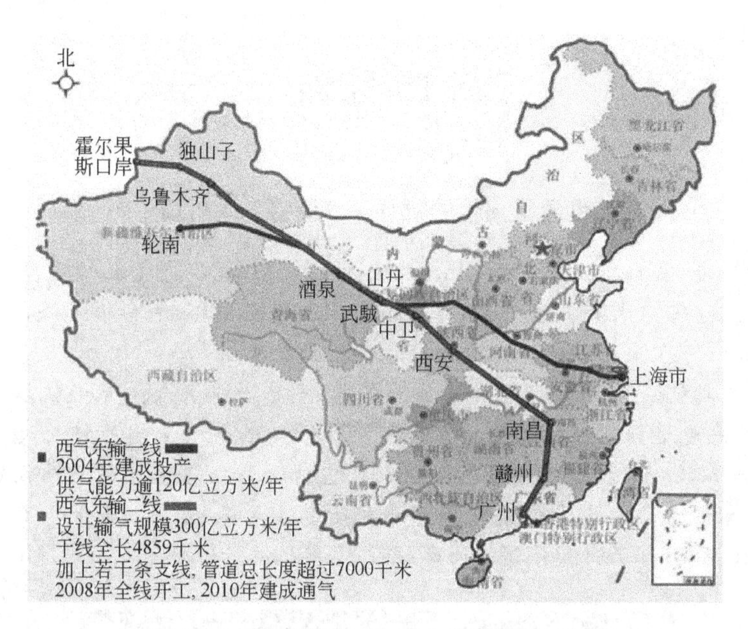

图 6.26 西气东输管道工程一线、二线工程图

震活动区，难度之大，世所罕见。

世界上第一条输气管道建于1872年，中国的第一条输气管道始建于1970年，整整落后西方100年。然而，西气东输管道的建设，使中国的管道建设水平一举提升为世界一流：4000km管道完全实现自动化控制，平均每10km约1人。同时，为了充分发挥西气东输管道的辐射作用，除建设4000km干道外，还将新建郑州—周口、焦作—新乡—安阳、定远—合肥、南京浦口—六合—仪征—扬州、南京—马鞍山—芜湖、常州—宜兴—湖州—杭州等支线，初步估算东输之气将覆盖东部地区8500万户居民生活用气。

2008年2月，作为国家“十一五”重大项目、全长9000余千米的西气东输二线工程在新疆、甘肃、宁夏和陕西同时开工建设。西二线工程外连中亚天然气管道，西起新疆霍尔果斯，南至广州、香港，东达上海，是中国第一条引进境外天然气的大型管道工程，设计年输气能力$3\times10^{10}m^3$，总投资约1422亿元。目前，西二线工程进展顺利，干线西段(霍尔果斯—宁夏中卫)、中卫—陕西靖边支干线及干线东段中卫至湖北枣阳、支线湖北枣阳至襄阳、枣阳至湖北黄陂已于2010年底建成投产；按照计划，2011年6月底干线东段(中卫—广州)及广东翁源—深圳支干线建成投产，2011年底全线贯通，图6.26为西气东输管道一线、二线工程示意图。

这条被誉为中国能源大动脉的西气东输管道，是西部大开发的标志性工程，它对促进国民经济增长、带动相关产业的发展，保障国家能源安全，促进管道沿线特别是长江三角洲地区能源结构、产业结构调整，改善大气环境，提高人民生活质量，建设资源节约型和环境友好型社会，具有重大意义。该工程于2000年2月正式启动，2002年7月管道全线开工。自2004年12月投入商业运营以来，输送的天然气占近5年中国新增天然气消费量的50%以上。截至2010年9月，西气东输管道累计安全运行2527天、累计分输天然气$8.2\times10^{10}m^3$。

阅读材料2

世界最繁忙的机场——亚特兰大机场

国际机场协会(Airports Council International)2011年3月发表的报告称，2010年亚特兰大机场的航空客户乘客流量为8930万人次，虽然较2009年有所降低，但仍比第二名的北京高出1500万人次，连续多年成为全球最繁忙的机场。

亚特兰大机场(见图6.27)，又称哈兹菲尔德-杰克逊机场或杰克逊机场，全称亚特兰大哈兹菲尔德-杰克逊国际机场。亚特兰大机场位于美国佐治亚州亚特兰大市中心南方约11km处。占地$5.8\times10^6ft^2$(约$5.39\times10^5m^2$)，占地面积位居世界第三，仅次于香港国际机场和曼谷国际机场。它是达美航空和穿越航空的主要基地。机场开通了亚特兰大到北美、拉丁美洲、欧洲、亚洲和非洲的国际航线。

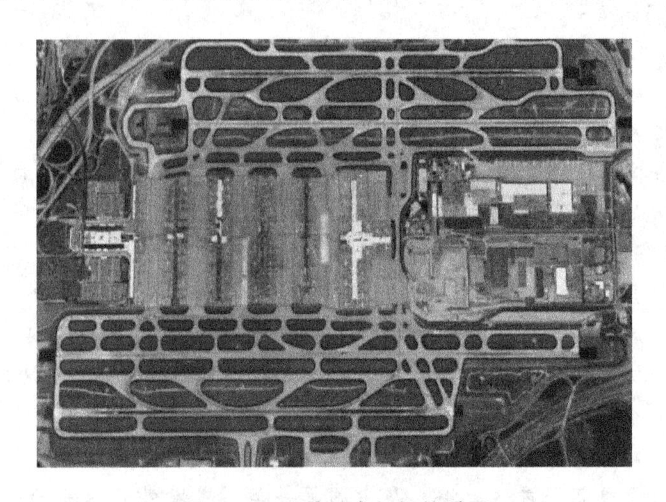

图6.27　亚特兰大机场俯瞰图

亚特兰大机场是一座24h不间断的机场，来自全世界的航空公司以此为重要枢纽。旅客可由此机场飞向全世界超过45个国家、72个城市及超过243个目的地(含美国)。亚特兰大为美国南部最大的都市，许多乘客选择搭乘国内线的班机到此(这样的乘客占所有乘客数目的比重高达57%)，然后转乘其他飞机到邻近的城市，使亚特兰大机场成为一个以转口为导向的机场，因此客流量极大。

亚特兰大机场以一个5年免租金的面积为287英亩($1.2km^2$)的废弃的汽车赛道起家。在二战期间，机场的规模扩大了一倍，并创下单日起降1700架次的记录，这使它成为就航班运行而言全国最繁忙的机场。

1961年5月，新的造价高达2千万美元，也是该国最大的终端开始投入使用，该终端的吞吐量超过600万人次/年。然而就在运行的第一年，新机场就突破了它的能力限制，当年有950万旅客从这里通过。在1967年，亚特兰大市政府和航空公司就亚特兰大机场的未来发展制定了一份长远规划。

1977年1月，在市长梅纳德·杰克逊的领导下，施工在中央终端区开始展开。这是美国南部最大的建设项目，耗资5亿美元。按照设计，它可以容纳高达5500万人次/年，占地$2.3\times10^5m^2$。

1999年，亚特兰大机场的管理层作出决定，提出了一个名为聚焦未来的计划。项目的初期预算为10年合计投资54亿美金，但是由于项目的延误和增加的建设费用，现在预计成本投入在90亿美金左右，其中包括一系列的建设计划，以实现到2015年达到年输送旅客12100万的远景目标。

第7章 桥梁工程

教学目标

本章主要讲述桥梁的基本概念和分类，以及几种常用桥型的结构和受力形式。通过学习本章，应达到以下目标：

(1) 掌握桥梁的概念和分类。

(2) 了解梁桥、拱桥、斜拉桥及悬索桥的基本构造。

(3) 掌握各种桥型的结构受力特征。

教学要求

知识要点	能力要求	相关知识
桥梁的分类与结构形式	(1) 了解桥梁的基本概念 (2) 掌握桥梁的分类 (3) 熟悉各种桥梁的结构形式	(1) 桥梁在交通线路的作用 (2) 桥梁的艺术意义 (3) 桥梁的战略价值
梁桥与拱桥	(1) 掌握梁桥与拱桥的基本构造 (2) 掌握梁桥与拱桥的结构受力形式	(1) 梁桥与拱桥的跨度、结构受力特征 (2) 国内外典型梁桥和拱桥实例
斜拉桥与悬索桥	(1) 掌握斜拉桥与悬索桥的基本构造 (2) 掌握斜拉桥与悬索桥的结构受力形式	(1) 斜拉桥与悬索桥的结构受力特征 (2) 国内外典型斜拉桥与悬索桥实例

基本概念

桥梁工程、梁桥、拱桥、桥墩、斜拉桥、悬索桥、吊桥、桥塔、桥台、主缆、吊索、加筋梁、锚碇、鞍座。

引例

中国第一座公铁两用大桥——钱塘江大桥

钱塘江大桥位于杭州市西湖之南的六和塔附近的钱塘江上(见图7.1)，是由著名科学家茅以升主持设计建造的我国第一座双层铁路、公路两用大桥。大桥横贯钱塘南北，是连接沪杭甬铁路、浙赣铁路的交通要道。大桥于1934年8月8日开始动工兴建，1937年9月26日建成，历时三年零一个月时间。

1937年12月23日，茅以升奉命对大桥实施爆破，只留下残存的桥墩。抗战胜利后，1948年5月，在茅以升的亲自主持下，又成功地修复了钱塘江大桥。

图7.1 钱塘江大桥

钱塘江大桥全长1453m，上层为公路桥，车道宽6.1m，两侧人行道各宽1.52m；下层为单线铁路。正桥18孔，跨度66m；桥下距水面10m，可通航。高10.7m的M形钢架连接铁路桥和公路桥，既分担了重力荷载，又增强了桥身整体性。钱塘江大桥的建成，粉碎了非洋人不能建造铁路桥的神话，成为中国建桥史上的一个里程碑。

桥是架在水上或空中以便通行的建筑物，是跨越障碍的通道。桥梁与人类生活密切相关。没有桥梁，人们的生活空间将大受限制。世界上许多著名城市是靠桥梁发展起来的。意大利威尼斯有450多座桥；德国汉堡有2000多座桥；我国绍兴有5000多座桥；首都北京仅城市道路立交桥就有200多座。桥梁既是功能性的结构物，同时又是一座立体的艺术品。

桥梁是交通工程中的关键性枢纽。自改革开放以来，中国的路(特别是高等级公路和城市道路)、桥建设得到了飞速的发展，对改善人民的生活环境，改善投资环境，促进经济的腾飞，起到了关键性的作用。

桥梁是一种功能性的结构物，但自古以来，人类从未停止过对桥梁美学的追求。很多桥梁都是令人赏心悦目的艺术品，它们具有鲜明的时代特征，如闻名遐迩的美国旧金山金门大桥、澳大利亚悉尼港桥、日本明石海峡大桥、中国苏通大桥，中国香港青马大桥等，它们都成为了本地城市的地标性建筑。

随着科学技术的进步和经济、社会等方面的发展，人们对桥梁建筑提出了更高的要求，桥梁将向着更长、跨度更大、结构更安全的方向发展。经过几十年的努力，中国的桥梁工程无论在建设规模上，还是在科技水平上，均已跻身世界先进行列。随着中国经济的发展各种功能齐全、造型美观的立交桥、高架桥，横跨长江、黄河等大江大河的特大跨度桥梁以及几十千米长的跨海湾、海峡特大桥梁如雨后春笋般涌现。

在20世纪桥梁工程的大发展基础上，描绘21世纪的宏伟蓝图，桥梁工程将有更大、更新的进步与发展。

7.1 桥梁的分类与结构形式

7.1.1 桥梁的分类

桥梁按其使用性质可以分为人行桥、公路桥、铁路桥、公铁两用桥、机耕桥、渡槽桥和管线桥等。根据《公路桥涵设计通用规范》(JTG D 60—2004)，桥梁按单跨L_K和多跨总长L分类可以分为涵洞($L_K<5$m)、小桥(5m$\leqslant L_K<$20m；8m$\leqslant L\leqslant$30m)、中桥(20m$\leqslant L_K<$40m；30m$<L<$100m)、大桥(40m$\leqslant L_K\leqslant$150m；100m$\leqslant L\leqslant$1000m)、特大桥($L_K>$150m；$L>$1000m)；按结构体系及其受力情况可划分为梁桥、拱桥、索桥3种基本体系，以及由这三种体系与其他基本体系或基本构件(塔、柱、斜索等)形成的组合体系；按桥身结构材料分为木桥、圬工桥、钢桥、钢筋混凝土桥和预应力混凝土桥等。

7.1.2 桥梁工程总体规划与设计要点

1. 桥梁工程总体规划

桥梁工程的规划贯彻安全、经济、适用和美观的原则。一般需要考虑以下要求。

(1) 使用上的要求。桥梁行车道和人行道应保证车辆和行人安全通畅，满足将来交通发展需要。桥型、跨度大小和桥下净空还应满足泄洪、安全通航和通车的要求。

(2) 经济上的要求。桥梁的建造应体现经济合理。桥梁方案选择时要充分考虑因地制宜和就地取材及施工水平等物质条件，力求在满足功能要求的基础上，使总造价和材料消耗最少，工期最短。

(3) 结构上的要求。整个桥梁结构及其部件，在制造、运输、安装、使用和维护过程中应具有足够的强度、刚度、稳定性和耐久性。

(4) 美观上的要求。桥梁应具有优美的外形，应与周围环境和景色协调。

2. 桥梁工程设计要点

(1) 桥位选址。桥位服从路线总方向的前提下，宜选河道顺直、河床稳定、水面较窄、水流平稳的河段。中小桥梁服从路线要求，而路线选择服从大桥的桥位要求。

(2) 确定桥梁总跨径和分孔数。综合过水断面、河床地质条件、通航要求、施工技术水平和总造价考虑。

(3) 桥梁纵横断面布置。根据桥梁连接的道路等级，按照有关规范确定。

(4) 桥梁选型。从安全实用、经济合理和美观等方面综合考虑。

7.1.3 桥梁的结构形式

1) 梁桥

梁桥即梁式桥，是最基本、最常见的桥梁，是一种在竖向荷载作用下无水平反力的结构体系。梁式桥受力的主要特点是桥梁上部结构的荷载垂直地传给支承，再由支承传给下部结构，两个支承之间的桥面必须承受非常大的弯矩力。梁桥具体又可分为简支梁、悬臂梁和连续梁。独立架设在两简支桥墩之间的梁式桥称为简支梁；对于多跨梁式桥，在桥墩处连续而不中断的称连续梁；在桥墩处连续而在桥孔内中断、线路在桥孔内过渡到另一根梁上的称为悬臂梁。

常用的简支梁的跨越能力有限，目前在公路上应用最广的是预制装配式的钢筋混凝土简支梁桥。这种梁桥的结构简单，施工方便，对地基承载能力的要求也不高，但其常用跨径一般在25m以下。当跨度较大时，需要采用顶应力混凝土简支梁桥，但跨度一般也不超过50m。悬臂梁和连续梁都能够有效地提高桥梁的跨距，它们利用增加中间支承以减少跨中弯矩，更合理地分配内力，加大跨越能力。悬臂梁采用铰接或一简支跨来连接其两个端头，为静定结构，受力明确，计算简便，但因结构变形在连接处不连续而对行车和桥面养护产生不利影响，近年来已很少采用。连续梁因桥跨结构连续，克服了悬臂梁的不足，是目前采用得较多的梁式桥型。

2）拱桥

拱桥是由拱圈或拱肋作为主要承载的结构。在竖向荷载作用下，拱的主要受力为轴向压力，但也受到一定的弯矩和剪力。支承反力不仅有竖向反力，同时也承受较大的水平推力。因拱是有推力的结构，对地基的要求较高，故一般宜建于地基良好之处。根据拱的受力特点，拱桥多采用抗压能力较强且经济合理的材料(混凝土、砖、石材等)和钢筋混凝土来修建拱桥。拱桥的跨越能力很大，外形也较美观，在条件许可的情况下，修建拱桥往往是比较经济合理的。

3）刚架桥

刚架桥是指梁与立柱刚性连接的桥梁结构。其主要特点：立柱具有相当的抗弯刚度，因此可分担梁部跨中正弯矩，达到降低梁高、增大桥下净空的目的。在竖向移动荷载作用下，梁部主要承受弯矩作用，柱脚处有水平推力，其受力状态介于梁桥与拱桥之间。刚架桥的立柱形式多半是直立的，但在建造跨越陡峭河岸和深水峡谷时，将其立柱做成斜腿刚架造型往往更加经济合理，刚架桥多为单跨或多跨的门形框架，柱底约束可以是铰结或固结。另外刚架桥有较好的抗震性能。

4）斜拉桥

斜拉桥是由梁、塔和斜索组成，它是将梁用若干根斜索拉在塔柱上而构成。在竖向荷载作用下，梁以受弯为主，塔以受压为主，斜索则承受拉力。梁体被斜索多点扣住，每根斜索就是一个代替桥墩的弹性支点。梁体在这样的多支点支承下，其荷载弯矩减小，梁体高度也因此降低，从而减轻了结构自重并节省了材料。另外，塔和斜索的材料性能也能得到较充分地发挥。因此，斜拉桥的跨越能力仅次于悬索桥，是近几十年来发展很快的一种桥型。斜拉桥是半个多世纪来最富于想象力和构思内涵最丰富的桥型，它具有广泛的适应性，一般来说，对于跨度从200～800m的桥梁，斜拉桥在技术上和经济上都具有相当优越的竞争力。但由于刚度问题，斜拉桥在铁路桥梁上的应用较为有限。

5）悬索桥

悬索桥主要由主缆、塔柱、锚碇、加劲梁和吊杆组成。在竖向荷载作用下，其主缆受拉，主缆锚固在两端的巨大锚碇中，主缆中巨大的拉力使锚碇处产生较大的竖向和水平反力。主缆通常是用高强度钢丝成股编制而成，加劲梁多采用钢格架或扁平箱梁，桥塔材料可采用钢筋混凝土或钢。悬索桥结构自重轻，是目前跨度最大的桥梁。但悬索桥的刚度小，在车辆荷载下其变形较大。因此其静力、动力稳定性应在设计过程中予以重视。

7.2 梁桥与拱桥

7.2.1 梁桥

梁桥是指在垂直荷载作用下，支座只产生垂直反力而无水平反力的结构，梁作为主要的承重结构，主要承受弯矩和剪力。公路或城市道路中建造的梁桥大多采用钢筋混凝土或预应力混凝土结构，统称为混凝土桥梁。混凝土桥梁具有造型简单、适合工业化施工、经济以及耐久性好等优点，特别是结合预应力技术的应用，使得混凝土桥梁得到了广泛的应用，这种桥梁现在已成为中国中小跨径桥梁的主要结构形式。图 7.2 所示为梁桥的结构形式简图。

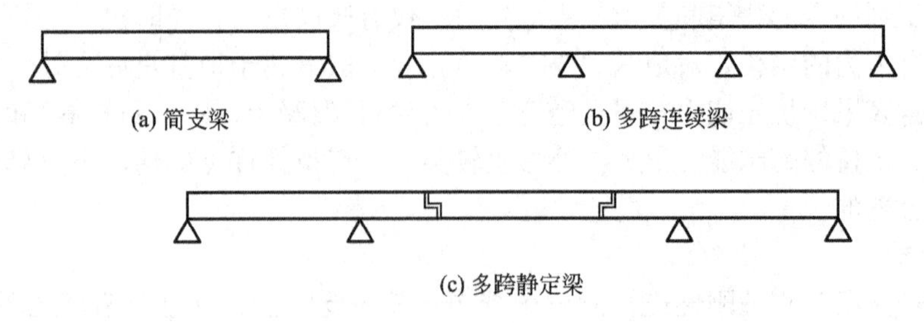

图 7.2　梁桥的结构形式简图

1. 混凝土梁桥的基本体系

混凝土梁桥的基本体系按其受力特征可分为简支梁桥、悬臂梁桥、连续梁桥、曲线梁桥和斜梁桥 5 种。图 7.3 所示为梁桥的组成简图。

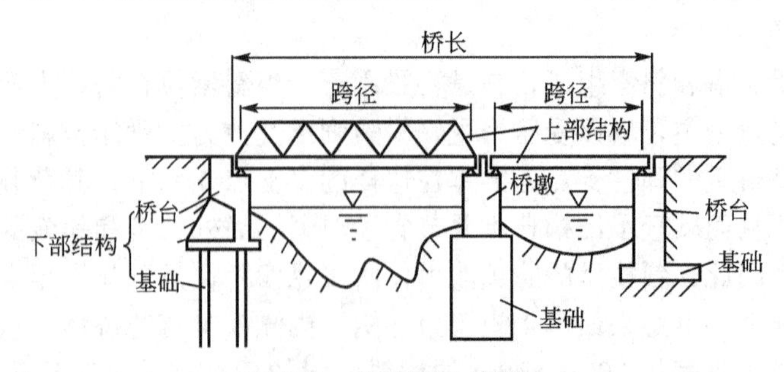

图 7.3　梁桥的组成简图

简支梁桥是结构受力和结构最简单的桥型，属于静定结构，在实际应用中较为广泛。简支梁桥的设计主要受跨中正弯矩的控制，钢筋混凝土简支梁的经济合理跨径在 20m 以下，预应力混凝土简支梁的合理跨径一般不超过 50m。中国目前预应力简支梁的标准设计最大跨径为 40m。简支梁桥一般用于小桥、大桥中的引桥及城市中的高架桥。

悬臂梁桥为边跨悬臂梁和中跨简支挂梁相组合的结构型式，也属于静定结构。悬臂梁桥支点截面处产生负弯矩，同等跨度下跨中正弯矩比简支梁桥要小，跨越能力较简支梁大，但小于连续梁。在构造上，主跨要增加悬臂与挂梁间的牛腿与伸缩缝构造，且牛腿处变形一般会较大、伸缩缝也易损坏，因此易导致行车不平稳，目前这种结构形式已较少使用。

连续梁桥属于超静定结构，在竖向荷载作用下支点截面处产生负弯矩。连续梁与同等跨径的简支梁相比，其跨中正弯矩显著减小，从而能较大提升其跨越能力。连续梁还具有结构刚度大、变形小、主梁变形挠曲线平缓、动力性能好及有利于高速行车等优点。但因连续梁是超静定结构，基础不均匀沉降将产生附加内力，因此，桥梁对基础的要求相对较高，适宜于地基较好的场合。

曲线梁桥的桥梁轴线在平面上是曲线，可采用单跨超静定曲线梁或(和)多跨连续曲梁的结构形式。城市立交桥中常采用钢筋混凝土曲线梁桥和预应力钢筋混凝土曲线梁桥。

斜梁桥的桥轴线与支承线的夹角不垂直，一般用于桥位地质条件限制或跨线桥中。

梁桥一般由桥面、桥台及桥墩与基础组成。桥面可采用整体现浇板或预制梁拼装等形式。桥台是连接两岸道路的路桥衔接构造物。桥墩与基础承担桥墩、桥跨结构的全部重量以及桥梁上的移动可变荷载，而且往往修建于江河流水中，受到水流沉降冲刷。故桥墩与基础一般比房屋基础规模大、施工遇到的难度大，需要考虑的问题也比较多。桥台既要承受支座传来的竖向力和水平力，还要挡土护岸，承受台后填土及其填土上荷载产生的侧向土压力。因此，桥台必须有足够的强度，并能避免在荷载作用下发生过大的水平位移、转动和沉降。

2. 梁桥的主要截面形式

混凝土梁桥的承重结构一般采用实心板、空心板、肋梁式及箱形截面 4 种主要截面形式，如图 7.4 所示。采用实心板和空心板截面的桥梁一般称为板桥。4 种截面形式中，实心板是最简单的构造形式，一般用于钢筋混凝土简支板桥和连续板桥；空心板截面是指在实心板的基础上，将内部截面进行挖空，减轻结构自重，以增大跨越能力，大多用于预应力混凝土或钢筋混凝土板桥；肋梁式截面，是在板式截面的基础上，将截面的某部分挖空，从而减轻结构自重，增加梁高与截面抗弯惯性矩。肋梁式截面有 T 型和工字型两种截面形式，T 型截面一般用于简支梁，工字型截面一般用于连续梁、悬臂梁和简支梁；箱形截面的挖空率最高，截面上缘的顶板与下缘底板混凝土能承受连续梁跨中截面正弯矩和支

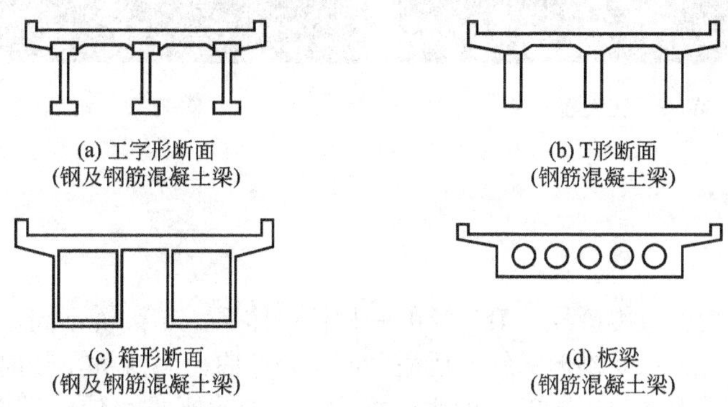

图 7.4 梁式桥常用断面形式

点截面负弯矩产生的压应力，抗弯能力强，又箱梁为闭口截面，抗扭惯性矩大，抗扭性能好，因而是大跨连续梁桥最适合的截面形式。

目前中国跨度最大的预应力混凝土连续梁桥为云南省的六库怒江桥(见图 7.5)，主跨为 154m，该桥采用 3 跨变截面箱形梁，箱梁为单箱单室截面，箱宽 5.0m，两侧各悬出伸臂 2.5m。支点处梁高 8.5m，跨中梁高 2.8m。

图 7.5　六库怒江桥

从结构是否合理和造型考虑，可设计成 V 型墩连续梁桥，这样可缩短跨径，降低梁高，减少支点负弯矩。南京长江大桥，主桥为公路铁路双层连续桁梁桥，其桥墩就是采用 V 型墩。主桥长度 1576m，加上两端的引桥，铁路桥长度为 6772m，公路桥长为 4588m，如图 7.6 所示。该桥是我国自行设计、制造、施工，并使用国产高强度钢材的现代化桥梁。九江长江大桥(见图 7.7)的桥墩也是采用 V 型墩，主孔采用刚性梁柔性拱组合体系，分跨为(180＋216＋180)m，是目前国内该桥型的最大跨径。其北侧边孔为两联 3×162m 连续钢桁梁，也是国内最大跨径。

图 7.6　南京长江大桥

图 7.7　九江长江大桥

7.2.2　拱桥

拱桥是世界桥梁史应用最早、最广泛的一种桥梁体系。与梁桥不同，拱桥将拱圈或拱肋作为主要承载结构，承受拱形的斜向压缩力而不是弯曲力。拱桥在竖向荷载作用下，两端支承除了有竖向反力外，还有较大的水平推力。这个水平推力使桥拱内产生轴向压力，并大大减少了跨中弯矩。图 7.8 所示为拱桥的基本组成，图 7.9 所示为受力示意图。

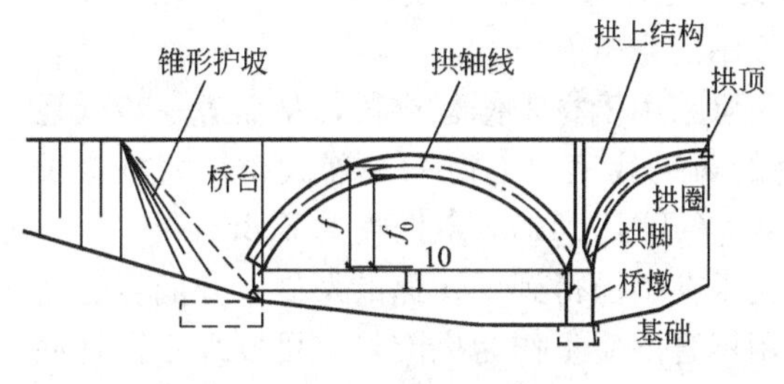

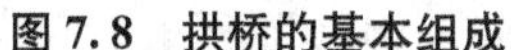
图7.8 拱桥的基本组成

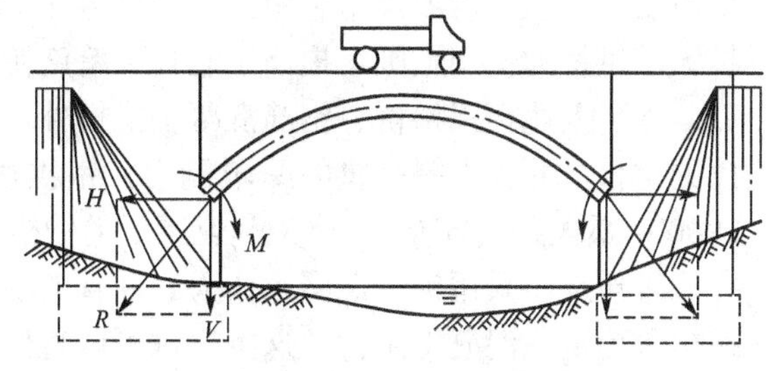

图7.9 拱桥受力示意图

1. 拱桥的主要类型

按照主拱圈的建造材料分类：圬工拱桥、钢筋混凝土拱桥、钢拱桥和钢—混凝土组合拱桥。

按照结构体系分类：简单拱桥、桁架拱桥、刚构拱桥(见图7.10)和梁拱组合桥。

图7.10 斜腿钢构拱桥

按照截面型式分类：板拱桥、混凝土肋拱桥、箱形拱桥、双曲拱桥、钢管混凝土拱桥和劲性混凝土拱桥。

按照桥面位置分类：上承式拱桥、中承式拱桥和下承式拱桥，如图7.11所示。

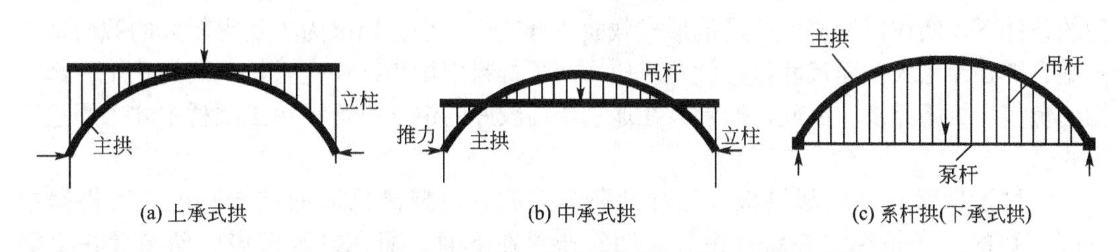

图7.11 上承式拱桥、中承式拱桥和下承式拱桥简图

由于拱桥是主要承受压力的结构，因而可以充分利用抗拉性能较差而抗压性能较好的圬工材料(砖、石料、混凝土等)来建造拱桥，这种由圬工材料建造的拱桥，称为圬工拱桥。圬工拱桥具有很多优点，如能充分做到就地取材、相比梁桥而言能节省钢材和水泥、跨越能力大、构造简单、承载潜力大、养护费用少等。但圬工拱桥也有对地基要求较高、施工时间较长、需要较多劳动力建造等缺点。

为减小拱的截面尺寸，减轻拱的重量，在混凝土拱中可配置受力钢筋，这样的拱桥称为钢筋混凝土拱桥。在钢筋混凝土拱桥中，截面中的钢筋可以承受大部分的拉应力和一部分的压应力。修建大跨度钢筋混凝土拱桥的关键是施工方法。过去长期采用的有支架或拱架施工法，但随着缆索吊袋施工、转体施工以及劲性骨架施工等无支架施工技术的发展，扩大了拱桥的使用范围，提高了它在大跨度桥梁中的竞争能力。

除了上述圬工拱桥、钢筋混凝土拱桥外，还可采用钢材来修建拱桥，从而进一步减轻拱的重量，并大大提高拱的跨越能力。钢拱桥的典型代表：上海的卢浦大桥，大桥全长3900m，最大跨度550m；澳大利亚悉尼港钢桁拱桥(见图7.12)，其跨度为502m。

近年来，采用钢管混凝土作为劲性骨架的技术在中国得到了快速的发展，我们将这类桥梁称为钢—混凝土拱桥。这类拱桥可以直接用钢管混凝土作为拱圈，也可以采用钢管混凝土劲性骨架作为施工承重的构架，并成为拱圈的组成部分。钢管混凝土的受力特征：管内混凝土受到钢管的约束，在承受轴力时处于三向受力状态，它能大大提高混凝土承压能力、使缆索吊装节段的重量较轻、浇筑混凝土方便等优点。世界上最大的钢管混凝土拱桥是中国重庆万县长江大桥(见图7.13)，跨度为420m。

图7.12　澳大利亚悉尼港钢桁拱桥

图7.13　重庆万县长江大桥

2. 主拱圈的横截面形式

主拱圈的横截面常用的有如下几种形式：板形拱、肋拱、双曲拱、箱形拱、钢管混凝土拱。

主拱圈采用矩形实体截面的拱桥称为板拱桥。其构造简单、施工方便，但在相同截面积的条件下，实体矩形截面比其他形式截面的抵抗弯矩小。如果为了获得较大的截面抵抗弯矩，则必须增大截面尺寸，这就相应地增加了材料用量和结构自重，从而加重了下部结构的负担，故不经济。因此，通常只在地基条件较好的中、小跨径圬工拱桥中才采用这种形式。

肋拱桥通常是在矩形拱板上增加几条纵向肋，以提高拱圈的抗弯刚度。若根据主拱圈弯矩的分布情况，在跨径中部，肋宜布置在下面，而在拱脚区段，肋布置在上面较为合理。它的优点是在用材不多、自重不大量增加的情况下，大大增加拱的抗弯刚度。

双曲拱桥主拱圈横截面是由一个或数个横向小拱组成，其主拱圈的纵向及横向均呈曲线形。这种截面抵抗矩较相同材料用量的板拱大，施工中可采用预制拼装，较之板拱有较大的优越性，但由于其截面划分过细，组合截面整体性较差等缺点，在建成后出现裂缝较多，一般用于中、小跨径拱桥。

箱形拱的外形与板拱相似，由于截面内部被挖空，使箱形拱的截面抵抗矩较相同材料用量的板拱大很多，故能较大地节省材料，减轻自重，对于大跨径拱桥则效果更为显著。又因它是闭口形截面，截面抗扭刚度大，横向整体性和结构稳定性均较好，所以特别适用于无支架施工，因此，国内外大跨径钢筋混凝土拱桥主拱圈截面大多采用这种截面形式。

钢管混凝土拱桥是指以内灌混凝土的钢管作为拱肋的拱桥。所谓钢管混凝土，就是在薄壁钢管内填充混凝土，形成钢管与混凝土两者共同工作的一种组合构件。钢管混凝土在受压时，其受力特征为三向受压，从而具有比普通钢筋混凝土大得多的承载能力和变形能力。钢管混凝土具有强度高、塑性好、耐疲劳、耐冲击等优点。

7.3 斜拉桥与悬索桥

7.3.1 斜拉桥

斜拉桥是一种桥面体系受压、受弯、支承体系受拉和受压的桥梁。这种桥梁结构型式在较早就已出现，只是由于受到当时科技水平的限制，斜索中所受的力很难计算和很难控制，加之缺乏高强度材料，所以一直没有得到发展和广泛应用。直到20世纪中期电子计算机的发明和高强钢材的制造解决了索力计算和材料问题，以及由于吊索装置的完善解决了索力控制问题，这种造型新颖的桥梁才快速发展。用高强钢材制成的斜索将主梁多点吊起，将其承受的荷载传递到索塔，再通过索塔传递给基础。斜索可充分利用高强度钢材的抗拉性能，又可显著减少主梁的截面面积，使得结构自重大大减轻，故斜拉桥可建成大跨度桥梁。因此，斜拉桥应用越来越广泛。

1. 结构组成

斜拉桥的基本承载构件是由主梁、斜索和塔柱3部分组成，将梁用若干根斜索拉在塔柱上，便形成斜拉桥，如图7.14所示。

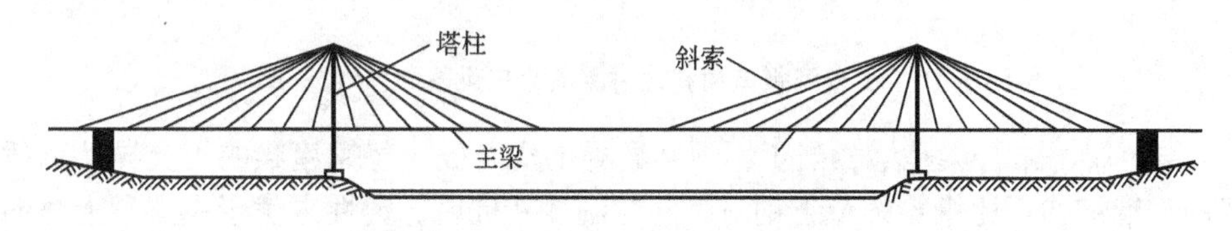

图7.14 斜拉桥的基本组成

1) 主梁

斜拉桥的主梁一般采用钢筋混凝土结构、钢—混凝土组合结构或钢结构。主梁的梁高与主跨比一般在1/50～1/200，当采用密索体系时，其高跨比可在1/200以下。主梁可采用钢梁、混凝土梁和结合梁，对于大跨度斜拉桥，一般采用钢梁或结合梁。主梁的截面形式有箱形。

(1) 钢箱梁。钢箱梁一般采用正交异性板，其典型截面分别如图7.15所示。

(2) 混凝土箱梁。混凝土箱梁作为斜拉桥的主梁，一般采用预应力结构，常为双向预应力结构，即纵向预应力和横向预应力。图7.16所示为山东滨州黄河斜拉桥的混凝土主梁截面。

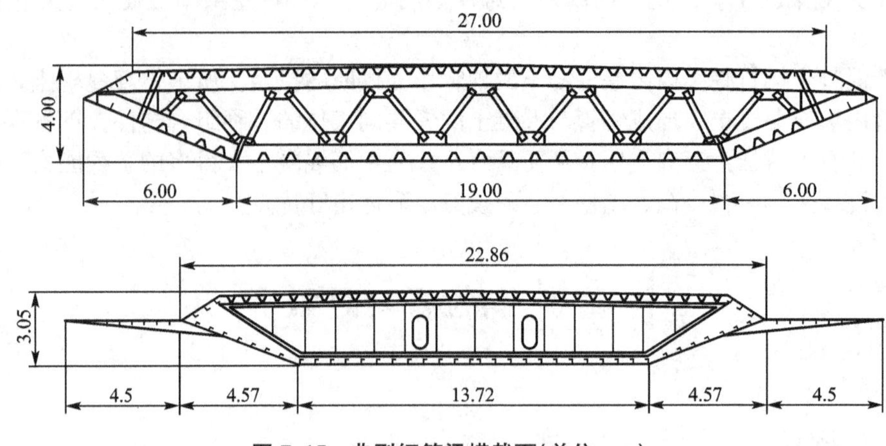

图 7.15　典型钢箱梁横截面(单位：m)

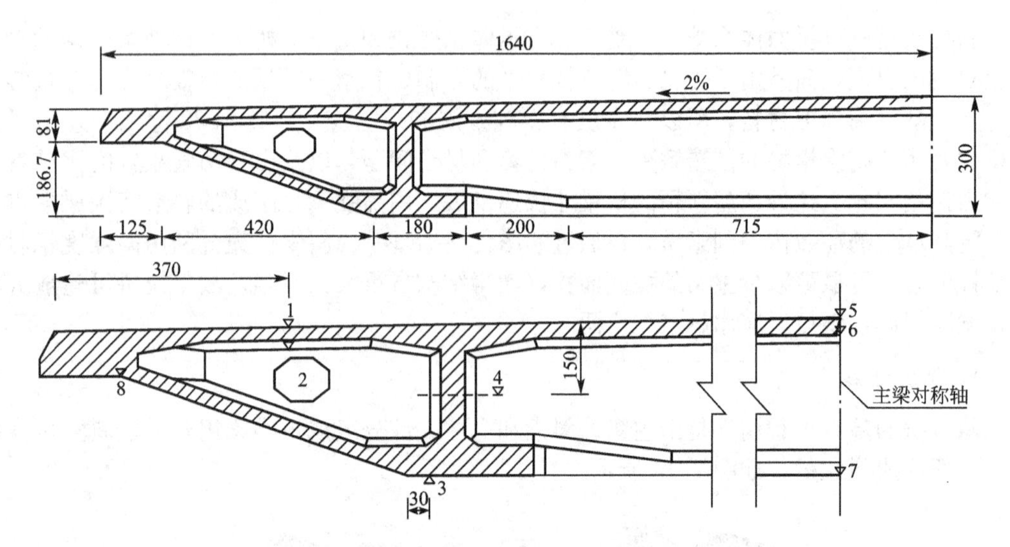

图 7.16　山东滨州黄河斜拉桥混凝土主梁截面(单位：cm)

(3) 结合梁。结合梁是梁相当于用预制混凝土桥面板代替钢箱梁的正交异性钢桥面板而形成的钢混结构，比钢箱梁节省钢材，同时刚度和抗风稳定性也优于钢梁。上海的南浦和杨浦大桥均采用结合梁主梁。图 7.17 为杨浦大桥的主梁截面。

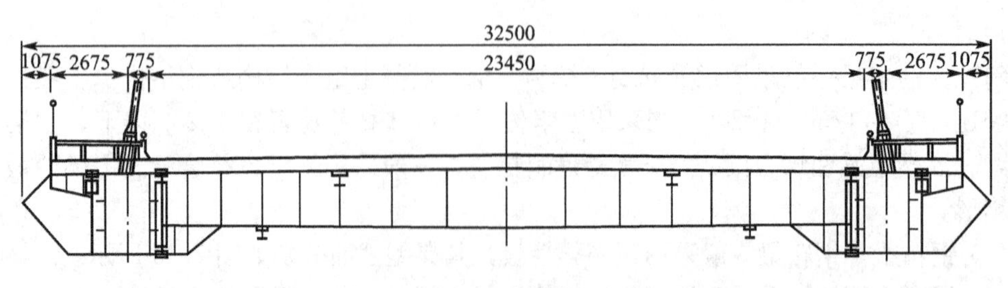

图 7.17　杨浦大桥结合梁截面(单位：mm)

(4) 混合梁。现代大跨度斜拉桥为了减少主跨内力和变形、减小或避免边跨端支座出现负反力，往往采用主跨大部分或全部分为钢梁，边跨采用混凝土梁的方案。这种布置除了可以节省钢材外，也特别适用于边跨与主跨比值较小的情况。例如，法国诺曼底桥、日本多多罗桥、武汉白沙洲长江大桥等。

2) 斜索

斜索又称斜拉索或拉索，是斜拉桥的主要受力构件，采用高强材料(高强钢丝或钢绞线)制成。与连续梁桥相似，斜拉桥的斜索是代替一个桥墩的(弹性)支点。而斜索的两端分别锚固在主梁和索塔上，将主梁的恒载、活载以及风载等传递至索塔，再通过索塔传至地基。因而主梁在斜索的支承作用下，其受力特征如同多跨弹性支承的连续梁一样，梁中的弯矩值得以大大降低，这样使得主梁截面尺寸大大减小，从而结构自重得以显著减轻，这样既节省了结构材料，又能大幅度地增大桥梁的跨越能力。斜索拉力产生的水平分力可以对梁产生预压力，从而可以增强主梁的抗裂性能，节约高强钢材的用量。此外，由于斜索拉力的方向与荷载相反，所以主梁的弯矩就能显著减小，挠度也相应有所减少，梁体的受力情况显然得到改善。

(1) 斜索种类。斜索种类主要有单根钢绞线、平行钢丝束、钢绞线束和封闭式钢缆，如图 7.18 所示。

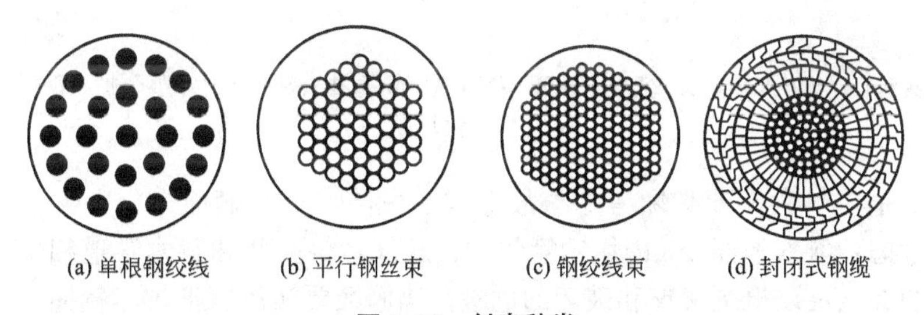

图 7.18 斜索种类

钢丝索是将若干根钢丝平行并拢、扎紧、穿入聚乙烯套管，在张拉结束后采用柔性防护即形成斜索。钢丝索适合于现场制作。

将若干根钢丝平行并拢，同心同向作 2°～4°扭绞，再用包带扎紧，最外层直接挤裹单层或双层聚乙烯套作为防护，就成为半平行索。其具有挠曲性能好，可以盘绕，具备长途运输条件，宜于工厂机械化生产，质量易于保证，因此正逐步取代纯平行钢丝索。钢丝索配用镦头锚或冷铸锚。一般采用 $\Phi5$ 或 $\Phi7$ 钢丝制作。

钢绞线索由多股钢绞线平行或经轻度扭绞组成，其标准强度可达 2000MPa。防护有两种形式：一种是将钢绞线穿入一根粗的聚乙烯管，然后采用柔性防护；另一种是将每一根钢绞线涂防锈油脂后挤裹聚乙烯套，再将若干根带有护套的钢绞线，穿入大的聚乙烯套管中，并压注柔性防护。集束后轻度扭绞得半平行钢绞线索。平行钢绞线索一般配用夹片锚具，先逐根张拉，建立初应力，然后整索张拉至规定应力。半平行钢绞线也可配用冷铸镦头锚。

封闭式钢缆是以一根较细的单股钢绞缆为缆心，逐层绞裹，断面为梯形的钢丝，接近外层时，绞裹断面为 Z 形的钢丝，相邻各层的捻向相反，最后得到一根粗大的钢缆。这种钢缆结构紧密具有最大的面积率，水分不易侵入，故称为封闭式钢缆。封闭式钢缆使用镀锌钢丝，绞制时还可以在钢丝上涂防锈脂，最外层再涂防锈涂料防护。封闭式钢缆配用热铸锚具，在工厂制作后盘绕运至工地。

(2) 斜索防护。斜索防护有临时防护、永久防护、锚具防护和事故防护等。

临时防护一般是钢丝镀锌，即将钢丝纳入聚乙烯套管内，安装锚头密封后喷防护油，并充氨气及涂漆、涂沥青膏等。

永久防护包括内防护和外防护，内防护防止斜索锈蚀，所用材料有沥青砂、黄油、防锈脂水泥浆和聚乙烯泡沫等；外防护保护内防护材料不致流出、老化，目前国内一般采用PE套管。

锚具防护是在管道和锚具之间的连接构造，必须防止雨水流入或汇集，如图7.19所示。

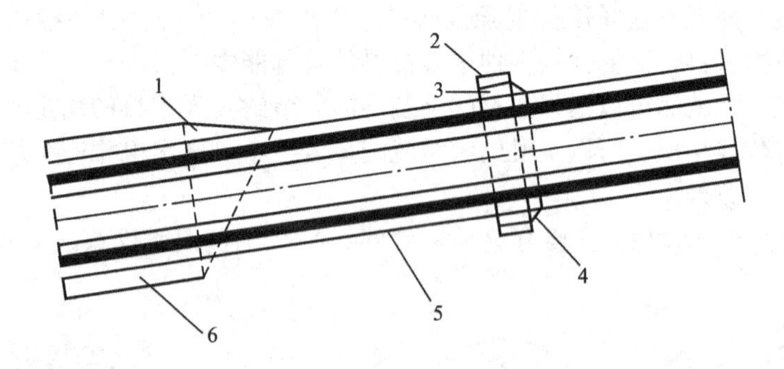

1—填料；2—防水层；3—绕斜索水密模塑；4—填塞物；5—斜索外层防护；6—锚环

图7.19　锚具防护

事故防护是在斜索设计必须考虑事故造成的危险，如车辆撞击、火灾、爆炸和破坏等，为此应考虑：斜索下部2m内用钢管防护，底部在桥面并和斜索管道相接；钢管的尺寸和锚固区的加强足以抵抗火灾和破坏的危险；锚固区要加强以抵抗车辆撞击；防护构件的替换不影响斜索本身，并尽量不影响交通。

(3) 斜索的纵向布置。斜索的纵向布置有辐射形、竖琴形、扇形和星形。

辐射形索，如图7.20所示，所有索上端均锚固于塔顶，大部分索与主梁的夹角较大，对梁产生的水平分力较小，而且长索所产生的柔性对结构抗震也有利。但对于大跨度桥而言，过多的索集中锚固在塔顶是比较困难的，故适于中等或中等偏大的斜拉桥上采用。

竖琴形索，如图7.21所示，其特点是给人以均匀、顺畅、清晰的视觉美感。但从经济和技术的角度，它并不是最佳的选择。

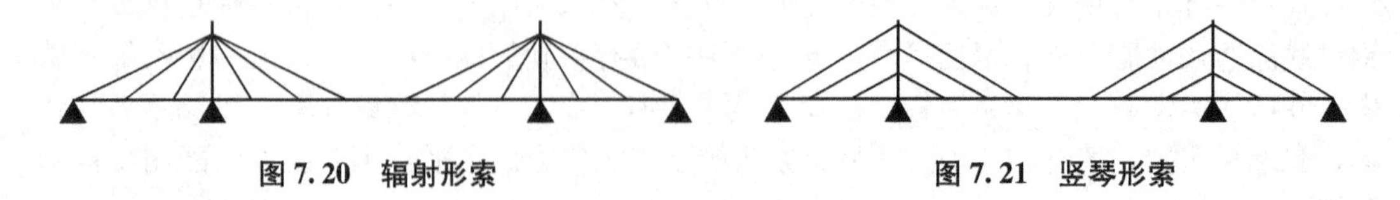

图7.20　辐射形索　　**图7.21　竖琴形索**

扇形索，如图7.22所示，扇形索介于平行索和辐射形索之间，综合平行索和辐射形索的特点。虽然视觉效果比平行索差，但比辐射形索易处理在塔上锚固问题，且斜索对主梁的支承效能变化不大，是大跨度斜拉桥比较理想的一种布索形式。

星形索，如图7.23所示，斜索在塔上的锚固是分开的，而在主梁上则集中在一个公共点上。这种布索方式不太适宜大跨度斜拉桥。

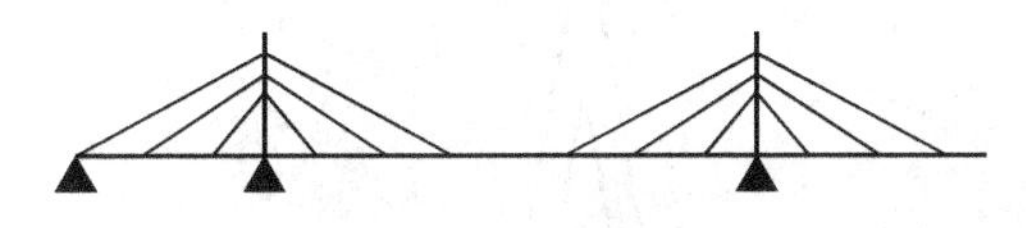

图 7.22　扇形索

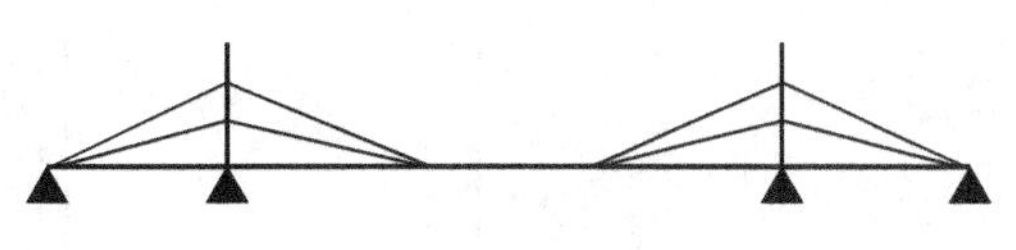

图 7.23　星形索

(4) 斜索的横向布置。斜索的横向布置形式主要有中心布索(单索面)、侧布索(双索面)和三索面 3 种体系，如图 7.24 中的(a)、(b)和(c)。单索面只能是中心布索，其整体视觉效果最佳。但桥面过宽时，该结构会产生很大的扭矩，故不宜采用。

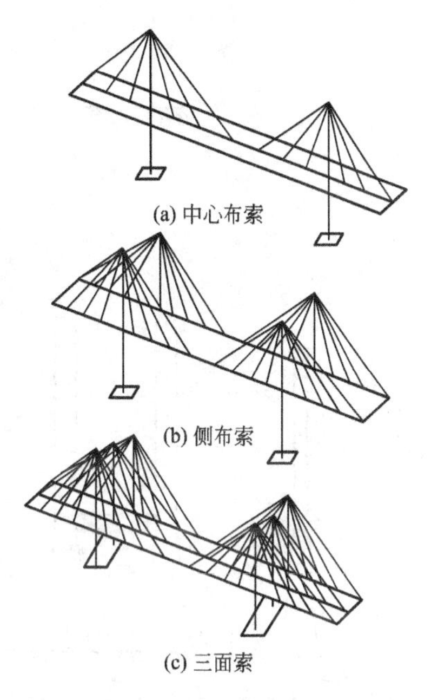

图 7.24　斜索横向布置

对于较大桥面宽度的斜拉桥，基本上都采用侧布索体系。当索塔横向采用双柱形、门形结构时，索面为竖直布置；当采用倒 Y 形、A 形及菱形索塔时，一般采用斜索面布置。

三索面体系能避免由于桥面过宽而产生的较大的横向弯矩，由于力学和美学的双重原因，很少采用，迄今为止只有我国武汉天兴洲公铁两用长江大桥的南汉主跨斜拉桥。

(5) 斜索减振。斜索在风、雨、雪等的作用下会产生振动。斜索的振动加速钢丝的疲劳，缩短其使用寿命；同时斜索振动对斜拉桥可靠性和稳定性也都很不利。因此，必须对斜索的振动予以有效减缓。

早期人们对斜索的防振是采用钢索或杆件将同一索面的各根斜索联系起来，使具有不同频率的各索在出现振动时互相干扰而达到抑制振动目的，其收效并不理想，并且影响斜索景观。后来，随着科技的进步，人们对斜索的振动成因的认识加深，逐渐采用黏弹性高阻尼衬套的方法阻碍斜索的振动，效果比较好。黏弹性高阻尼衬套构造简单，可隐蔽装在斜索钢套筒内，对斜索外观也无不良现象。不过，黏弹性高阻尼衬套对斜索安装精度要求较高，施工难度大。为此，人们采用“VSD”减振器与黏弹性高阻尼衬套相结合的方法来阻止斜索振动，如安徽铜陵大桥和江西湖口大桥斜索就是采用此法。此外，由湖南省交通设计院、香港理工大学、中南大学等单位共同开发研制成功的斜拉桥斜索减振动装置，已于 2002 年在岳阳洞庭湖大桥安装应用。这是世界上首次把磁流变阻器技术应用到斜拉桥上，能有效地消除大风暴雨对大桥产生的晃动，延长大桥的使用寿命，确保行车安全。

3) 塔柱

斜拉桥的塔柱又称索塔，索塔大都采用钢筋混凝土结构，也有采用钢结构的。

索塔的纵向布置，即顺桥向布置，其基本类型有单柱式、倒 Y 形、A 字形等，如图 7.25 所示。单柱式索塔纵向刚度一般较小，抵抗纵向弯矩的能力相对较低；而 A 字形和倒 Y 形索塔沿桥纵向的刚度较大，抵抗弯矩的能力也较大。采用何种索塔，应根据斜拉桥的跨度、斜索的形式等综合考虑。

索塔的横向布置主要有柱式、门式、A 形、倒 Y 形、菱形等，如图 7.26 所示。

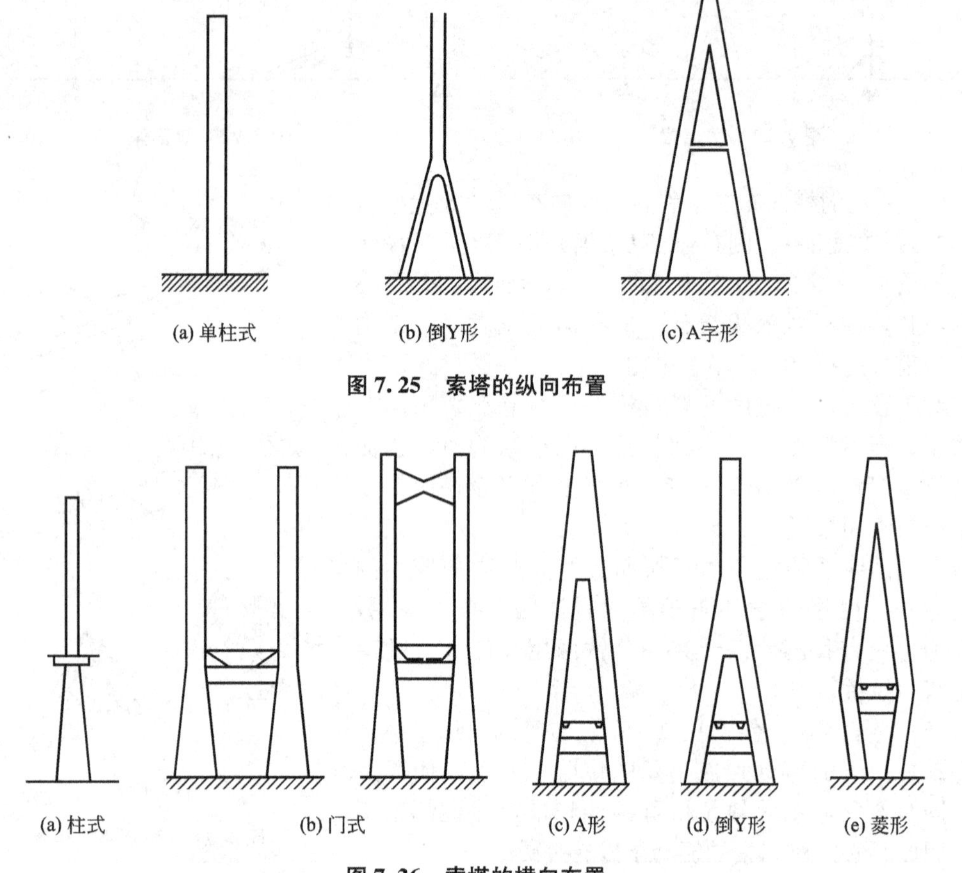

图 7.25　索塔的纵向布置

图 7.26　索塔的横向布置

柱式塔简单，但其刚度较小，适于单索面斜拉桥，而其主梁刚度则要求较大；门式塔横向刚度较大，可作为桥面宽度不大的双索面斜拉桥索塔；A 形和倒 Y 形以及菱形索塔的横向刚度均较大，适于大跨度斜拉桥。

索塔高度主要由斜索的倾角和主塔的工程量和施工难度等因素确定。研究和实践证明，双塔斜拉桥塔高与主跨之比一般在 0.18～0.25，独塔斜拉桥塔高与主跨之比在 0.30～0.45。

此外，主塔横向布置尚应考虑桥面行车的净空要求。

索塔除了满足斜拉桥安全、行车等功能条件要求外，还要考虑与环境协调的美学景观的视觉欣赏需求。具体选择应根据桥位处的地形地貌、城市建筑、人文环境等因素综合考虑。

斜拉桥在整体的构造上，从跨度大小要求以及经济等方面考虑，可以建成单塔式、双塔式或多塔式。通常的对称断面及对桥下净空要求较大时，多采用双塔式斜拉桥。斜拉桥作为一种斜索体系，比梁式桥有更大的跨越能力。由于斜索的自锚特性而不需要悬索桥那样的巨大锚碇，加之斜拉桥有良好的力学性能和经济指标，现在已成为大跨度桥梁主要的桥型之一，在跨径 200～800m 的范围内占据着优势。

4）斜拉桥的发展

世界上第一座大跨度斜拉桥是 1955 年在瑞典建成的施特勒姆大桥，主跨 183m，采用钢筋混凝土板和钢板梁的组合梁。此后，斜拉桥得到了快速的发展。1983 年，西班牙建造了跨径达 440m 的卢纳巴里奥斯钢筋混凝土斜拉桥；1986 年的加拿大安娜雪丝大桥，为一座叠合梁斜拉桥，主跨 465m；1999 年日本建成主跨为同类桥梁中当时居世界第一的多多罗大桥(见图 7.27)，其主跨为 890m。

中国第一座斜拉桥于 1975 年在四川云阳建成，其主跨为 76m。在经过 30 多年的飞速发展后，这种经济美观的桥梁在中国得到了充分的发展和推广，至今已建成各种类型斜拉桥中跨径大于 200m 的有 50 多座。多年来，中国在斜拉桥设计、施工技术、施工控制、斜索的防风、雨振等方面，积累了丰富的经验。1991 年中国在总结加拿大安娜雪丝大桥的经验基础上，建成了上海南浦大桥(主跨为 423m)；两年后，上海又建成了当时居世界第一的杨浦大桥(见图 7.28)，其主跨达 602m；2001 年建成的名列世界第三位的南京长江二桥钢箱梁斜拉桥(见图 7.29)(主跨 628m)；还有在 2008 年建成通车的江苏苏通大桥(见图 7.30)，是目前世界上主跨最大的斜拉桥，其主跨达 1088m，这也标志着中国有足够的能力建设斜拉桥。

图 7.27 日本多多罗大桥

图 7.28 上海杨浦大桥

图 7.29 南京长江二桥钢箱梁斜拉桥

图 7.30 江苏苏通大桥

7.3.2 悬索桥

悬索桥，又称吊桥，由塔架、悬索、吊杆、加筋梁、锚碇及鞍座等主要部件组成，如图 7.31 所示。塔架又称桥塔、主塔，是支承主缆的重要构件，悬索桥的全部活载和恒载以及加筋梁支承载塔上的反力，都将通过桥塔传递至下部的桥墩和地基；悬索又称主缆，是悬索桥的主要构件，除承受自身荷载外，主缆还通过吊杆来承担加劲梁的恒载以及作用在桥面上的活载，除此之外，主缆还承担横向风载，并将这些荷载传至桥塔；锚碇是用来锚固主缆的重要构件，锚碇将主缆中的拉力传递给地基。锚碇的方式有3种：重力式锚碇、隧道式锚碇和自锚式锚碇，而其中又以重力式锚碇(见图7.32)的应用最为广泛；吊杆又称吊索，是将活载和加筋梁等恒载传至主缆的构件，吊杆的布置有垂直式和倾斜式两种；加劲梁主要提供桥面和防止桥面发生过大挠曲变形及扭转变形。

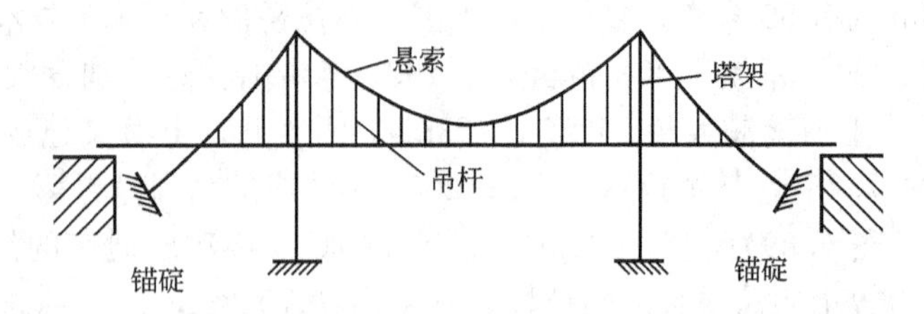

图7.31　悬索桥的结构示意图

图7.32　鹦鹉洲长江大桥重力式锚碇

悬索桥是由主缆和加劲梁构成的一种柔性悬挂组合体系，兼有索和梁的受力特点。在外荷载作用下，主缆与加劲梁共同受力，主缆主要承受拉力，梁主要承受弯矩。与其他桥型相比，悬索桥的刚度较低，振动的固有频率低，因此在设计时必须考虑到抗风稳定性。1940年7月美国塔可曼大桥(主跨853m)建成后仅4个月，在仅19m/s的风速作用下引起了强烈的振动和扭曲，从而导致桥梁坍塌。

悬索桥是特大跨径桥梁的主要形式之一，其造型优美、规模宏伟，人们常将它称为“桥梁皇后”。由于悬索桥可以充分利用各方面材料的强度，并具有用料省、自重轻等特点，因此悬索桥在各种体系桥梁中的跨越能力最大，跨径可以达到1000m以上。当跨径大于800m时，悬索桥方案具有很大的竞争力。

从19世纪末美国建成布鲁克林桥(主跨486m)开始，现代悬索桥至今已有120多年历史。20世纪30年代初，美国建成了乔治华盛顿桥(主跨1067m)，这使得悬索桥的跨度超过了1000m，1937年美国又建成了旧金山金门大桥(见图7.33)(主跨1280m)，这座宏伟的桥梁在以后的30年中一直是世界上跨度最大的桥梁。随着世界经济的快速发展，尤其从20世纪80年代～20世纪末，世界上修建悬索桥到了鼎盛时期，建成跨径大于1000m的悬索桥17座。世界著名的悬索桥有：20世纪60年代前后美国相继建成的麦基纳克桥(主跨1158m)、韦拉扎诺桥(主跨1298m)；80年代英国建成的亨伯大桥(见图7.34)(主跨1410m)；90年代丹麦建成的大海带桥(主跨1624m)、瑞典建成的滨海高大桥(主跨1210m)、日本建成的南备赞濑户大桥(主跨1100m，公铁两用)，日本于1998年建成的世界最大跨度的明石海峡大桥(主跨1991m)，这些桥梁都是悬索桥中的杰出代表。悬索桥跨径从20世纪30年代的1000m，在历经70多年的发展后，达到近2000m，这是一个重大突破，是世界悬索桥建设发展的见证。

图 7.33 旧金山金门大桥

图 7.34 英国亨伯大桥

中国在大跨度悬索桥建设方面虽然起步较晚，但是在近 20 年的发展中，悬索桥建设取得了丰硕的成果。首先，中国于 1995 年率先建成了汕头海湾大桥(主跨 452m)，其主跨位居预应力混凝土加劲悬索桥世界第一，相继又建成西陵长江大桥(主跨 900m)、宜昌长江大桥(主跨 960m)以及名列世界第五位的江阴长江大桥(见图 7.35)(主跨 1385m)，2005 年竣工的江苏润扬长江公路大桥南汊大桥，主跨为 1490m，为世界第三的大跨径悬索桥；不久前竣工的舟山西堠门跨海大桥，主跨 1650m，位居世界第二。目前中国悬索桥设计和施工水平已迈入国际先进水平行列。

图 7.35 江阴长江大桥

本章小结

桥梁是人工修建的跨越交通障碍的构筑物，是交通工程的枢纽。在梁、拱、索 3 种基本体系的基础上组合成了丰富多彩的桥梁结构体系。常见的桥梁结构形式有梁桥、拱桥、刚架桥、斜拉桥和悬索桥。梁桥的上部荷载由支承传给下部结构，支承的桥面弯矩大；拱桥在竖向荷载作用下主要承受轴向压力，支座主要以竖向反力和水平推力为主；刚架桥的立柱抗弯刚度大，可分担梁部跨中正弯矩；斜拉桥主要由梁、塔和斜索组成，梁以受弯为主，塔以受压为主，斜索则承受拉力；悬索桥主要由主缆、塔柱、锚碇、加劲梁和吊杆组成，主缆受拉，锚碇主要承受竖向和水平反力。

在 21 世纪，桥梁工程将有更大、更新的进步与发展。

思考题

7－1 简述桥梁的结构形式，并分析其受力特点。

7-2　混凝土梁桥的承重结构常见的结构形式有哪几种？分析其受力特点。

7-3　拱桥的主要类型有哪几种？请分析其各自的优缺点。

7-4　主拱圈的横截面形式有哪几种？请分析各自的优缺点。

7-5　分析斜拉桥的受力特点。

7-6　分析悬索桥的受力特点。

阅读材料1

赵州桥的设计者考证

赵州桥，又名安济桥(宋哲宗赐名，意为“安渡济民”)，位于河北赵县洨河上，是世界上现存最早、保存最好的巨大石拱桥，建于隋朝大业初年(公元605年左右)，距今已有1400多年历史。赵州桥是一座空腹式的圆弧形石拱桥，净跨37.02m，宽9m，拱高7.23m，在拱圈两肩各设有两个跨度不等的腹拱，如图7.36所示。

图7.36　赵州桥

赵州桥的设计构思和工艺的精巧，不仅在中国古桥是首屈一指，在世界桥梁史上也占据着重要的地位。据世界桥梁的考证，像这样的敞肩拱桥，欧洲到19世纪中叶才出现，比中国晚了1200多年。1961年3月4日，赵州桥被中国国务院列为全国第一批重点文物保护单位；1991年，美国土木工程师学会将赵州桥选定为第12个“国际历史土木工程的里程碑”。

那么这座古老的桥梁杰作是谁造成的呢？唐代张嘉贞所作的《安济桥铭序》一文中写到：“赵郡洨河石桥，隋匠李春之迹也。”张嘉贞在公元720年时为唐宰相，距赵州桥建成只有100年，故其所言当属有据。赵州桥在建成后，四方来者，赞叹不绝，现所存的碑刻、文献中，赞美之词千百年来层出不穷。

赵州桥的成功与其设计者和建造者李春的创造性是分不开的。首先他开创性地采用了圆弧拱形式，使石拱高度大大降低，赵州桥的拱高和跨度之比为1∶5左右。采用这样的设计实现了低桥面和大跨度的双重目的，桥面过渡平稳，车辆行人非常方便，而且还具有用料省、施工方便等优点。

另外，在赵州桥上的拱的两侧采用敞肩，这也是李春对实肩拱桥进行的重大改进。这种大拱加小拱的敞肩拱具有优异的技术性能，首先，可以增加泄洪能力，减轻洪水季节由于水量增加而产生的洪水对桥的冲击力。据计算4个小拱可增加过水面积16%左右，大大降低了洪水对大桥的影响，提高了大桥的安全性。其次，敞肩拱比实肩拱可节省大量土石材料，减轻桥身的自重，从而减少桥身对桥台和桥基的垂直压力和水平推力，增加桥梁的稳固。再次，增加了造型的优美，体现建筑和艺术的完整统一。最后，符合结构力学理论，敞肩拱式结构在承载时使桥梁处于有利的状况，可减少主拱圈的变形，提高了桥梁的承载力和稳定性。

赵州桥在建成后的1400多年内，经历了10次水灾，8次战乱和多次地震，特别是1966年3月8日邢台发生7.6级地震，赵州桥距离震中只有40km之多，桥梁所处地带震级接近5级，它都没有被破坏。著名桥梁专家茅以升说："先不管桥的内部结构，仅就它能够存在1300多年就说明了一切。"赵州桥是中国古代桥梁建造的精华，它代表了中国古代桥梁建造的最高水准，是中华民族智慧的象征。

阅读材料2

世界上最长的斜拉桥——中国苏通大桥

苏通大桥(见图7.37)位于江苏省东部的南通市和苏州市之间，是中国建桥史上工程规模最大、综合建设条件最复杂的特大型公路桥梁工程，是当今世界主跨度最大的斜拉桥。建成后获得了国际桥梁大会乔治·理查德森奖；2010年，在美国土木工程协会(The American Society of Civil Engineers，ASCE)举行的2010年度颁奖大会上，苏通大桥工程获得2010年度土木工程杰出成就奖，这也是中国工程项目首次获此殊荣。

图7.37　苏通大桥

苏通大桥前期工作经历了规划、预可、工可、初设和施工图设计等阶段。从1991年进行规划研究，至2003年6月开工，历时12年。2001年1月通过招标，确定中交公路规划设计院、江苏省交通规划设计院和同济大学组成的联合体中标承担跨江大桥初步设计。2003年6月27日正式开工建设；2007年6月18日合龙；2008年5月25日试运行；2008年6月30日正式通车。

苏通大桥全线采用双向6车道高速公路标准，计算行车速度南、北两岸接线为

120km/h，跨江大桥为100km/h。主桥通航净空高62m，宽891m，可满足5×10^4吨级集装箱货轮和4.8×10^4t船队通航需要。全线共需钢材约2.5×10^4吨，混凝土140万立方米，填方320万立方米，大桥计划建设工期为6年，实际建设工期5年，工程总投资约78.9亿元。

苏通大桥的建成创造了4项世界斜拉桥记录：斜拉桥主孔跨度1088m，居世界第一；主塔高度300.4m，居世界第一；斜索的最大长度577m，居世界第一；群桩基础平面尺寸113.75m×48.1m，居世界第一。

同时苏通大桥在建设过程中还通过了抗风、抗震、防船撞、防冲刷等技术考验，攻克了超大群桩基础设计与施工等百余项科研专题。该桥建设现场总工程师、总工室主任吴寿昌在接受采访时表示，由于采取了世界先进的消震设施，根据设计，一般情况下5万吨级海轮撞上桥墩，桥和船都不会有事。苏通大桥地处地震6度设防区，并非地震强度很大的地区，但一旦发生地震会对桥梁产生较大影响，因此该桥在规划设计时采取两阶段设防：确保在千年一遇的地震中安全无事；在2500年一遇的地震中不会倒塌，“通俗点说就是‘小震不坏，大震不倒’”。在防风设计上，苏通大桥可抗50m/s的风速，大桥结构可以满足75m/s的风速。换言之，苏通大桥在设计能力上可抗15级台风，主体结构可以抗18级特大台风。

已经通车的苏通大桥，为长江上的第165座大桥，在空间上是长江入海口最后一座。这座大桥是当今世界最大跨径的双塔斜索桥。其工程之艰巨，规模之浩大，技术之高精，代表着中国乃至世界桥梁建设的最高水平，美国国家地理杂志以《无与伦比的工程》为题，对苏通大桥作了专访与报道，其足以堪称“长江第一桥”。

阅读材料3

世界上最长的悬索桥——日本明石海峡大桥

日本明石海峡大桥(见图7.38)，为目前世界上跨度最大的悬索桥，位于日本本州岛与四国岛之间。桥梁主跨1991m，全长(960＋1991＋960)m，为三跨二铰加劲桁梁式悬索桥。大桥于1988年5月动工，1998年3月竣工。

图7.38 日本明石海峡大桥

明石海峡大桥是世界上第一座主跨超过1英里(合1609m)及1海里(合1852m)的桥梁。其两边跨也很长，每跨达960m，是目前世界上最长的边跨。两个主桥墩海拔297m，桥墩基础直径80m、水中部分高60m，是世界上最高的桥塔。用钢桁式加劲梁，横截面尺寸为35.5m×14.0m。其梁高比其他任何一座悬索桥都高。明石海峡大桥按可以承受里氏8.5级强烈地震和抗150年一遇的80m/s的暴风的标准设计。

桥面设有双向6车道，通航净空高为65m。该桥2根主缆直径均为1122mm，每条长约4000m，由290根细钢缆组成，重约5×10^4t，为世界上直径最大的主缆；主缆钢丝的极限强度为1800MPa，也是世界纪录。主缆由预制平行钢丝束组成，这项工艺也适用于同样规模的悬索桥。牵引钢丝由直升飞机牵引跨越明石海峡，这是世界上首次应用的新工艺。

明石海峡大桥是世界上最高、最长、造价最昂贵的悬索桥。桥梁总造价5000亿日元(合43亿美元)。它将日本本土的繁忙都市——神户与日本南部的淡路岛紧密连接了起来。但是，建造这座大桥的最初构想并不乐观。一方面，它需要穿越台风走廊，因此必须要经受住风速为290km/h的台风的袭击。另一方面，它不仅要横跨世界上最繁忙、最危险的航道，还要经过一个世界主要地震地带的中心。所有这一切使得建设工程迟迟都难以开工，但是最终一场灾难(“日云号”事件)推动了这一项目的进行。尽管如此，建设工程中也是困难重重，首先是桥基的选择地点就让设计人员大伤脑筋，其次是支撑整座桥梁的钢缆的问题，再次是混凝土的问题，建设工程问题可谓层出不穷。更糟糕的是，一场出乎意料的地震使建设工作面临停顿的危险。

1995年1月，日本神户地区发生里氏7.2级地震，造成6000多人死亡。震中位于明石海峡大桥南端，距大桥仅4km。明石海峡大桥经历了一次严峻的抗震检验，因为桥址处的震级接近里氏8级，当时在距该桥50km远的桥梁与建筑大部分都发生倒塌。地震发生时，该桥刚刚完成桥塔与主缆施工工作，开始架设加劲梁。但该桥在阪神地震中仅有微小损坏。由于地面运动，两塔基础之间的距离增加了80cm，桥塔顶倾斜了10cm，使主跨增加了近80cm，从而接近于1991m。

明石海峡大桥的开通加快了沿线东濑户地区的人员往来和物资流通，加快了沿线旅游业的发展。根据估算，明石海峡大桥每天通车3万辆次，每年对周围地区可能带来将近1500亿日元的经济利益。

第8章
港口工程

教学目标

本章主要讲述港口的规划过程，简要介绍了码头的分类以及几种码头的不同构造形式。通过本章学习，应达到以下目标。

(1) 了解港口的规划过程及其对城市发展的作用。

(2) 熟悉码头的平面布置。

(3) 熟悉码头的结构及其适用范围。

教学要求

知识要点	能力要求	相关知识
港口规划与布置	(1) 了解港口的整体布置与规划 (2) 了解港口工程的可行性研究过程	港口工程在经济发展中的作用
码头建筑	(1) 了解码头的平面布置形式 (2) 熟悉几种常见码头的结构形式	(1) 各种码头平面布置形式的适用范围 (2) 几种常见码头构造形式的特点

基本概念

港口、码头、吞吐量、防波堤、航道、港池、锚地、泊位。

引例

漕运码头今安在

京杭大运河开凿至今已有2500余年历史，唐宋时期，漕运开始成为大运河的主要功能，元明清是漕运的鼎盛时期，仅运至京城的漕粮每年就达四五百万石之巨。此外，南方的茶叶丝绸，北方的皮货棉织品也通过这条南北大动脉源源不断地相互运送。作为大运河北端漕运码头(见图8.1)的通州，便成了漕粮仓储重地、物资交流中心、南北航运的集散地，同时也成了海纳百川的文化交流平台。其繁荣程度一时无两。

漕运，是中国历史上一项重要的经济制度，在中国漫长的封建王朝中，漕运是维系其经济命脉的重要事务，对推动国家的政治、经济和文化的发展产生了无可估量的作用。正如傅若金《直沽口》中所描绘的："远漕通诸岛，深流会两河。鸟依沙树少，鱼傍海潮多。转粟春秋入，行舟日夜过。兵民杂居久，一半解吴

图 8.1 漕运码头

歌。”漕运因水而生，如今漕运码头已繁华不在，却千里流行，于记忆间沉淀为永恒的文化基因。

港口是综合运输系统中水陆运输的重要枢纽，通常是铁路、公路、水路等运输方式的汇集点。港口有一定面积的水域和陆域供船舶出入和停泊，是货物和旅客集散并变换运输方式的场地，是为船舶提供安全停靠、作业的设施，并为船舶提供补给、修理等技术服务和生活服务。

中国约有 18000km 大陆海岸线，拥有大小岛屿 6500 多个，岛屿岸线约 14000km，同时，中国江河众多，因此发展水运和建设港口的条件十分优越。改革开放后，中国港口建设飞速发展，中国现有港口 6000 余个，沿海主要港口吞吐量超过 8×10^8t，万吨级以上泊位的港口近 500 座，如上海港(见图 8.2)。中国在建的嵊泗县洋山港(见图 8.3)，建成后将与中国现有的最大港口上海港组成世界上最大的港口。

图 8.2 上海港

图 8.3 洋山港

港口建设投资规模大、周期长、关联问题多，因此在规划和建设前要进行详细全面的分析调查。港口规划是国家和地区国民经济发展规划的重要组成部分，作好不同阶段的港口发展规划和港口布置，是进行港口建设前期工作的主要内容。

8.1 港口规划

港口规划是港口建设的重要前期工作。规划涉及面广，关系到城市建设、铁路公路等线路的布局。规划之前要对区域内经济和自然条件进行全面的调查和必要的勘测。规划一般分为港口的总体规划、布局及港口工程的可行性研究。

8.1.1 港口总体规划

港口建设地点的选择是在港口布局的基础上进行的，是总体规划中的重要一环。根据港口生产规模、进港船型、远景发展，结合当地地形、水文气象、交通等条件，从经济、军事和技术等方面进行全面分析后确定。港址的确定是一项复杂的工作，港址选择的合适与否将直接影响到港口后期各方面工作的开展。

在进行好选址工作后，需进行港口总体的规划。港口总体规划是一个港口建设发展的具体规划，根据远、近期客货吞吐量、货物种类及其流向，在经过详细的分析论证后，提出港口发展建设的分区、分期、分阶段的具体安排。根据港口客货规划吞吐量、货物种类、流量流向和进港船型，对港口的航道、港池、锚地、码头、仓库、公铁路运输及装卸工艺等整套设施，进行合理设计，使其成为一个统一的整体。这样使港口设施在工作时能合理、高效、经济地运行。

一个港口每年从水运转陆运和从陆运转水运的货物数量总和，称为该港的货物吞吐量，它是港口设计规划的基本指标。在港口锚地进行船舶转载的货物数量应计入港口吞吐量。港口吞吐量的预估是港口规划的核心。港口的规模、泊位数目、库场面积、装卸设备数量以及集疏运设施等皆以吞吐量为依据进行规划设计。

港口的规划需考虑到近期规划和远景规划，因此在进行港口规划时远景货物吞吐量也是一项必须考虑的因素。远景货物吞吐量是指在远景规划年度进出港口货物可能达到的数量。为了得到这个指标，需要调查研究港口腹地的经济和交通现状及未来发展规划，以及对外贸易的发展变化趋势，从而确定规划年度内进出口货物的种类、包装形式、来源、流向、年运量、不平衡性、逐年增长情况以及运输方式等；有客运的港口，同时还要确定港口的旅客运量、来源、流向、不平衡性及逐年增长情况等。

8.1.2 港口总体布局

1. 港口的组成

一个完整的港口包括水域部分和陆域部分。水域部分由进港航道、港池和锚地组成。若水域掩护不良，则需建造防波堤。陆域部分通常有码头、仓库、堆场、港区铁路与道路、装卸和运输机械以及其他各种辅助设施和生活设施，如图 8.4 所示。

港口水域部分是指港界线以内的水域面积，使船舶能安全地进出港口、靠离码头和稳定地进行停泊和装卸作业。港口水域主要包括码头前水域、进港航道、船舶转头水域、锚地以及助航标志等几部分。码头前水域(或称港池)是码头前供船舶靠离和进行装卸作业的水域。码头前水域内要求风浪小，水流稳定，具有一定的水深和宽度，能满足船舶靠离装卸作业的要求。进港航道是船舶进出港区水域并与主航道连接的通道，一般设在天然水深良好，泥沙回淤量小，尽可能避免横风横流和不受冰凌等干扰的水域。其布置方向以顺水流成直线形为宜。船舶转头水域又称回旋水域，是船舶在靠离码头、进出港口需要转头或改换航向时而专设的水域。其大小与船舶尺度、转头方式、水流和风速、风向有关。锚地是专供船舶(船队)在水上停泊及进行各种作业的水域，如装卸锚地、停泊锚地、避风锚地、引水锚地及检疫锚地等。装卸锚地为船舶在水上过驳的作业锚地；停泊锚地包括到离港锚地、供船舶等待靠码头、候潮和编解队(河港)等用的锚地；避风锚地指供船舶躲避风浪时的锚地，小船避风须有良好的掩护；检疫锚地为外籍船舶到港后进行卫生检疫的锚地，有时也和引水、海关签证等共用。

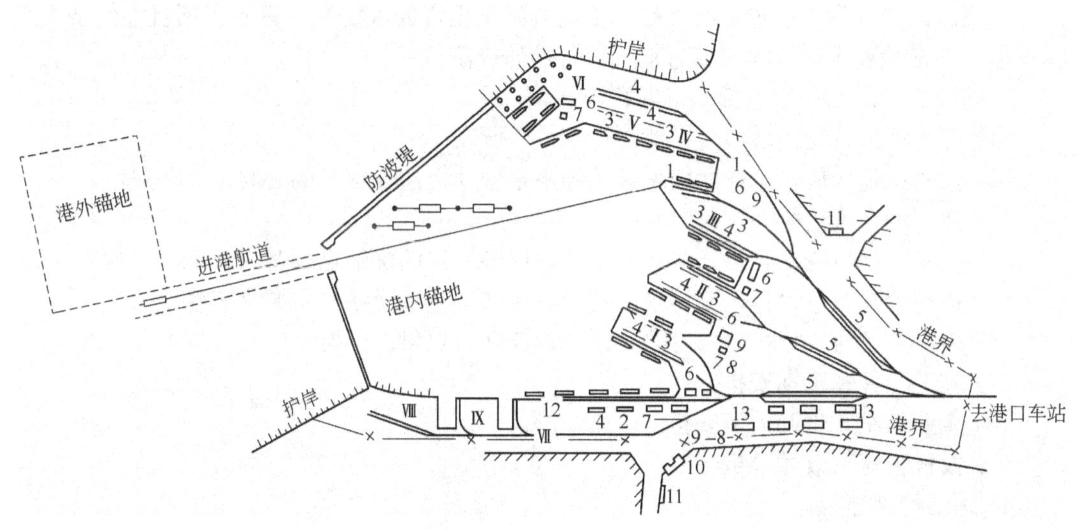

1—导航标志；2—港口仓库；3—露天货场；4—铁路装卸线；5—铁路分区调车场；6—作业区办公室；7—作业区工人休息室；8—工具库房；9—车库；10—港口管理局；11—警务室；12—客运站；13—仓储库。
Ⅰ—杂货码头；Ⅱ—木材码头；Ⅲ—矿石码头；Ⅳ—煤炭码头；Ⅴ—矿物建筑材料码头；
Ⅵ—石油码头；Ⅶ—客运码头；Ⅷ—工作船码头及航修站；Ⅸ—工程维修基地

图 8.4 港口的组成

港口陆域部分是港界线以内的陆域面积，一般包括装箱作业地带和辅助作业地带两部分，并包括一定的预留发展地。装卸作业地带布置有仓库、货场、铁路、道路、站场、通道等设施；辅助作业地带布置有车库、工具房、变(配)电站、机具修理厂、作业区办公室、消防站等设施。

2. 港口的总体布局

港口的总体布局包括码头的布置，水陆域面积的大小，库场与码头泊位的相对位置，作业区的划分以及港内交通线路的布置等，港口总体布置合理，不仅能充分利用港区的自然条件，避免大量的工程填方，减少外堤长度，保证最小的建筑工程量和最经济的费用，而且能使船舶方便安全的进出港区、进行作业。水陆连接线路在港内若连接良好，使港口与内陆和城市有利于交通联系，这样就会使港口的流通性更加顺畅，从而提高港口的利用率。港区布置不合理，不仅会造成船舶在港内作业过程中多次移泊，而且有可能造成作业环节相互干扰，进而影响到装卸效率，限制港口的通过能力。

8.1.3 港口工程可行性研究

港口工程可行性研究，是指从各个方面研究其规划实施的可能性。其主要内容是通过全面的调查研究和必要的勘探、测量等工作，进行技术、经济论证，为确定拟建工程项目方案是否值得投资提供科学的决策依据。

可行性研究一般分为两个阶段，即初步可行性研究和工程可行性研究。对于小型的并不复杂的港口工程，也可以直接进行工程可行性研究。初步可行性研究，是项目建议书和工程可行性研究之间的中间阶段，在此阶段，需对不同的方案作出粗略的分析、比较，以便初步确定最佳方案。初步可行性研究更应着眼于投资的可能性。只有当项目在经济方面没有值得怀疑的地方时，才可越过初步可行性研究阶段。

工程可行性研究一般包括以下内容。

(1) 现状评价，指出现实生产能力“瓶颈”所在。

(2) 预测运量发展，论述运输发展的经济合理性及建设项目的必要性和紧迫性。

(3) 建设的合理规模。

(4) 技术可行性论证，提出推荐方案，论证各方案的优缺点及其对环境的影响。

(5) 进行全面布置设计，确定项目范围、装卸工艺和设备、主要水工建筑物。

(6) 解决“三通”(水、电、路)，征地拆迁和建材供应问题。

(7) 施工条件和工期安排。

(8) 企业组织管理和人员安排。

(9) 投资估算及效益分析。

(10) 结论及建议。

可行性研究是确定工程项目是建设还是放弃(或暂缓)的重要科学依据，也是限定工程项目规模大小、建设周期、资金筹措等重要问题的主要依据，是工程项目前期工作的核心，因此必须以调查研究为基础，采用科学的方法，尊重客观实际，实事求是，使可行性研究确实起着“把关作用”，使项目投产后能达到预期的效果，减少投资风险。应特别注意，可行性研究结果包括“可行”与“不可行”两种可能。有时得出“不可行”的结论，也是一次成功的可行性研究。

8.2 码头建筑

码头是供船舶停靠、装卸货物和上下旅客的水工建筑物的总称。码头一般采用直立式，便于船舶停靠和机械直接开到码头前沿，以提高装卸效率。

码头按照平面布置分为顺岸式码头、突堤式码头、挖入式码头、开敞式码头和墩式码头等；按照用途分，有一般件杂货码头、专用码头(渔码头、油码头、煤码头、矿石码头、集装箱码头等)、客运码头、供港内工作船使用的工作船码头以及为修船和造船工作而专设的修船码头、舾装码头。

8.2.1 码头平面布置形式

码头的平面布置根据岸线自然条件及作业条件等因素可分为以下几种常见形式。

1）顺岸式

这种形式码头的前沿线与自然岸线大体平行，在河港、河口港及部分中小型海港中较为常用。其优点是陆域宽阔、疏运交通布置方便，工程量较小，如图 8.5 所示。

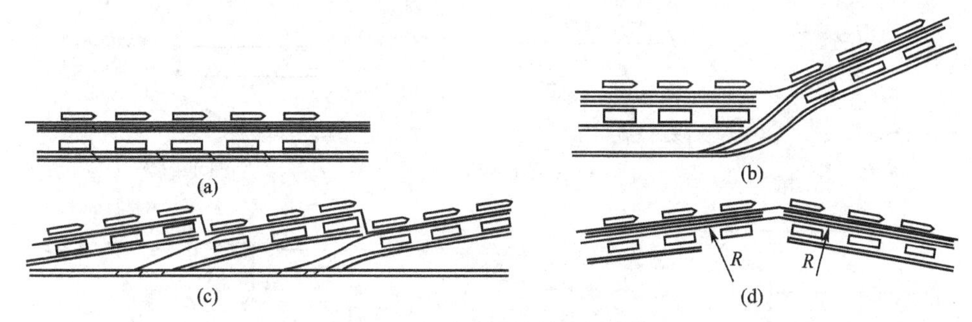

图 8.5 顺岸式码头的布置形式

2）突堤式

突堤是一个整体结构，突堤码头又分窄突堤和宽突堤(两侧为码头结构，当中用填土构成码头地面)。码头的前沿线布置成与自然岸线有较大的角度，如青岛、天津、大连等港口均采用了这种形式。其优点是布置紧凑，在有限的水域范围内可建较多的泊位，其不足是突堤宽度有限，不方便作业。为了解决这种问题，往往采用突堤式与顺岸式结合布置，如图 8.6 所示。

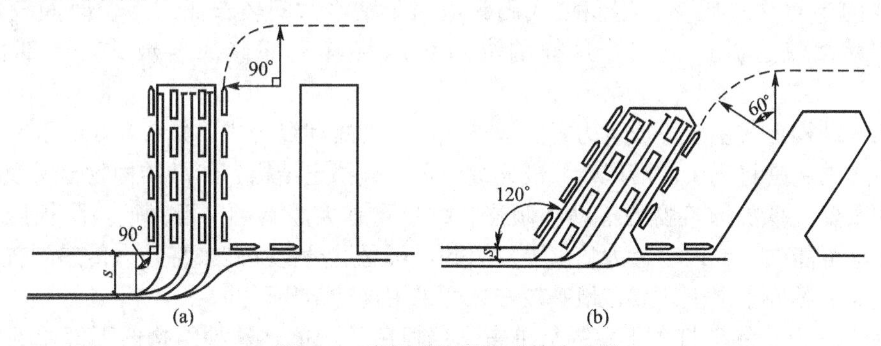

图 8.6 突堤式与顺岸式结合布置

3）挖入式

港池由人工开挖形成，在大型的河港及河口港中较为常见，如德国汉堡港、荷兰的鹿特丹港等。挖入式港池布置，也适用于泻湖及沿岸低洼地建港，利用挖方填筑陆域，有条件的码头可采用陆上施工。中国的唐山港和日本鹿岛港就属这种类型。

4）开敞式

这种形式的码头一般布置在离岸较远的深水区，无防波堤或其他天然屏障掩护。随着船舶大型化和高效率装卸设备的发展，外海开敞式码头已被逐步推广使用，这种码头主要用于大型液货(如原油)和大型散货船的泊靠。

5）墩式

墩式码头又分为与岸用引桥联系的孤立墩或用梁桥联系的连续墩。

8.2.2 码头断面形式

码头按照前沿的横断面形式可分为直立式、斜坡式、半直立式、半斜坡式和多级式，如图 8.7 所示。

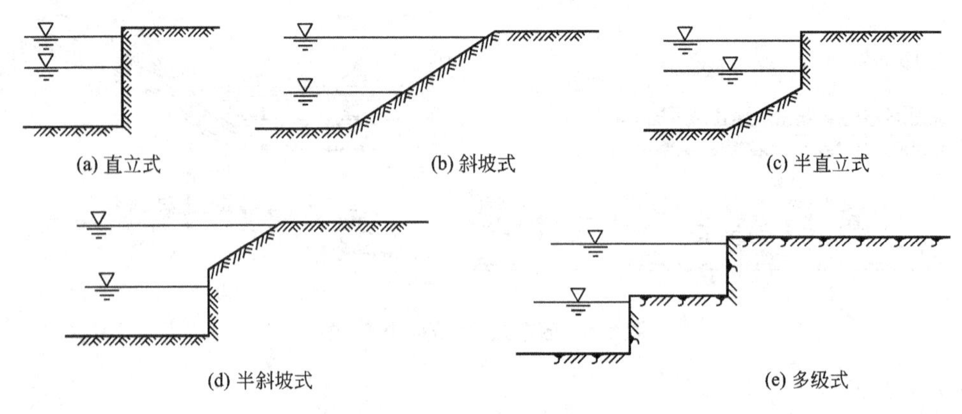

图 8.7 码头断面形式

当海港、河港等水位较深且变化不大时常采用直立式码头，这种码头停泊大船；在适用的情况下，对于天然河流的上游和中游港口，其水位变化较大，一般采用斜坡式码头；对于高水时间较长河港或水库港，可在低水位部分修成斜坡式而在高水位部分修成直立式的半直立式码头；半斜坡式码头适用于枯水时间较长而高水位时间较短的情况，如天然河流上游的港口，这样的港口可以将其上部修成斜坡式，下部修成直立式。

码头按结构形式主要分成重力式、板桩式、高桩式和混合式，如图 8.8 所示。

重力式码头是将码头前沿岸壁修成连续的重力式挡土结构，依靠结构物自重及其范围内填料的重量，抵抗构筑物的滑动和倾覆。故自重越大越有利，但对地基附加压力也越大，使地基可能失稳或产生过大的沉降。因此，可通过设置基础来将外力传递到较大面积的地基上或下卧硬土层上。故在地基较好处可采用这种结构形式。

板桩式码头是依靠打入土中的板桩来支挡板后的土体。这种结构的下部受到较大的土压力，通常在上部设置拉杆和锚碇来减小板桩的上部位移和跨中弯矩。板桩式码头具有结构简单、材料用量少、可预制、施工方便等优点，但其耐久性不如重力式，且由于板桩是一较薄的构件，又承受较大的土压力，因此板桩式码头只用于墙高在 10m 以下的情况。

高桩式码头由桩基和上部结构组成。上部结构(又称桩台或承台)由桩帽、横梁、纵梁和面板组成。桩基与上部结构连成一体。高桩码头主要适用于软土地基，其结构承载能力有限，耐久性不如重力式码头。

重力式码头和板桩式码头又称岸壁式码头，它们具有较好的耐久性，同时能够承受较大的船舶冲击，但码头前波浪反射较严重，船舶泊稳条件较差。高桩式码头为透空式，其

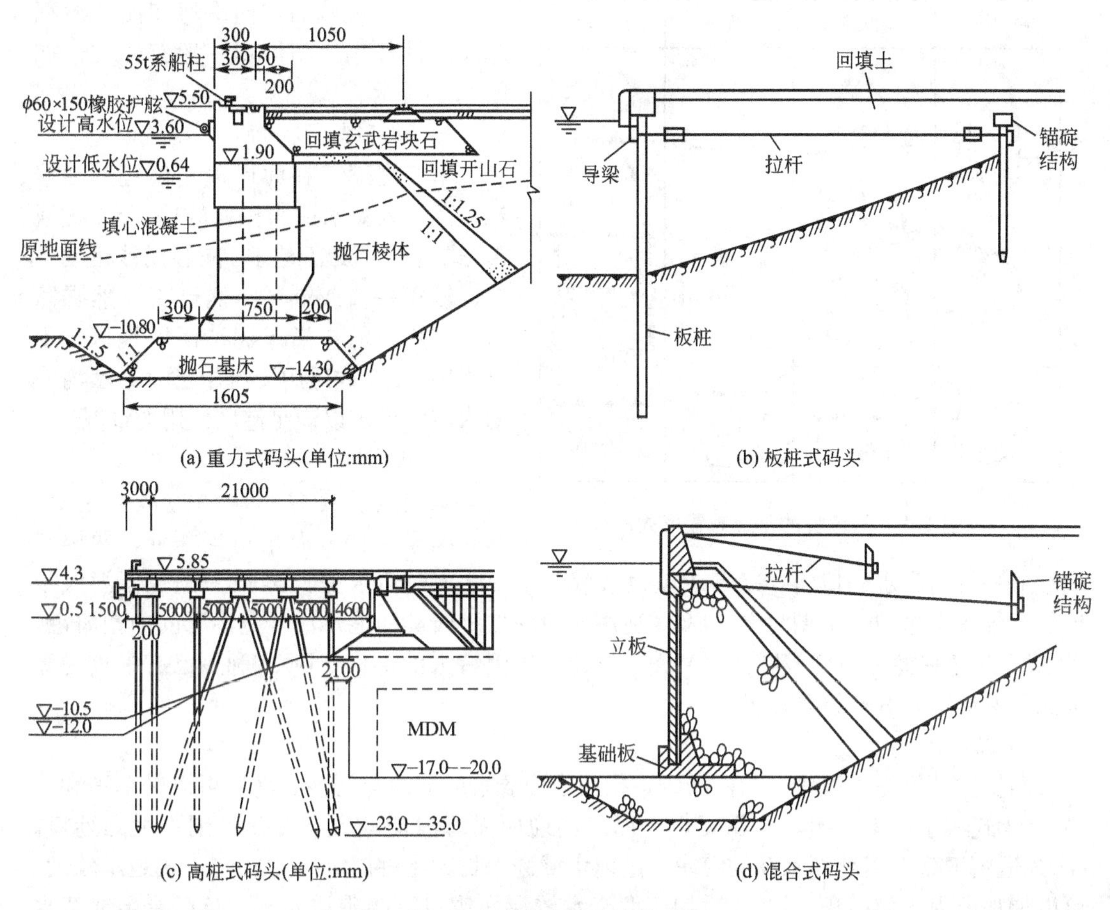

(a) 重力式码头(单位:mm)

(b) 板桩式码头

(c) 高桩式码头(单位:mm)

(d) 混合式码头

图 8.8　码头的主要结构形式

下部结构为不连续结构，相比之下，承受水平冲击的能力较低，耐久性也较差，但其码头前的波浪反射则较轻。

除上述 3 种主要结构形式外，根据当地的地质、水文、材料、施工条件和码头使用要求等，也可将不同的结构混合，即混合式码头。

8.3 防 波 堤

防波堤是为阻断波浪的冲击力、围护港池、维持水面平稳以保护港口免受坏天气影响、以便船舶安全停泊和作业而修建的水中构筑物。防波堤还可起到防止港池淤积和波浪冲蚀岸线的作用。

8.3.1 防波堤的平面布置

防波堤的平面布置，有的呈环抱形，底端与岸线连接，顶端形成口门；有的离岸与岸线大致平行，口门设在堤的两端。防波堤的平面布置，特别是口门的位置、方向、大

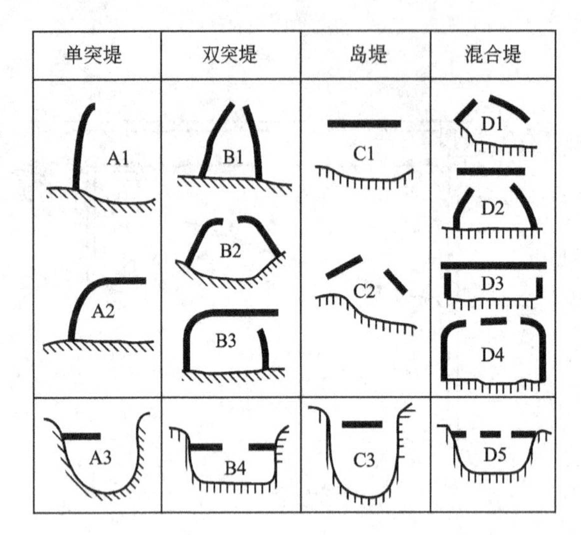

图 8.9　防波堤的平面布置形式

小，对海港水域的水面平稳和泥沙淤积起决定性作用。防波堤一般有 4 类，如图 8.9 所示。

1）单突堤

单突堤就是在海岸适当位置单独修筑一条伸入海水适当深处的堤。A1 式或 A2 式适用于波浪传播方向和泥沙运动方向比较单一，或港区一侧已有天然屏障时可采用，但在沿岸泥沙活跃地区，不宜采用；A3 式适用于海岸已有天然湾澳的水域，已足以满足港区使用的情况。

2）双突堤

双突堤就是自海岸两边适当位置，修筑两条堤伸入海水适当深处，两堤末端形成一突出深水的口门，以围成较大水域，保持港内航道水深。B1 式只适用于海底平坦的开敞海岸边中、小型海港；B2 式适用于海底坡度较陡、能形成较宽港区的中型海港。B3 式大多建在海底坡度较陡而水又深，且迎面风浪特大的港口；B4 式利用已有中央为深水的天然湾澳，其修筑费用低。

3）岛堤

岛堤就是筑堤于海中，如同岛屿，拦截迎面袭来的波浪与泥沙。岛堤可以是单岛和多岛。C1 式适于海岸平直、水深足够、而风浪迎面而海浪涌动方向变化范围不大的港口；C2 式适用于略有湾港而水深的海岸。港内水域进深长度不够时，C2 式比 C1 式距岸较远，可以增加港内水域面积。C3 式适用于两岸水较深而湾口有暗礁或沙洲、且已有足够宽水域的湾澳。

4）组合堤

组合堤又称混合堤，由突堤与岛堤组合而成。D1 式是增加岛堤以阻挡突堤端的回浪；D2 式是通过建于双突堤口外的岛堤来阻挡强波侵入港内；D3 式适用于岸边水较深，海底坡度较陡的地形；D4 式适于海底坡度平缓，岸边水深不大，须借防浪堤在海中围成大片港区的情况；D5 式适用于已有良好掩护的天然开阔湾澳。

8.3.2　防波堤的构造形式

防波堤按其构造形式和对波浪的影响有斜坡堤、直墙堤、混成堤、透空堤、浮堤、喷气堤和射水堤等类型。结构形式的选择，取决于水深、潮差、波浪、地质等自然条件，以及材料来源、使用要求和施工条件等。

1）斜坡堤

斜坡堤一般由石块或各种形式的混凝土块体抛筑而成；也有的是堤心抛石，面层护以重量较大的混凝土块体，如图 8.10 所示。斜坡式防波堤一般适用于浅水、地基较差和石料来源丰富的地方。如果用混凝土块体护面，也适用于水深较大、波浪较大的地方。

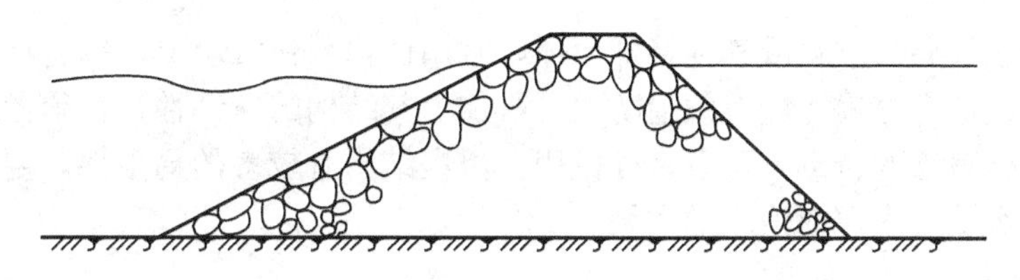

图 8.10 斜坡堤

2）直墙堤

直墙堤采用混凝土方块砌筑而成，如图 8.11 所示。这种防波堤适用于岩基或较密实的地基，墙底常铺一层碎石基床，堤外基床面视需要铺设护面块石，堤内侧可兼作码头用。

3）混成堤

混成堤就是下部为抛石结构，上部为直墙结构，是斜坡式和直立式相结合的形式，如图 8.12 所示。混合式防波堤又分为两种。一种是上部直墙的底面高于或接近低水位；另一种是上部直墙的底面坐落在低水位以下足够深度处，以减轻波浪对于下部抛石基础的破坏作用。

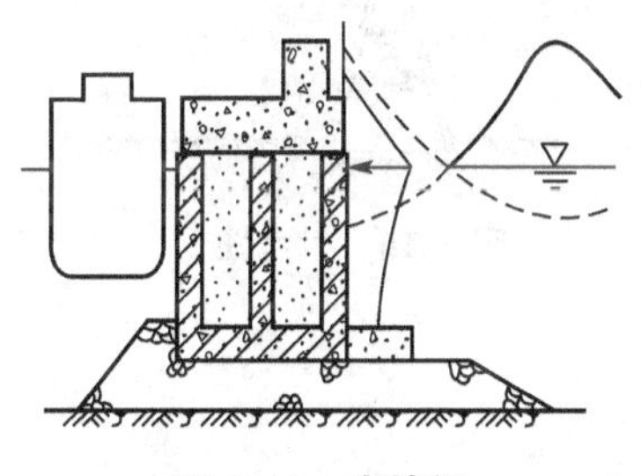

图 8.11 直墙堤

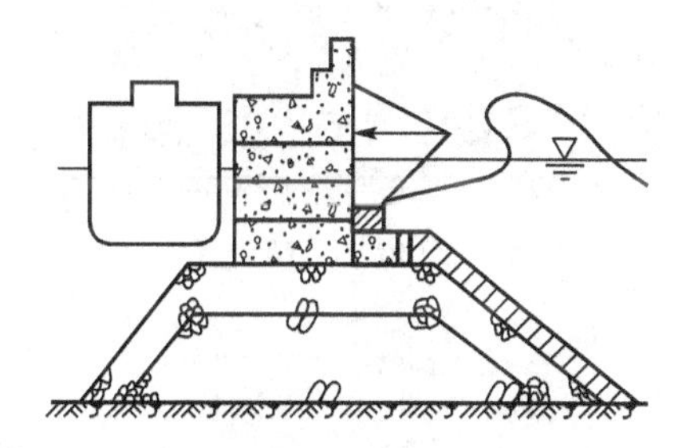

图 8.12 混成堤

4）透空堤

透空堤是根据波浪能量集中于海水表层的原理把上部防浪结构安设在桩、柱支撑上，构成下部可以透水的一种防波堤，如图 8.13 所示。在波浪小、水深大的水域修建重型防波堤工程量大，不经济时，可采用这种轻型堤。这种结构型式有空箱、一两道直挡板、斜板、平板等，其中箱和板也可做成透水的。桩、柱等支撑为透空结构，下部波能仍可以穿越。透空堤是采用挡板固定在桩台两侧的结构，一侧用来防浪，另一侧可以作码头用。

5）浮堤

浮堤是由浮体和锚系设备组成的可消减表面波能的一种防波堤，如图 8.14 所示。浮

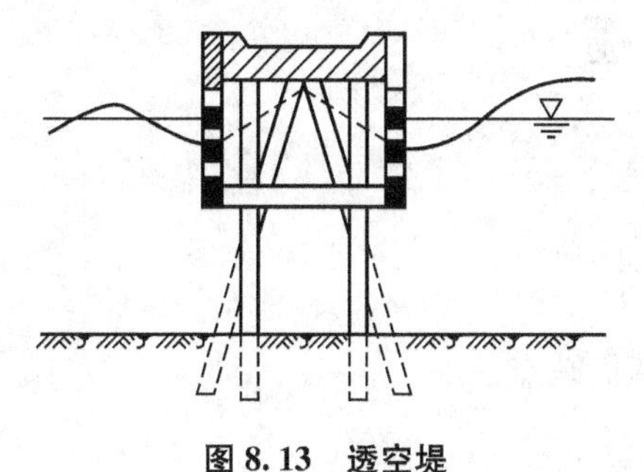

图 8.13 透空堤

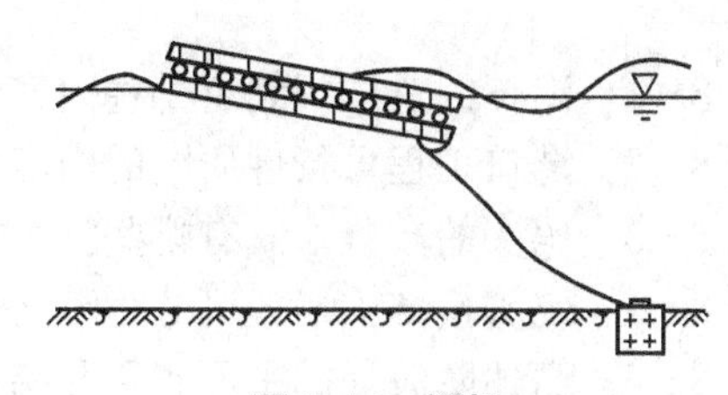

图 8.14 浮堤

体结构有排筏、气囊、空箱或其他特殊形体，常用铁锚系在沉块上。每道浮堤要有足够的宽度，有时需设数道浮堤才能有效地防浪，再加上其结构的活动性，常须考虑平面布置问题。浮堤有易于搬移的特点，可以多处使用。浮堤结构有较多的局限性，主要用某些需临时防波设施的水域或水深而浪小的水域。

6）喷气堤

利用空压机，通过安置在水底的有孔管道喷排气泡，形成气幕和两侧的环流，阻碍并消减波浪的装置，如图 8.15 所示。这种防波堤的最大优点是，当喷气管安置在足够水深时，船舶可畅通无阻越过而驶入港口。喷气堤易发生锈蚀，耗电量大，运转费用高。喷气堤易于搬移，适用于临时性工程。

7）射水堤

射水堤(见图 8.16)是利用水泵，通过安置在水面的喷嘴喷射水流，以达到消减波能的装置。射水堤耗电量也大，适用于临时性维修工程。

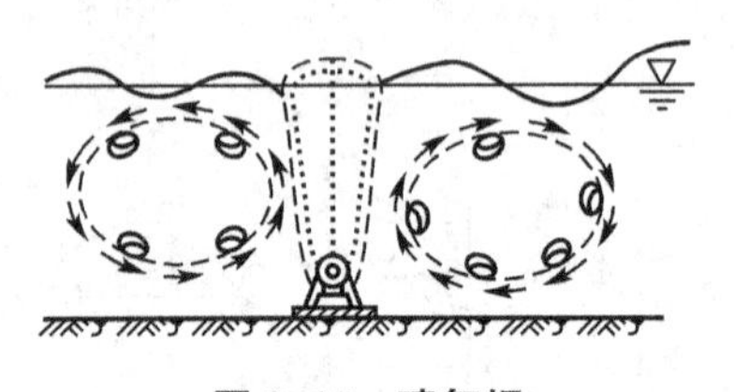

图 8.15　喷气堤

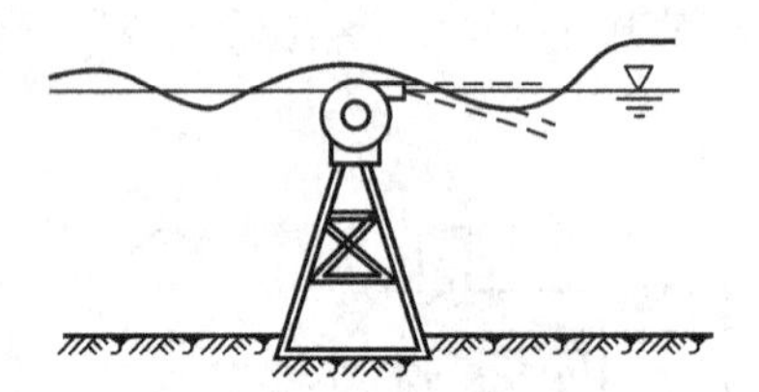

图 8.16　射水堤

本章小结

港口是有一定面积的水域和陆域，为船舶提供服务和货、客转变运输方式的场所。港口建设具有投资规模大、周期长、关联问题多的特点，在建设港口时应做好不同阶段的港口发展规划和港口布置。港口的规划一般分为港口的总体规划、布局及港口工程的可行性研究。码头是供船舶停靠、装卸货物和上下旅客的建筑物的总称，它是港口中主要水工建筑物之一。在建设时要根据岸线自然条件和作业条件选择合适的码头布置形式和码头形式。防波堤既能保证船舶的系泊、装卸和航行的安全，又能保护海港的各种装备与设施，是海港工程的重要组成部分。

思考题

8-1　港口的总体规划有哪些内容?

8-2　港口工程可行性研究的内容有哪些?

8-3　码头的布置形式有哪些?

8-4　码头按结构形式可分为哪几种?分析其优缺点。

8-5　简述防波堤的平面布置和结构形式。

阅读材料

世界最大的港口——荷兰鹿特丹港

荷兰的鹿特丹港(Rotterdam)是世界第一大港，位于荷兰西南部莱茵河口地区新马斯河两岸，距北海28km，是世界最大的港口和荷兰第二大城市。鹿特丹在荷兰并非第一大城市，但它保持的港口年吞吐量超过5×10^8t的记录却使它当之无愧地居世界第一大港的地位。

鹿特丹在二战期间遭到严重破坏，二战后，随着欧洲经济复兴和共同市场的建立，鹿特丹港凭借优越的地理位置得到迅速发展：1961年，吞吐量首次超过纽约港(1.8×10^8t)，成为世界第一大港，此后一直保持世界第一大港的地位。2000年，吞吐量达3.2×10^8t，创最高记录。目前，鹿特丹年进港轮船3万多艘，驶往欧洲各国的内河船只12万多艘。鹿特丹港有世界最先进的ECT集装箱码头，年运输量达640万标准箱，居世界第四位。鹿特丹港就业人口7万余人，占全国就业人口的1.4%，货运量占全国的78%，总产值达120亿荷盾，约占荷兰国民生产总值的2.5%。

鹿特丹港区服务最大的特点是储、运、销一条龙。通过一些保税仓库和货物分拨中心进行储运和再加工，提高货物的附加值，然后通过公路、铁路、河道、空运、海运等运输路线将货物送到荷兰和欧洲的目的地。由于优越的地理位置，鹿特丹港港区面积约$100km^2$，码头岸线长约38km，拥有世界最大的集装箱码头，全年进港停泊的远洋轮达3万多艘。

鹿特丹港(见图8.17)是世界上主要的集装箱港口之一。早在1967年，一些码头装卸公司敏锐地发现到集装箱在世界上的发展潜力，并进行了巨大投资。现在，鹿特丹港已成为欧洲最大的集装箱码头，它的装卸过程完全用电脑控制，码头上各种集装箱井井有条地堆放在一起。1982年它就可装卸216万标准箱，超过了纽约港的190万箱。现在鹿特丹集装箱装卸量已超过320万箱。鹿特丹的集装箱运输形式主要有以下几种。①公路集装箱运输。一个纵横交错、四通八达的稠密的公路网，将鹿特丹与欧洲所有的大城市连接起来。从鹿特丹出发，只需8～10h就可以到达巴黎、法兰克福和汉堡，到达德国的主要工业区鲁尔地带和比利时大部分地区所需的时间就更短了，即使是北欧这样较远的地区也可以在24h之内到达。荷兰的公路运输拥有雄厚的实力，欧盟30%的国际公路运输是由荷兰承担的。②铁路集装箱运输。鹿特丹几乎每天都有一系列的集装箱列车向欧洲各地发车。③驳船集装箱运输。近年来，由于运价低等原因，鹿特丹驳船集装箱运输得到了迅速发展。几乎每天都有驳船将集装箱由鹿特丹运至莱茵河沿岸各集装箱码头，随着集装箱运输的发展，内陆集装箱码头开始大量出现。在欧洲，尤其是莱茵河沿岸，已兴建了32个集装箱码头。90年代以来，鹿特丹开始实施新的扩能计划，建造10万～15万吨级的第五、第六代集装箱码头。到2010年，集装箱吞吐能力达600万箱，以确保欧洲最大集装箱运输中心的地位。

鹿特丹旅游业也很发达，拥有港口、博物馆及其他众多观光景点。登上高达185m，被称为“欧洲桅杆”的高塔，可鸟瞰全市。该塔建于1960年，是为了迎接当年在鹿特丹

图 8.17　荷兰鹿特丹港

举办的花展而建的，每年来此游览参观者超过 30 万人。该建筑也是鹿特丹的象征和荷兰的一个著名景点。在塔身 32m 处是航海博物馆，里面陈列了许多航海资料和实物；塔 100m 高处是一个旋转餐厅，人们在此品尝佳肴的同时可观赏周围景致。

第9章 地下工程

教学目标

本章主要讲述人防工程和地下商业建筑的概念、分类及作用。通过本章学习，应达到以下目标。

(1) 了解地下工程的概念与分类。

(2) 了解人防工程的概念、分类、作用与发展。

(3) 了解地下商业建筑对城市发展的作用。

教学要求

知识要点	能力要求	相关知识
人防工程	(1) 熟悉地下工程的概念与分类 (2) 了解人防工程的概念与分类	地下工程的发展过程
地下商业建筑	(1) 了解地下街的概念及作用 (2) 了解地下商场的发展及作用 (3) 了解地下停车场的作用	(1) 身边的地下工程 (2) 地下商业建筑的作用与意义

基本概念

地下工程、人防工程、地下街、地下商场、地下停车场。

引例

北宋地道知多少

北宋延续后周疆域，雄州、霸州为北部边防，修建了防守工事边关地道，自雄州瓦桥关至霸州益津关修建70华里(合35km)的地道。现存保定雄县祁岗和邢村为中心的两部分于1993年公布为河北省文物保护单位。

北宋初期，雄州(今雄县)是宋辽两国的交界处，战事频繁，地道是为备边而建。据史载，雄州城有地穴与霸州城的引导洞相通，长约70华里，这样大规模的地下防御体系，在古代军事史上堪称奇迹。古地道内结构复杂，内有迷魂洞、掩体、翻板、翻眼、放灯处、通气孔等。例如，敌兵进入地道，由迷魂洞通过，就会迷失方向落入陷阱中。翻眼处只能单人通过，而且要躬身，会被守卫的士兵轻而易举地杀伤。藏兵洞洞体高，可容纳大量士兵，在战争中可出奇制胜。古地道设计合理，顶部券顶墙宽厚，顶部压力由墙体传入地下，且通道内每隔几米就有一小券门支撑顶部。根据地道的结构、走向、出土的器物，可推断此地道在军事上有3个用途：一是藏运兵；二是迅速传递情报；三是用声学原理监测敌情。

当今世界，人类正在向地下、海洋和宇宙开发。向地下开发可分为：地下资源开发、地下能源开发和地下空间开发3个方面。地下空间的利用也正由“线”的利用向大断面、大距离的“空间”利用进展。利用地下空间从原始时代起就已成为人类营生的一种方式。随着近代文明的发展，才使它成为土木工程学的一门学科。

在地面以下土层或岩体中修建各种类型的地下建筑物或结构的工程，称为地下工程。它包括交通运输方面的地下铁道、公路隧道、地下停车场、过街或穿越障碍的各种地下通道等；军事方面的野战工事、地下指挥所、通信枢纽、掩蔽所、军火库等；工业与民用方面的各种地下车间、电站、储存库房、商店、人防与市政地下工程以及文化、体育、娱乐与生活等方面的联合建筑体等。

地下建筑可作为有效的防空、防炸设施，形成恒温湿防振环境，并能节约地面建筑占地；但地下建筑物建造时对地质条件要求较高，施工比较困难，投资较高。合理开发和利用地下空间是解决城市有限土地资源和改善城市生态环境的有效途径。

20世纪80年代，国际隧道协会(International Tunnelling Association，ITA)提出“大力开发地下空间，开始人类新的穴居时代”的口号。顺应于时代的潮流，许多国家将地下开发作为一种国策，因此使地下空间利用得到了迅速的发展，北欧、美国以及日本等发达国家在城市地下空间的开发与利用上已达到了相当的规模。

中国的地下空间利用最早始于西北黄土高原，窑洞等结构简单的地下空间结构至今已有数千年历史。在陕西北部横山县发现了5000年前的窑洞，其中一部分至今保存完好。在宁夏海原县发现了4000年前的窑洞。在西藏古格也发现了700年前的古窑洞遗址。但是现代化的大规模建设则发生在20世纪60～70年代，中国在这一时期建设了一大批的地下工程。1965年北京建设地下铁道，一期二期总施工长度达40.27km；70年代中国修建了大量地下人防工程，现在其中的相当一部分已得到开发利用；80年代，上海建成延安东路水底公路隧道，全长2261m，采用直径11.3m的超大型网格水力机械盾构掘进机施工，这也是世界上第三条盾构法施工的大型隧道；90年代以来，中国城市地下的交通与市政设施加快了修建速度。目前建成地铁并开通的城市有北京、天津、上海、广州、深圳和南京，正在建设或规划的城市已达15座。与此同时，城市高层建筑地下室随着城市中心及居住小区的开发而大量发展。此外，地下街、地下宾馆、地下会堂、地下娱乐中心、地下停车场、地下仓库、冷库等在各大中型城市纷纷涌现。许多面积超过$1\times10^4m^2$，甚至数万平方米的大型地下建筑，在一些大城市相继建成。中国地下空间开发利用的网络体系已开始建设，多在地表至地下30m以内的浅层修筑地下工程。可以预见，随着经济的发展，中国地下工程将进入蓬勃发展的时期。

9.1 人防工程

人防工程又称人防工事，是人民防空工程的简称，是指为保障战时人员与物质隐蔽、人民防空指挥、医疗救护而单独修建的地下防护建筑，以及结合地面建筑修建的战时可用于防空的地下室。在二战前，一些国家就各自陆续构筑了许多不同类别、用途和规模的民防设施，如人员隐蔽部、指挥所和通信枢纽、救护站和地下医院、各类物资仓库，以及地下疏散通道和连接通道等。有些国家的城市，还将人防工程和城市地下铁道、大楼地下室及地下停车库等市政建设工程相结合，组成一个完整的防护群体。

人防工程是防备敌人突然袭击，有效地掩蔽人员和物资，保存战争潜力的重要设施；是坚持城镇战斗，长期支持反侵略战争直至胜利的工程保障。在20世纪60年代末、70年代初，中国城镇曾掀起了“深挖洞”的群众运动。由于缺少统一规划，缺乏经验，加上技术力量不足，这些工程一般规模较小，质量较差，现统称为早期工程。随着时间的推移，人防工程建设逐步走上了正规化、科学化的轨道，中国已建成了一大批质量高、幅员大、效益好的平战两用工程，如哈尔滨奋斗路地下商业街、沈阳北新客站地下城、上海人民广场地下停车场、郑州火车站广场地下商场等。

人防工程按构筑形式可分为地道工程、坑道工程、堆积式工程和掘开式工程。地道工程是大部分主体地面低于最低出入口的暗挖工程，多建于平地。坑道工程是大部分主体地面高于最低出入口的暗挖工程，多建于山地或丘陵地带。堆积式工程是大部分结构在原地表以上且被回填物覆盖的工程。掘开式工程是采用明挖法施工且大部分结构处于原地表以下的工程，包括单建式工程和附建式工程。单建式工程上部一般没有直接相连的建筑物；附建式工程上部有坚固的楼房，又称防空地下室。

一些国家还建造了平战两用的人防工程。例如，瑞典建有各种防核地下掩蔽所，可停放1500架喷气式飞机的地下飞机库，实际为最大的地下发电站和地下物资库。一旦战事爆发，90%的人口都可“入地”。

9.2 地下商业建筑

地下街、地下商场、地下停车场等均属于地下商业建筑。

9.2.1 地下街

“地下街”一词，最初是在日本出现的。在各种建筑物的地下层之间建立地下连通道或独立建造，形成总体形态狭长的，旁边设店铺、事务所、停车等设施的地下道路，统称为地下街。其发展初期是在一条地下步行道的两侧开设一些商店而形成，由于与地面上的街道类同，因而称为“地下街”。经过几十年的发展，已从单纯的商业性质变为融商业、交通及其他设施为一体的综合地下服务群体建筑。地下街在国土小、人口多的日本最为发达。欧美一些国家也正在积极地修建地下街，如加拿大的蒙特利尔市，提出了以地下铁道车站为中心，建造联络该城市2/3设施的地下街宏伟计划，并正在实施中。

地下街的基本类型有广场型、街道型和复合型3种。

广场型多修建在火车站的站前广场或附近广场下面，与交通枢纽连通。这种地下街的特点是规模大、客流量大、停车面积大，如东京八重洲地下街(见图 9.1)，是日本较大的地下街之一。它分为两层，上层为人行通道及商业区，下层为交通通道。其长度约 6km，面积 $6.8\times10^4 m^2$，设有商店 141 个与 51 座大楼连通，每天活动人数超过 300 万人。

街道型一般修建在城市中心区较宽广的主干道下，出入口多与地面街道和地面商场相连，也兼作地下人行道或过街人行道。例如，中国成都市顺城街地下商业街(见图 9.2)位于成都市中心繁华商业区，全长 1300m，分单、双两层，总建筑面积 $4.1\times10^4 m^2$，宽为 18.4～29.0m，中间步行街宽 7.0m，两边为店铺，有 30 个出入口，另有设备(通风和排水)和生活设施房间、火控中心办公室等。

图 9.1 东京八重洲地下街

图 9.2 顺城街地下商业街

复合型为上述两种类型的综合，具有两者的特点，一些大型的地下街多属于此类。从表面上看，地下街中繁华的商业似乎给人以商业为主要功能的印象。其实不然，地下街应是一个综合体，在不同的城市以及不同的位置，其主要功能并不一样。因此，在规划地下街时应明确其主要功能，以便合理地确定各组成部分及相应的比例。例如，从日本修建的地下街的组成情况来看，在地下街的总面积中，通道和停车场占总面积的 60%，机房等设施占 14.4%，商场仅占 25.6%，这也说明日本地下街的主要功能和作用在于交通。

地下街在中国的城市建设中起着多方面的积极作用，其具体表现如下。

(1) 有效利用地下空间，改善城市交通。近年来中国所修建的地下街大部分位于大城市十字交叉口的人流车流繁忙地段，修建地下街实现了人车分流，改善了交通。

(2) 地下街与商业开发相结合，活跃市场，繁荣了商业经济。

(3) 改善城市环境，丰富了人民物质与文化生活。

9.2.2 地下商场

商业是现代城市的重要功能之一。中国的地下空间的开发和利用，在经历了一段以民防地下工程建设为主体的历程后，目前正逐步走向与城市的改造、更新相结合的道路。一大批中国式的大中型地下综合体、地下商场在一些城市建成，并发挥了重要的社会作用，取得良好的经济效益，如图 9.3 所示。

图 9.3 地下商场

9.2.3 地下停车场

近年来随着国民经济的发展，居民家庭拥有车辆不断增加，同时，人们对居住生态环境的要求也越来越高，中国若干大城市的停车问题已日益尖锐，大量道路路面被用于停车，加重了动态交通的混乱，对城市的居住环境也产生了不良的影响，因此，对有组织的公共停车的需求已十分迫切。停车场占地面积大，在城市用地日趋紧张的情况下，将停车场放在地面以下，是解决城市中心地区停车难的有效途径之一。日本全国约有 1/4 的停车场是地下停车场。法国巴黎就有近百个大型停车场，可供停放五六万辆轿车，如“蒙梭”公园的地下车库有 5 层，每层面积 180m×30m，可停放 2000 辆轿车。中国城市中的地下停车场也在逐年增加，目前上海、北京、沈阳、南京、武汉等大城市结合地下综合体的建设，正在建造和准备建造地下公共停车场，容量从几十辆到几百辆不等。图 9.4 所示为武汉王家墩商务区地下停车场。

图 9.4 武汉王家墩商务区地下停车场

本章小结

在地面以下土层或岩体中修建各种类型的地下建筑物或结构的工程，称为地下工程。它是人类向地下开发，利用地下空间的表现。地下建筑可作为有效的防空、防炸设施，形成恒温湿防振环境，并能节约地面建筑占地，但地下建筑物建造时对地质条件要求较高，施工比较困难，投资较高。合理开发和利用地下空间是解决城市有限土地资源和改善城市生态环境的有效途径。人防工程和地下商业建筑是人类发展地下工程、利用地下空间的常用形式。随着经济的发展，我国地下工程将进入蓬勃发展的时期。

思　考　题

9－1　什么是地下工程？

9－2　什么是人防工程？

9－3　简述地下街在中国的城市建设中的作用。

阅读材料

世界著名的地下工程

广西龙滩地下引水发电系统工程由引水、地下厂房和尾水三大系统组成，开挖总量为300多万立方米。整个系统工程在0.5km^2的山体内挖出119条总长达30km的洞室群，宛如一个庞大的“地下迷宫”。其中地下厂房长388.5m，高76.4m，宽30.7m，厂房内设计安装9台单机容量7×10^5kW的水轮发电机组，是目前世界上最大的地下厂房。该工程规模宏大、施工技术含量高、工程地质条件复杂，其施工难度为世界水电建设史所罕见。在龙滩水电站地下厂房(见图9.5)工程的开挖过程中，龙滩水电开发有限公司充分发挥核心主导作用，精心组织施工、设计、监理单位的专家开展科技攻关活动，对工程开挖技术和施工工艺进行系统研究，并多次邀请国内著名的水电专家对施工进行技术指导，攻克了被专家公认的世界跨度最大(30.7m)的地下厂房顶拱施工安全、高76m多高的直立墙开挖稳定以及世界最大的岩锚梁施工质量三大地下工程难题，为地下厂房开挖提供可靠的技术保证。

龙滩地下厂房累计完成石方洞挖66万多m^3；整个地下引水发电系统已完成石方洞挖$2.65\times10^6m^3$。地下厂房开挖还创造了一连串的奇迹，多次刷新洞挖世界纪录，并在极为复杂的洞室群开挖中创造了无重大安全、质量事故和零死亡的奇迹。龙滩水电站有3项世界之最，除最大的地下厂房已建成外，还有最高的碾压混凝土大坝、升船高度最高的升船几项工程正在建设当中。

蒙特利尔市是加拿大的第二大城市，因1967年世博会和1976年奥运会而举世闻名的加拿大蒙特利尔，今天同样以世界上独具一格的城市中心区的地下城而闻名于世。

蒙特利尔的地下城(见图9.6)长达17km，建筑面积达$9.1\times10^5m^2$，它将圣劳伦河和皇家山的市区办公大楼、旅馆、商店、公寓大楼、医院从地下沟通起来。它还通往两个火车站、一个长途汽车站和一个规模巨大的停车场。实际上，10个地铁站和这两条地铁线与30km的地下通道、室内公共广场、大型商业中心相连接。地下之城实际上就是另外一个蒙特利尔。为了避免上面的恶劣天气，每天有50万人进入到相互连接的60座大厦中，也就是进入到超过$3.6\times10^6m^2$的空间中，其中包括了占全部办公区域80%和相当于城市商业区总面积35%的商业空间。

图 9.5 龙滩水电站地下厂房

图 9.6 蒙特利尔地下城

地下城里还开办有26家银行的支行，专门为顾客提供服务。地下城所有出入口都设有自动升降梯，有公厕10多处。地下城里灯火辉煌，如同白昼。初入地下城的人并不觉得自己是在五六米乃至十多米深的地下。地下城所有的长廊里摆有各种花草树木，利用电灯光促其生长，所以尽管地面上大雪纷飞，地下花照样开，树照样长，一片生机勃勃。

蒙特利尔的地下城与其地铁相贯通。地铁全线长72km，有80多个车站。蒙特利尔市的地铁车站被人们称为艺术长廊，凡乘坐过地铁的人，无不赞美它的整洁、绚丽多姿和安全。蒙特利尔市的地下城和地铁浑然一体，别具一格，已成为旅游者的必访之地。

第10章 水利水电工程

教学目标

本章主要讲述水利工程、水电工程和防洪工程的分类、设施组成及其作用。通过本章学习，应达到以下目标。

(1) 了解水利工程、水电工程的分类。

(2) 熟悉水利水电和防洪工程的工程建筑及其功能。

(3) 了解水利工程、水电工程与防洪工程之间的联系。

教学要求

知识要点	能力要求	相关知识
水利工程	(1) 了解中国的水利资源与水利工程 (2) 熟悉水利工程的种类 (3) 熟悉水利工程的组成与作用	(1) 水利工程对经济与环境的影响 (2) 水库及水利枢纽的作用
水电工程	(1) 了解水电工程与水电建筑物 (2) 熟悉水电建筑物的种类与结构	(1) 水电站的种类及其特点 (2) 水电站的组成及其作用
防洪工程	(1) 了解防洪工程的功能与作用 (2) 熟悉防洪工程设施	水利水电工程与防洪工程的联系与区别

基本概念

水利工程、水库、水利枢纽、水电工程、防洪工程、分洪工程、水电站、泄洪区、坝、堤、水闸、堰。

都江堰的神奇之处在哪里

都江堰水利工程是全世界至今为止，年代最久、唯一留存、以无坝引水为特征的宏大水利工程。这项工程主要有鱼嘴分水堤、飞沙堰溢洪道、宝瓶口进水口三大部分和百丈堤、人字堤等附属工程构成，科学地解决了江水自动分流(鱼嘴分水堤四六分水)、自动排沙(鱼嘴分水堤二八分沙)、控制进水流量(宝瓶口与飞沙堰)等问题，消除了水患，使川西平原成为了“天府之国”，如图10.1所示为都江堰水利工程。

图 10.1 都江堰水利工程

水资源和空气、阳光类似，是人类生存和人类社会发展不可缺少的宝贵资源之一。地球上水利资源的总量约为 14.5 亿 km^3，其中 90%以上为海水，其余为内陆水。内陆水中的河流及其径流，对于人类和生产活动起着特别重要的作用。地球上的河流平均径流量据有关资料统计为 38150km^3，其中欧洲占 2950km^3，亚洲占 12860km^3。中国幅员辽阔，河流众多。据统计，中国大小河流总长度约为 42 万 km，流域面积在 1000km^2 以上的河流有 1600 多条，大小湖泊 2000 多个，年平均径流量总计为 2.78 万亿 m^3，居世界第六位。水力资源的蕴藏量为 6.8 亿 kW，是世界上水力资源最丰富的国家。但如此富有的水力资源在时间分配上和地区分布上都是很不均匀的。绝大部分径流量发生在短暂的汛期(一年中的 7～9 月)，甚至有些河流在冬季干枯，并且大部分径流量分布在中国的东南沿海各省，西北地区干旱缺水。上述情况给水资源的利用造成了困难，这就要求在国土上人为地重新分配径流和利用工程措施在时间上和空间上调节径流。

多年来的生产和生活实践经验证明，解决水资源在时间上和空间上的分配不均匀以及来水和用水不相适应的矛盾，最根本的措施就是新建水利水电工程。所谓水利水电工程，是指对自然界的地表水和地下水进行控制和调配，以达到除害兴利目的而修建的工程，如中国古代的都江堰工程，现代的三峡工程等。

水利水电工程的根本任务是除水害、兴水利，前者主要是防止洪水泛滥和洪涝成灾，后者则是从多方面利用水资源为人类造福，包括灌溉、发电、供水、排水、航运、养殖、旅游、改善环境等。

水利水电工程按其承担的任务可分为农田水利工程、水力发电工程、防洪工程、供水与排水工程、航运及港口工程、环境水利工程等，一项工程同时兼有几种任务时称为综合利用水利工程。

10.1 水利工程

10.1.1 水库

水库是用坝、堤、水闸、堰等工程，于山谷、河道或低洼地区形成的人工水域。

中国水库的规模按库容大小划分：10 亿 m^3 以上为大(一)型，$10^8 \sim 10^9 m^3$ 为大(二)型，0.1 亿～1 亿 m^3 为中型，100 万～1000 万 m^3 为小(一)型，10 万～100 万 m^3 为小(二)型。

新中国成立后，中国建设了一大批水库。新安江水库位于新安江中下游，建于 1960 年，集雨面积 10442km^2，总库容 220 亿 m^3，正常水位 108m，相应库容 178.6 亿 m^3，承担调节新安江洪水与兰江洪水错峰的任务。龙羊峡水库坝高 178m，总库容 274.2 亿 m^3，是黄河干流上最大的多年调节型水库。丹江口枢纽是根治汉江洪灾的关键工程。水库以上流域面积 95200km^2，约占汉江水域面积的 60%，多年平均来水量为 390 亿 m^3，约占汉水来水量的 75%，水库正常蓄水位 157m，总库容 209 亿 m^3，防洪库容 56 亿～78 亿 m^3。这些都是中国最大的水库，目前中国总库容在 20 亿 m^3 以上的水库有 47 座。如图 10.2 所示为世界上最大的三峡水库。

图 10.2　三峡水库

1）水库的作用

水库的作用有防洪、水力发电、灌溉、航运、城镇供水、养殖、旅游、改善环境等。同时要防止水库的淤积、渗漏、塌岸、浸没、水质变化对当地气候的影响。

2）水库的组成

水库一般由以下几部分组成：拦河坝，它是挡水建筑物的一种，是组成水库最基本的建筑物，其主要作用是拦截河道、拦蓄水流、抬高水位；取水、输水建筑物，为满足用水要求，从水库中取水并将水输送到电站或灌溉系统的水工建筑物；泄水建筑物，主要作用是渲泄水库中多余的水量，以保证大坝安全。

3）水库对环境的影响

水库建成后，尤其是大型水库的建成，将使水库周围的环境发生变化，这也是在建设水库时所必须考虑的方面。水库主要影响库区和下游，其表现是多方面的。

第一，对库区的影响。淹没：库区水位抬高，淹没农田、房屋，进行移民安置。水库淤积：库内水流流速减低，造成泥沙淤积、库容减少，影响水库的使用年限。水温的变化：因为蓄水使温度降低。水质变化：一般水库都有使水质改善的效果，但是应防止水库受盐分等的污染。气象变化：下雾频率增加，雨量增加，湿度增大。诱发地震：在地震区修建水库时，当坝高超过 100m，库容大于 10 亿立方米的水库，发生水库地震的达 17%。库区内可形成沼泽、耕地盐碱化等。

第二，对水库下游的影响。河道冲刷：水库淤积后的清水下泄时，会对下游河床造成冲刷，因水流流势变化会使河床发生演变以致影响河岸稳定。河道水量变化：水库蓄水后下游水量减少，甚至干枯。河道水温变化：由于下游水量减少，水温一般要升高。

4）水库库址选择

水库库址选择关键是坝址的选择，应充分利用天然地形。地形：河谷尽可能狭窄，库内平坦广阔，但上游两岸山坡不要太陡或过分平缓，太陡容易滑坡，水土流失严重。要有足够的积雨面积，要有较好的开挖泄水建筑物的天然位址。要尽量靠近灌区，地势要比灌区高，以便形成自流灌溉，节省投资。地质条件：保证工程安全的决定性因素。

5）水库库容

水库库容量的多少主要根据河流（来水情况）水文情况及国民经济各需水部门的需水量之间的平衡关系，确定各种特征水位及库容。

10.1.2 水利枢纽

为了综合利用水利资源，使其为国民经济各部门服务，充分达到防洪、灌溉、发电、给水、航运、旅游开发等目的，必须修建各种水工建筑物以控制和支配水流，这些建筑物相互配合，构成一个有机的综合的整体，这种综合体称为“水利枢纽”。如图10.3所示为中国葛洲坝水利枢纽。

图10.3 葛洲坝水利枢纽

水利枢纽根据其综合利用的情况，可以分为下列三大类。

(1) 防洪发电水利枢纽：蓄水坝、溢洪道、水电站厂房。

(2) 灌溉航运水利枢纽：蓄水坝、溢洪道、进水闸、输水道、船闸。

(3) 防洪灌溉发电航运水利枢纽：蓄水坝、溢洪道、水电站厂房、进水闸、输水道(渠)、船闸。

10.2 水电工程

水力发电一般是利用江河水流具有的势能和动能下泄做功，推动水轮发电机转动发电产出电能。煤炭、石油、天然气和核能发电，需要消耗不可再生的燃料资源，而水力发电，并不消耗大量资源，只是利用了江河水流动所具有的动能而已。如不利用，水流还会下泄冲刷淤积河床。中国具有巨大的江河径流落差，形成了中国水电能资源的丰富蕴藏量。例如，中国长江和黄河的落差分别为5400m和4800m，雅鲁藏布江、澜沧江和怒江落差均在4000m以上。还有大量的河流落差在2000m以上。

全世界江河的水能资源蕴藏量总计为50.5亿kW，相当于年发电44.28万亿度。技术可开发的水能资源装机容量22.6亿kW，相当于年发电9.8万亿度。中国江河水能理论蕴藏量为6.76亿kW，年发电5.92万亿度，水能理论蕴藏量居世界第一；技术可开发的水能资源装机容量3.78kW，年发电1.92万亿度，也名列世界第一。水电资源在中国能源结构中占有重要地位，经济可开发水电能源折合507亿吨标准煤，是中国现有能源中唯一可以大规模开发的可再生能源。

水力发电突出的优点是以水为能源，水可周而复始地循环供应，是永不会枯竭的能源。更重要的是，水力发电不会污染环境，成本要比火力发电的成本低得多。世界各国都尽量开发本国的水能资源。

10.2.1　水电建筑物的主要类型及其组成

水力发电除了需要流量之外，还需要集中落差(水头)。水电站根据其集中水头的方式可分为堤坝式、引水式和混合式3种。堤坝式又有坝后式和河床式之分；引水式又有无压引水式和有压引水式之别。就其建筑物的组成和形式来说，坝后式中的河岸式、混合式与有压引水式是相同的。因此本书在介绍时，把水电站归为坝后式、河床式、无压引水式和有压引水式这4种典型形式加以介绍。

1）坝后式水电站

坝后式水电站的特点是水力发电站的厂房紧靠挡水大坝下游，发电引水压力钢管通过坝体进入水电站厂房内的水轮机室。因此厂房结构不受水头所限，水头取决于坝高。这种形式的厂房的采用比较普遍，如黄河上的刘家峡水电站(见图10.4)和三门峡水电站厂房。

图10.4　刘家峡水电站

三峡工程的坝后式水电站分左右两侧布置，以便于河床中部布置溢流泄洪段。左侧厂房全长643.6m，安装第1～第14号，共14台水轮发电机组；右侧厂房全长584.2m，安装第15～第26号，共12台水轮发电机组；装机容量均为70万千瓦，装机总容量为1820万千瓦。这是目前世界上已安装的最大水轮发电机组，其制造和安装的难度超过了世界上已有的其它大型机组。

2）河床式水电站

河床式水电站的组成建筑物与坝后式类同，但水电站厂房和坝(或闸)并排建造在河床中，厂房本身承受上游水压力而成为挡水建筑物的一部分，进水口后边的引水道很短。河床式水电站一般建造在河流的中、下游。由于受地形限制，只能建造高度不大的坝(或闸)，水电站的水头低，引用的流量大，所以厂房尺寸也大，足以靠自身重量来抵抗上游水压力以维持稳定。中国浙江省的新安江水电站以及富春江水电站(见图 10.5)都是河床式水电站。

图 10.5 富春江水电站

河床式水电站的特点是只建有低坝，水库容量和调节能力均较小，主要依靠河流的天然流量发电，所以又称径流式水电站。由于弃水较多，水能利用受到较大限制，综合效益相对较小，但淹没损失和移民安置的困难也较小，适于建造在平原或丘陵地区，河道坡度较缓，而抬高水位会显著增加两岸城乡淹没损失的河段。

3) 无压引水式水电站

这种水电站的主要特点是具有很长的无压引水道。枢纽建筑物一般分为 3 个组成部分：一是渠首工程，由拦河坝、进水口及沉砂池等建筑物组成。二是引水建筑物，如渠道或无压隧洞，首部与渠首工程的进水口相连，尾部与压力前池相连。引水道较长时，中间还往往有渡槽、涵洞、倒虹吸、桥梁的交叉建筑物。三是厂区枢纽，由日调节池、压力前池、泄水道、高压管道、电站厂房、尾水渠及变电、配电建筑物等组成。

4) 有压式水电站

有压式水电站的特点是具有较长的有压引水道，一般多用隧洞。引水道末端设调压室，下接压力水管和厂房。枢纽建筑物的组成部分又可分为 3 个部分：一是首部枢纽；二是引水建筑物；三是厂区枢纽，包括调压室、高压管道，电站厂房、尾水渠及变电、配电建筑物等。

以上列举了 4 种常见的水电站水利枢纽布置，但枢纽中各个建筑物彼此紧密联系成为一个不可分割的整体，一个建筑物的设计和布置必然会影响到其他建筑物的设计和布置。因此，设计时应从整体出发，统筹兼顾，这样才能设计出好的水电站建筑物。

10.2.2 水电建筑物的作用

1) 挡水建筑物

挡水建筑物一般为坝或闸，用以截断河流，集中落差，形成水库。

2) 泄水建筑物

泄水建筑物用来下泄多余的洪水或放水以降低水库水位，如溢洪道、泄洪隧洞、放水孔或泄水孔等。

3) 水电站进水建筑物

水电站进水建筑物又称进水口或取水口，是将水引入引水道的进口。

4) 水电站引水建筑物

水电站引水建筑物用来把水库的水引入水轮机。根据水电站地形、地质、水文气象等条件和水电站类型的不同，可以采用明渠、隧洞、管道。有时引水道中还包括沉砂池、渡槽、涵洞、倒虹吸管和桥梁等交叉建筑物及将水流自水轮机泄向下游的尾水建筑物。

5）水电站平水建筑物

当水电站负荷变化时，用来平衡引水建筑物(引水道或尾水道)中的压力和流速的变化，如有压引水道中的调压室及无压引水道中的压力前池等。

6）发电、变电和配电建筑物

发电、变电和配电建筑物包括安装水轮发电机组及其控制设备的厂房，安装变压器的变压器场和安装高压开关的开关站。它们集中在一起，常称为厂房枢纽。

10.3 防洪工程

洪水是河流中因大雨或融雪而引起的悬殊的水流，它是一种自然的现象，常造成江河沿岸、冲积平原和河口三角洲与海岸地带的淹没。洪水的大小或淹没的范围与时间既有一定的规律性，同时又具有不固定性和偶然性。防洪工程是控制、防御洪水以减免洪灾损失而修建的工程，是人类与洪水灾害斗争的控制手段。它能保障居民生命财产的安全，促进工农业生产的发展，取得生态环境和社会经济的良性循环。洪水灾害是中国常遇到的自然灾害之一，因此，为防止、消除或减少洪水灾害，了解和掌握洪水的形成、洪水预报、防洪规划及措施等有关知识是非常必要的。

防洪工程就其功能和修建的目的来说，分为挡(阻)、分(流)、泄(排)和蓄(滞)洪水 4 个方面，其形式为堤防工程、河道整治工程、分洪工程和水库等。

10.3.1 防洪工程的功能与作用

1）挡阻

挡阻主要运用工程措施“挡”住洪水对保护对象的侵袭。其具体措施包括坡地治理，如农田轮作制、整修梯田、植树造林等；沟空治理，如修筑河、湖堤来防御河、湖的洪水灾害；用海堤和挡潮闸来防御海潮；用围堤保护低洼地区不受洪水侵袭等。

2）分流

分洪工程是建造一些设施，当河道洪水位将超过保证水位或流量将超过安全泄量时，为保障保护区安全，而采取的分泄超额洪水的措施。将这些超额洪水分泄入湖泊、洼地，或分泄于其他河流，或直泄入海，或绕过保护区，在下游仍返回原河道，它是牺牲局部保存全局的措施。

3）泄排

泄排，即充分利用河道本身的排泄能力，使洪水安全下泄。根据其工程类别可分为河道整治和修筑堤防两种。河道整治的目的是增加过水能力，以减少洪水泛滥的程度和频率。堤防是在河道一侧或两侧连续堆筑的土堤，通常以不等距离与天然河道相平行，大水时在河道内形成一人为约束的行洪道，防止洪水漫溢。泄洪是平原地区河道较为广泛采用的措施。

4）蓄滞

蓄滞主要是拦蓄调节洪水，以便削减洪峰，使得下游的防洪工程负担减轻，是当前流域防洪系统中的重要组成部分，如利用分洪区工程、水库等。

一条河流或一个地区的防洪任务，通常由多种措施相结合构成的工程系统来承担。一般是在上中游干支流山谷区修建水库拦蓄洪水，调节径流；山丘地区广泛开展水土保持，蓄水保土，发展农林牧业，改善生态环境；在中下游平原地区，修筑堤防，整治河道，治理河口，并因地制宜修建分蓄(滞)洪工程，以达到减免洪灾的目的。

10.3.2 防洪工程设施

1）堤防工程

堤坝是沿河、渠、湖、海岸边或行洪区、分洪区(蓄洪区)、围垦区边缘修筑的挡水建筑物。其作用为防御洪水泛滥、保护居民，田庐和各种建设；限制分洪区(蓄洪区)、行洪区的淹没范围；围垦洪泛区或海滩，增加土地开发利用的面积；抵挡风浪或抗御海潮；约束河道水流，控制流势，加大流速，以利于泄洪排沙。

根据防洪的要求，堤可以单独使用，又可以配合其他防洪工程组成防洪系统，联合运用。堤防工程是防洪系统中的重要组成部分，不论新建、改建或加固原有堤防系统，都需要进行规划设计。在规划设计时，首先要结合江河综合利用规划，进行堤线、堤高等的选择，堤线确定后，再进行堤身断面的具体设计。

堤坝常见形式有土堤、石堤、防洪墙及较先进的橡胶坝。

2）河道整治工程

河道整治工程是按照河道演变规律，因势利导，调整、稳定河道主流位置，改善水流、泥沙运动和河床冲淤部位，以适应防洪、航运、供水、排水等国民经济建设要求的工程措施。河道整治包括控制和调整河势，裁弯取直，河道展宽和疏浚等。

3）分洪工程

分洪工程是利用洪泛区修建分洪闸，分泄河道部分洪水，将超过下游河道泄洪能力的洪水通过泄洪闸泄入滞洪区或通过分洪道泄入下游河道或其他相邻河道，以减轻下游河道的洪水负担。滞洪区多为低洼地带、湖泊、人工预留滞洪区、废弃河道等。当洪水水位达到堤防防洪限制水位时，打开分洪闸，洪水进入滞洪区，待洪峰过后适当时间，滞洪区洪水再经泄洪闸进入原河道。如图10.6所示为中国荆江分洪工程。

图10.6 荆江分洪工程

分洪工程一般由进洪设施与分洪道、蓄滞洪区、避洪措施、泄洪排水设施等部分组成。

4）水库

水库防洪是利用水库的防洪库容调蓄洪水，以减免下游洪灾损失。水库防洪一般用于拦蓄洪峰或错峰，常与堤防、分洪工程、分洪非工程措施等配合组成防洪系统，通过统一的防洪调度共同承担其下游的防洪任务。

本章小结

所谓水利水电工程，是指对自然界的地表水和地下水进行控制和调配，以达到除害兴利目的而修建的工程。水利水电工程的根本任务是除水害、兴水利，既能防止洪水泛滥和洪涝成灾，又能从多方面利用水资源为人类造福。按其承担的任务可分为农田水利工程、水力发电工程、防洪工程、供水与排水工程、航运及港口工程和环境水利工程等。一项工程同时兼有几种任务时称为综合利用水利工程。多年的生产和生活实践经验也证明，解决水资源在时间上和空间上的分配不均匀以及来水和用水不相适应的矛盾，最根本的措施就是修建水利水电工程。

思考题

10-1　什么是水利水电工程？为什么要修建水利水电工程？

10-2　水库会对周围环境造成什么样的影响？

10-3　水力发电与其他发电方式相比有何优越性？

10-4　水电站的典型形式有哪些？请简单介绍其特点。

10-5　简述防洪工程的功能与作用。

阅读材料

高峡出平湖——三峡工程

三峡水利枢纽工程，又称三峡工程，位于重庆市到湖北省宜昌市之间的长江干流上。三峡大坝位于宜昌市上游不远处的夷陵区三斗坪，并与下游的葛洲坝水电站构成梯级调度电站。它是目前世界上规模最大的水电站，也是新中国成立以来建设的最大型的工程项目。

三峡大坝为混凝土重力坝，坝长3035m，底部宽115m，顶部宽40m，高程185m，正常蓄水位175m。大坝坝体可抵御百年一遇的特大洪水，最大下泄流量可达$10^5 m^3/s$。整个工程的土石方挖填量约$1.34\times10^8 m^3$，混凝土浇筑量约$2.8\times10^7 m^3$，耗用钢材$5.93\times10^5 t$。水库全长600余千米，水面平均宽度1.1km，总面积$1084km^2$，总库容$3.93\times10^{10} m^3$，其中防洪库容$2.215\times10^{10} m^3$。大坝电站安装32台单机容量为$7\times10^5 kW$的水电机组，是全世界最大的(装机容量)水力发电站。2010年7月，三峡电站机组实现了电站

1.82×10^7kW满出力168h运行试验目标(日发电量可突破4.3×10^8kW·h!占全国日发电量的5%左右)。1949年，中国总发电量仅为4.3×10^9kW·h。三峡电站初期的规划是26台7×10^5kW的机组，也就是装机容量为1.82×10^7kW，年发电量8.47×10^{10}kW·h。后又在右岸大坝“白石尖”山体内建设地下电站，建6台7×10^5kW的水轮发电机。再加上三峡电站自身的两台5×10^4kW的电源电站，总装机容量达到了2.25×10^7kW，年发电量约10^{11}kW·h(5倍于葛洲坝，10倍于大亚湾核电，约占全国年发电总量的3%，水力发电的20%)。

三峡工程的总体建设方案是“一级开发，一次建成，分期蓄水，连续移民”。工程共分三期进行，总计约需15年，目前已全部完工。

一期工程从1994年年初开始，利用江中的中堡岛，围护住其右侧后河，筑起土石围堰深挖基坑，并修建导流明渠。在此期间，大江继续过流，同时在左侧岸边修建临时船闸。1997年导流明渠正式通航，同年11月8日实现大江截流，标志着一期工程达到预定目标。

二期工程从大江截流后的1998年开始，在大江河段浇筑土石围堰，开工建设泄洪坝段、左岸大坝、左岸电厂和永久船闸。在这一阶段，水流通过导流明渠下泄，船舶可从导流明渠或者临时船闸通过。到2002年年中，左岸大坝上下游的围堰先后被打破，三峡大坝开始正式挡水。2002年11月6日实现导流明渠截流，标志着三峡全线截流，江水只能通过泄洪坝段下泄。2003年6月1日，三峡大坝开始下闸蓄水，到6月10日蓄水至135m，永久船闸开始通航。7月10日，第一台机组并网发电，到当年11月，首批4台机组全部并网发电，标志着三峡二期工程结束。

三期工程在二期工程的导流明渠截流后就开始了，首先是抢修加高一期时在右岸修建的土石围堰，并在其保护下修建右岸大坝、右岸电站和地下电站、电源电站，同时继续安装左岸电站，将临时船闸改建为泄沙通道。整个工程已全部完工。

三峡工程将发挥防洪、发电、航运、养殖、旅游、保护生态、净化环境、开发性移民、南水北调、供水灌溉10项功能，这是目前世界上其他巨型电站都无法比拟的。

第11章
市政工程与建筑环境

教学目标

本章主要讲述给排水工程的分类与系统组成、中国环境现状与建筑环境所面对的问题。通过本章学习，应达到以下目标。

(1) 熟悉给排水工程的分类及其系统组成。

(2) 了解不同给排水系统的特点及其应用。

(3) 了解室内外建筑环境状态

教学要求

知识要点	能力要求	相关知识
给排水工程	(1) 了解城市污水分类 (2) 掌握城市给排水系统分类与组成 (3) 熟悉建筑给排水系统的分类与组成	(1) 给排水系统对居民生产、生活的意义 (2) 不同给排水系统的应用范围
城市燃气	城市燃气配送系统	燃气管网压力级制
建筑环境	(1) 了解建筑环境现状 (2) 掌握采暖、通风与空调工程	(1) 调节建筑环境的意义 (2) 室外建筑环境治理情况

基本概念

给水工程、排水工程、取水工程、配水工程、水处理工程、水厂、饮用水、中水、污水。

引例

如何利用“中水”

“中水”一词从20世纪80年代初在国内出现，现已被业内人士乃至缺水城市、地区的部分民众认知。开始时称“中水道”，来于日本，因其水质及其设施介于上水道和下水道之间。随着国外中水技术的引进，国内试点工程的实验研究，中水工程设施建设的推进，中水处理设备的研制，中水应用技术的研究、发展和有关规范、规定的建立、施行，逐渐形成一整套的工程技术，如同“给水”和“排水”一样，称之为中水。

市政工程是指市政设施建设工程。市政设施是指在城市区、镇(乡)规划建设范围内设置、基于政府责任和义务为居民提供有偿或无偿公共产品和服务的各种建筑物、构筑物、设备等。

建筑环境，狭义地说就是人们居住在建筑物中所处的室内外环境。建筑环境的核心，既要考虑区域群体环境，也要考虑个体环境；既考虑室内又要考虑室外；既要利用自然，又要改造自然、创造自然。在方便、安全、经济、舒适的前提下，根据人们不同的使用要求，环境允许的限度和环境本身的生态规律，将其妥善组织，有机构成，从而创造出一个满足人们物质生活和精神生活要求的多维的环境空间。

人们90%的时间是在房屋内度过的，因此本书主要针对室内气温环境进行阐述。

11.1 概　　述

市政工程一般是属于国家的基础建设，是指城市建设中的各种公共交通设施、给水、排水、燃气、城市防洪、环境卫生及照明等基础设施建设是城市生存和发展必不可少的物质基础。市政工程多样，本书仅将市政工程中与居民生活联系紧密的给排水工程和城市燃气工程进行概述，重点讲述给排水工程。

给排水工程是土木工程的一个重要分支，是人类文明发展的产物，体现了人类生存空间和居住环境的改善。它是指用于给水供给、废水排放和水质改善的工程，是城市基础建设的重要组成部分。城市的人均耗水量和排水处理比例，往往反映出一个城市的发展水平。为了保障人民生活和工业生产，城市必须具有完善的给水和排水系统。

给排水工程主要可分为城市公共事业和市政工程的给水排水工程；大中型工业企业生产的给水排水及水处理工程；建筑给水排水工程。给排水工程是为适应我国城市建设现代化程度与人民生活福利设施水平不断提高而形成的一门内容不断充实更新的工程技术学科。随着现代新材料、新设备、新工艺和新的管理思想的出现，给排水工程在规划、设计、施工、维护和管理控制等诸多方面不断进步。

城市燃气工程也是城市生命线工程。室内采暖与空调工程是改善目前全球气候恶化对室内建筑环境影响的有效措施。

11.2 给排水工程

给水工程包括城市给水和建筑给水两部分，前者解决城市区域的供水问题，后者解决建筑物的供水问题。

11.2.1 城市给水工程

1. 城市给水系统

城市给水系统一般由取水工程、输水工程、水处理工程和配水管网工程4部分组成。

城市给水是为城市居民生活、企业生产、绿化洒水和消防用水提供水资源。一个城市完备的给排水系统示意如图 11.1 所示。

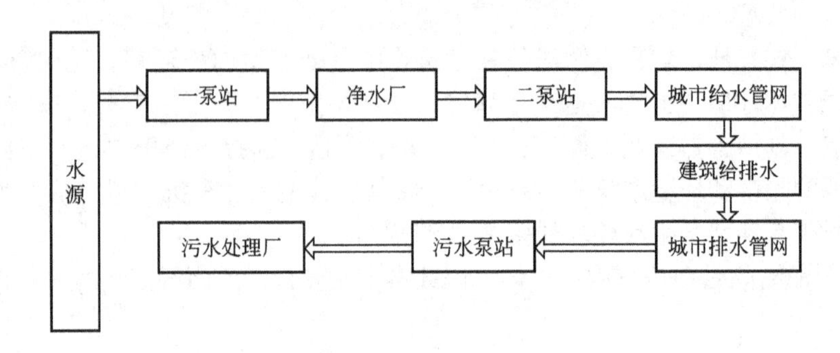

图 11.1　给排水系统示意

1）取水工程

取水工程是城市给水的关键，不论地下水源还是地表水源均应取得当地卫生部门的论证并认可。它包括管井、取水设备、取水构筑物等。

2）输配水工程

输配水管网是城市给水工程中造价最高的部分，一般占到整个系统造价的 50%～80%，因此在设计和规划城市的管网系统时必须进行多种方案的比较。管网布局、管材的选用和主要输水管道的走向，都会影响工程的造价，在设计中还应考虑运行费用，进行全面比较和综合分析。它包括输水管、配水管网、明渠，形成可达的水流通道，将水从水源送至用户。

3）水处理工程

水处理工程的设计目的是通过水处理工艺，除去水中的杂质(主要是水中的悬浮物和胶体)，保证给水水质符合相关标准。目前中国大部分净水厂采用的常规处理工艺为混合、絮凝、沉淀、过滤和消毒，并根据原水的水质条件和供水的水质要求，采取预处理或深度处理，以补充常规处理的不足。

2. 城市给水系统的种类

城市给水系统种类较多，一座城市的历史、现状和发展规划、地形、水源状况和用水要求等因素，使得城市给水系统千差万别，但概括起来有下列几种。

1）统一给水系统

当城市给水系统的水质，均按生活用水标准统一供应各类建筑作生活、生产、消防用水，则称此类给水系统为统一给水系统。

2）分质给水系统

当一座城市或大型厂矿企业的用水，因生产性质对水质要求不同，特别对用水大户，其对水质的要求低于生活用水标准，则适宜采用分质给水系统。这种给水系统显然因分质供水而节省了净水运行费用，缺点是需设置两套净水设施和两套管网，管理工作复杂。选用这种给水系统应作技术、经济分析和比较。

3）分压给水系统

当城市或大型厂矿企业用水户要求水压差别很大，如果按统一供水，压力没有差别，必定会造成高压用户压力不足而增加局部增压设备，这种分散增压不但增加管理工作量，而且能耗也大。

4）分区给水系统

分区给水系统是将整个系统分成几个区，各区之间采取适当的联系，而每区有单独的泵站和管网。采用分区系统技术上的原因是使管网的水压不超过水管能承受的压力。因一次加压往往使管网前端的压力过高，经过分区后，各区水管承受的压力下降，并使漏水量减少。在经济上，分区的原因是降低供水能量费用。在给水区范围很大、地形高差显著或远距离输水时，均须考虑分区给水系统。

5）循环和循序给水系统

循环系统是指使用过的水经过处理后循环使用，只从水源取得少量循环时损耗的水。循序系统是在车间之间或工厂之间，根据水质重复利用的原理，水源水先在某车间或工厂使用，用过的水又到其他车间或工厂应用，或经冷却、沉淀等处理后再循序使用，这种系统不能普遍应用，原因是水质较难符合循序使用的要求。

6）中水系统

中水系统是指将各类建筑或建筑小区使用后的排水，经处理达到中水水质要求后，回用于厕所便器冲洗、绿化、洗车、清扫等杂用水用水点的一整套工程设施称为中水系统。

中水系统的设置可实现污水、废水资源化，使污水、废水经处理后可以回用，既节省了水资源，又使污水无害化。在保护环境，防治水污染，缓解水资源不足等方面起到了重要作用。高层建筑用水量一般均较大，设置中水系统具有很大的现实意义。

11.2.2 建筑给水工程

建筑给水是为工业与民用建筑物内部和居住小区范围内生活设施和生产设备提供符合水质标准以及水量、水压和水温要求的生活、生产和消防用水的总称，包括对它的输送、净化等给水设施。建筑给水的供水规模较前面介绍的城市给水系统小得多，且大多数情况下无需设自备水源，直接由市政给水系统引水。

1. 建筑内部给水工程

建筑内部给水系统的供水方案基本类型有直接给水方式、设水箱的给水方式、设水泵的给水方式、设水泵和水箱的给水方式、分区给水方式等。

高层建筑供水系统与一般建筑物的供水方式有所不同，因高层建筑物层数较多，楼层较高，为避免低层管道中的静水压力过大，造成漏水；启闭龙头、阀门出现水锤现象、引起噪声、损坏管道；低层放水流量大，水流喷溅，浪费水量和影响高层供水，采用分区供水系统，建筑内部给水系统如图11.2所示。

2. 居住小区给水工程

居住小区位于市区供水范围时，应采用市政给水管网作为给水水源，以减少工程投资，若居住地离市区较远，需铺设专门的输水管道时，可经过技术经济比较，确定是否自备水源。在严重缺水地区，应考虑建设居住小区的中水工程，用中水来冲洗厕所、浇洒绿地和道路。

建筑小区的供水方式应根据小区建筑物的类型、建筑高度、市政给水管网提供的水

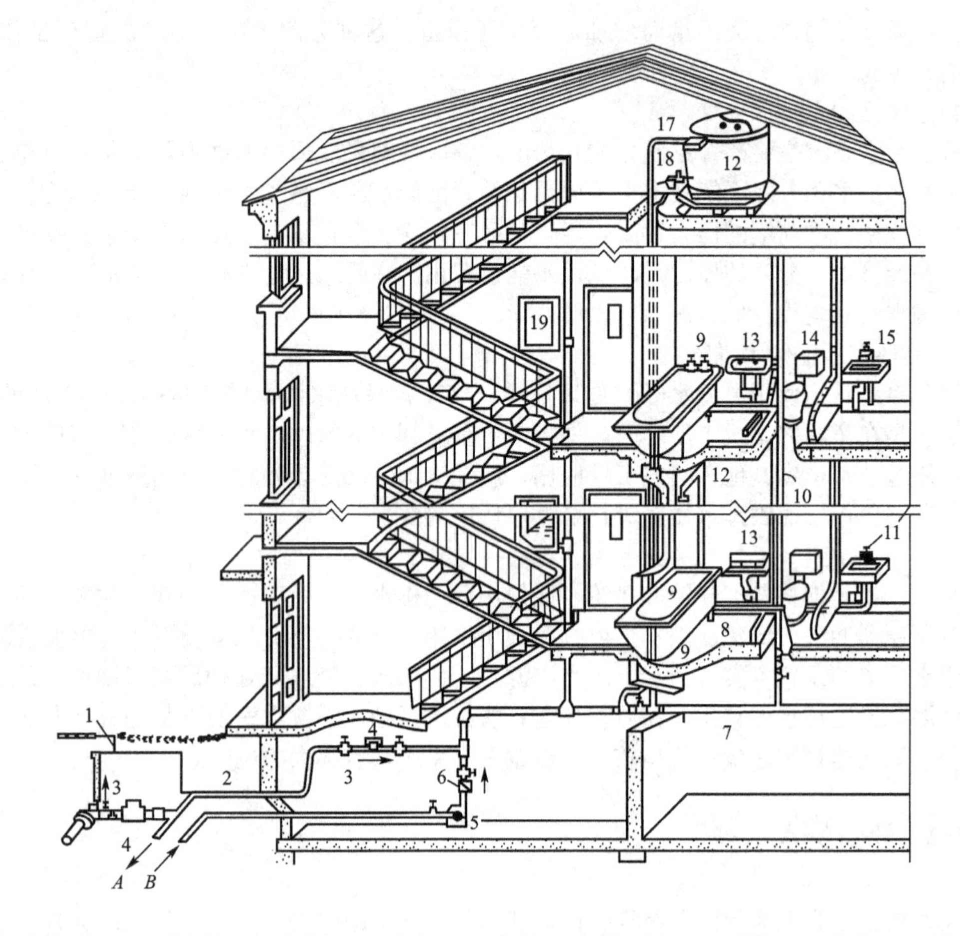

1—阀门井；2—引入管；3—闸阀；4—水表；5—水泵；6—逆止阀；7—干管；8—支管；9—浴盆；
10—立管；11—水龙头；12—淋浴器；13—洗脸盆；14—大便器；15—洗涤盆；16—水箱；
17—进水箱；18—出水管；19—消火栓；A—入贮水池；B—来自贮水池

图 11.2 建筑内部给水系统

头和水量等综合因素考虑。做到技术先进合理，供水安全可靠，投资少，节能、便于管理。

11.2.3 城市排水工程

水在使用过程中受到不同程度的污染，改变了原有的化学成分和物理性质，这些水称为污水或废水。污水也包括雨水及冰雪融化水。这些污水如不加控制，任意直接排入水体或土壤，使水体和土壤受到污染，将破坏原有的生态环境，引起各种环境问题。为保护环境，现代城镇和建筑需要建设一整套工程设施来收集、输送、处理污水，这种工程设施称为排水工程。

1. 污水的分类

按照来源的不同，污水可分为生活污水、工业废水和降水。

1）生活污水

生活污水是指人们日常生活中用过的水，它来自住宅、公共场所、机关、学校、医院、商店以及工厂中的生活间，包括从厕所、浴室、盥洗室、厨房、食堂和洗衣房等处排出的水。

生活污水属于污染的废水，含有较多的有机物，如蛋白质、动植物脂肪、碳水化合物、尿素等，还含有肥皂和合成洗涤剂及常在粪便中出现的病原微生物。这类污水需要经过处理后才能排入水体、灌溉农田或再利用。

2）工业废水

工业废水是指在工业生产中所排出的废水，来自车间或矿场。由于各种工厂的生产类别、工艺过程、使用的原材料以及用水成分的不同，水质变化很大。

工业废水按照污染程度的不同，可分为生产废水和生产污水两类。

生产废水是指在使用过程中受到轻度玷污或水温稍有增高的水，如机器冷却水，通常经某些处理后即可在生产中重复使用，或直接排入水体。

生产污水是指在使用过程中受到过较严重污染的水。这类水多半具有一定的危害性，所以必须经过处理后才能排放或重新再使用。污水中的有害或有毒物质往往是工业中的宝贵原材料，对这种污水应尽量回收利用，这样既减轻了污水的污染，又为国家创造了财富。

3）降水

降水即大气降水，包括液态降水(如雨露)和固态降水(如雪、冰雹、霜等)。液态降水就是指降雨，一般比较清洁，但其形成的径流量大，若不及时排泄，则会使居住区、工厂、仓库等遭受淹没，交通受阻，积水为害，尤其山区的山洪水为害更甚，通常暴雨水危害最严重，是排水的主要对象之一。冲洗街道的水和消防用水等，由于其性质和雨水相似，也并入雨水。一般，雨水不需处理，可直接就近排入水体。

雨水虽然一般比较清洁，但初降雨时所形成的雨水径流会携带着大量空气和建筑屋面上的各种污染物质，使其受到污染，所以形成初雨径流的雨水，是雨水污染最严重的部分，应予以控制。

污水的最终处置或者是返回自然水体、土壤、大气，或者是经过人工处理使其再生成为一种资源回到生产过程，或者采取隔离措施。

2. 城市排水体制

城市排水体制分为合流制排水系统、分流制排水系统和半分流制排水系统。

1）合流制排水系统

合流制排水系统包括简单合流系统和截流式合流系统两类。

(1) 简单合流系统。一个排水区只有一组排水管渠，接纳各种废水(混合起来的废水称为城市污水)。这是古老的自然形成的排水方式。简单合流系统起简单的排水作用，目的是避免积水为害。这种系统实际上是若干先后建造的各自独立的小系统的简单组合，是地面废水排除系统，主要为雨水而设，顺便排除少量的生活污水和工业废水。

(2) 截流式合流系统。原始的简单合流系统常使水体受到污染，因而设置截流管渠，把各小系统排放口处的污水汇集到污水厂进行处理，形成截流式合流系统。在区干管与截流管渠相交处设置溢流井，当上游来水量大于节流管的排水量时，在井中溢入排放管，流向水体，晴天时使污水得到全部处理。

2）分流制排水系统

设置两个或两个以上各自独立管渠系统，分别收集需要处理和不予处理、直接排放到水体的雨水，形成分流体制，以进一步减轻水体的污染。当工厂或仓库场地难于避免污染时，其雨水径流与地面冲洗污水不应排入雨水管渠，而应排入污水管渠。一般情况下，分流管渠系统造价高于合流管渠系统，后者约为前者的60%～80%。

3）半分流制排水系统

半截流制排水系统实质上是一种不完全分流系统，是将分流制系统的雨水系统仿照截流式合流系统，把其的小流量截流到污水系统，则城市废水对水体的污染将降到最低程度。

排水体制是排水系统规划设计的关键，也影响着环境保护、投资、维护管理等方面，因此在选择时，需就具体技术经济情况而定。

3. 城市排水系统

城市排水系统由收集(管渠)、处理(污水厂)和处置3方面组成。

1）排水管渠系统

排水管渠系统由管道、渠道和附属构筑物(检查井、雨水井、污水泵站和倒吸虹管)组成。管渠系统布满整个排水区域，但形成系统的构筑物种类不多，主体是管道和渠道，管道之间由附属构筑物连接。有时，还需设置泵站以连接低管段和高管段，最后是出水口。排水管道应根据城市规划地势情况以长度最短顺坡布置，可采用截流、扇形、分区、分散形式布置。雨水应就近排入水体。

2）污水处理厂

城市污水在排放前一般都先进入处理厂处理。处理厂由处理构筑物(主要是池式构筑物)和附设建筑物(道路、照明、给水、排水、供电、电信系统和绿化场地)等组成。处理构筑物之间用管道或明渠连接。污水处理厂的复杂程度随处理要求和水量而定。

11.2.4 建筑排水系统

建筑排水是工业与民用建筑物内部和居住小区范围内生活设施和生产设备排出的生活排水和工业废水以及雨水的总称。建筑排水系统是接纳输送居住小区范围内建筑物内外部排除的污废水及屋面、地面雨雪水的排水系统，包括对其收集输送、处理与回用以及排放等排水设施。建筑排水系统包括建筑内部排水系统与居住小区排水系统两类。与市政排水系统相比，不仅其规模较小，且大多数情况下无污水处理设施而直接接入市政排水系统。

1. 建筑内部排水系统

1）排水系统的分类

建筑内部排水系统是将建筑内部人们在日常生活和工业生产中使用过的水收集起来，及时排到室外。按系统接纳的污废水类型不同，建筑内部排水系统可分为3类：生活污水排水系统、工业废水排水系统和屋面雨水排水系统。

(1) 生活污水排水系统。生活污水排水系统指排除居住、公共建筑以及工厂生活间的污废水的系统。生活污水在经过处理后可作为杂用水，用来冲洗厕所、浇洒绿地和道路、冲洗汽车等。

(2) 工业废水排水系统。工业废水排水系统是指排除生产工艺过程中产生的污废水系统。为便于污水的处理和综合应用，按污染程度可分为生产污水和生产废水。生产污水污染较重，需经过处理，达到排放标准后排放；生产废水污染较轻，如机械设备冷却水，生产废水可直接作为杂用水水源，也可经过简单处理后回用或排入水体。

(3) 屋面雨水排水系统。降落在屋面的雨和雪，特别是暴雨，会在短时间内形成积水，需要设置屋面排水系统，将屋面雨水及时排除，否则会造成四处溢流或屋面漏水形成水患，影响人们的正常生产生活。

2) 排水系统的组成

建筑内部排水系统的组成应能满足以下3个基本要求：①系统能迅速畅通地将污废水排到室外；②排水管道系统气压稳定，有毒有害气体不进入室内，保持室内环境卫生；③管线布置合理，简短顺直，工程造价低。

为满足上述要求，建筑内部排水系统的基本组成部分为卫生器具和生产设备的受水器、排水管道、清通设备和通气管道。在有些排水系统中，根据需要还设有污废水的提升设备和局部处理构筑物。

2. 居住小区排水系统

居住小区排水系统是建筑排水系统和城市排水系统的过渡部分，是指汇集居住小区内各类建筑物排放的污废水和地面雨水，并将其输入城镇排水管网或经处理后直接排放。

居住小区排水系统的排水体制和城市排水体制相同，分为分流制和合流制。排水管道由接户管、支管、干管等组成，可根据实际情况，按照管线短、埋深小、尽量自流排出的原则来布置。居住小区排水量指生活用水后能排入污水管道的流量，其数值应等于生活用水量减去不可回收的水量。

11.3 城市燃气工程

城市燃气工程是市政工程的重要组成部分。天然气是一种优质洁净的能源，仅同煤气相比就具热值高，纯度高且不造成污染等诸多优势，天然气管道压力大比煤气管道大几十倍更容易做到充足供气，优势让天然气管道的普及成为趋势。

现代化的城市燃气输配系统是复杂的综合设施，一般包括下列几个组成部分。

① 低压、中压(或次高压)以及高压等不同压力的燃气管网。

② 城市燃气分配站、调压计量站或区域调压室。

③ 储气站。

④ 电讯与自动化设备、电子计算机中心及其他辅助生产设施等。

城市输配系统的主要部分是燃气管网，按管网形状分类：枝状管网，环状管网，环枝状管网。根据所采用的管网压力级制不同可分为四种系统。

(1) 一级系统。

只有一个压力等级(通常是低压)的管网分配和供应燃气的系统称为一级管网系统。一般只用作小城镇的供气系统。如果供气范围较大时，则输送单位体积燃气的投资和管材用量将急剧增加，是不经济的。

(2) 两级系统。

由低压和中压，或低压和次高压两级管网组成的管网系统。低压和中压两级管网系统可以全部采用铸铁管，能节约钢材，但承压能力低，不能较大幅度地升高管网运行压力以提高管网的输气能力，其发展的机动性较小。低压和次高压(或高压)两级管网系统由于次高压(或高压)管网需采用钢管，当供气规模扩大时可以提高管网的运行压力，有较大的机动性，其主要缺点是钢材用量较大，在敷设次高压或高压管道时，与建筑物，构筑物或其它管道之间要保持较大的安全距离。

(3) 三级系统。

一般由低压、中压(或次高压)和高压三级管网组成。这种系统适用于大型城市，通常是在城市中心区或市区内难以敷设高压燃气管道，而中压管道又不能有效地保证长距离输送大量燃气，或者由于敷设中压管道金属用量和投资过大，因而在城市郊区建造高压环网，形成三级管网系统。

(4) 多级系统。

由低压、中压、次高压和高压，甚至更高压力的管网组成。在以天然气为主要气源的特大型城市，城市用气量很大，为了充分利用天然气的输送压力，提高城市燃气管道的输气能力和保证供气的可靠性，往往在城市边缘敷设高压或超高压管道的环网，形成四级或五级等多级系统。

11.4 建筑环境

环境工程是研究和从事防治环境污染和提高环境质量的科学技术。由于人类科技水平发展的限制，利用工程技术手段所能控制的环境污染还仅限于人类活动造成的污染。而且，目前一般工程技术手段还难以直接治理已经造成的大面积水体、空气及土壤污染，只能预防这种污染，环境工程的核心是环境污染源的治理。建筑环境仅仅是与建筑物及其周边相关的环境工程的一部分。

建筑物是由墙、顶、屋面、门、窗等外围护结构与内围护结构共同构成的人类生活与工作的场所。建筑环境控制的意义就在于调节建筑物内部冷、暖、湿度、空气清洁度、空气流速、声、光等指标，控制建筑内部的热湿环境和室内空气品质。

根据对室内环境质量的不同要求，建筑环境控制的方法主要有供暖、通风和空气调节三种。

11.4.1 室内环境

(1) 供暖工程。

供暖又称采暖，是指按需要给建筑物供给热能，从而保持室内温度指标的控制手段。

供暖系统主要由热源、散热设备、输热管道、调控构件等部分组成。

按供暖设备相对位置可分为：局部供暖系统和集中供暖系统。局部供暖系统是热源、热媒输配和散热设备在构造上都在一起的供暖系统，如烟气供暖(火炉、火墙和火炕)、电热供暖等。集中供暖是热源远离供暖房间，供热由热源通过输热管道向各房间或建筑物的散热设备供热，如图 11.3。

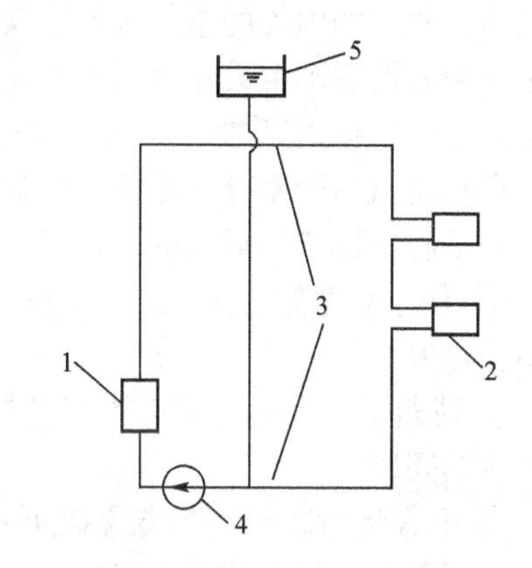

1—热水锅炉；2—散热器；3—热水管道；
4—循环水泵；5—膨胀水箱

图 11.3 集中式热水供暖系统示意图

集中供暖方式有以下特点。

① 热效率高，节省燃料。

② 取代了大量的小型锅炉房，燃料燃烧较充分，而且配备完善的消烟除尘设施，改善了环境卫生条件，减少了对空气的污染。

③ 大大减少了燃料和灰渣的转运工作及其储存与堆放场地，节省了运费，增加了可用场地面积。

④ 机械与自动化程度高，运行管理先进，改善了劳动条件，减少了火灾事故，降低了消耗，提高了供热质量和经济社会效益。

按热媒不同可分为：热水供暖系统、蒸汽供暖系统和热风供暖系统。热水供暖系统主要用于民用建筑，热气供暖主要用于工业建筑，热空气供暖则大多应用于大型车间。

其中以热水供暖为媒介，又有以下分类。

按温度分为：低温热水供暖系统和高温热水供暖系统。

按输热配管数目分为：单管制和双管制。

按循环动力分为：自然循环(重力)和机械循环。

按管道敷设方式分为：垂直式和水平式。

按供回水方式分：上供下回，下供下回和下供上回。

蒸汽供暖系统散热器热媒平均温度(定压下的饱和温度)一般都高于热水供暖系统(热水和回水的平均温度)。蒸汽供暖系统中蒸汽具有比热容大，密度小，产生的静压力小、热惰性小、供汽时热得快、停汽时冷得也快等特点，适宜用于间歇性供热的用户。

蒸汽供暖系统按蒸汽干管布置可分为：上供式，中分式和下供式。

按立管的布置形式分为：单管式和双管式。

按照回水动力分为：重力回水和机械回水。

热风供暖系统的优点是热惰性小，能迅速提高室温，并且可同时兼有通风换气的作用；

缺点是噪声比较大。此外，按照供暖范围可分为：全面供暖和局部供暖。按照供暖时段还可分为：连续供暖和间歇性供暖。

(2) 通风工程。

通风是指将被污染的空气直接或经净化后排出室外，把新鲜空气补充进来，使室内空气质量符合卫生标准以及满足生产工艺要求的过程。

通风包括从室内排除污浊的空气和向室内补充新鲜的空气两个方面，即送风和排风。通风系统主要由通风机、进排或送回口、净化装置、风道与调控构件等部分组成。

按工作动力可以分为自然通风和机械通风。

自然通风是指依靠室内外空气的温度差(实际是密度差)造成的热压，或者室外风造成的风压，使房间内外的空气进行交换，从而改善室内空气环境的换气方式。自然通风的优点是不需要设置动力设备，对于有大量余热的车间，是一种经济、有效的通风方法。其缺点是无法处理进入室内的空气，也难以对从室内排出室外的污浊空气进行净化处理；其次，自然通风易受室外气象条件影响、通风效果不稳定。

为了确保建筑物通风效果良好，自然通风应按照以下原则进行设计。

① 为避免建筑物有大面积的围护结构受西晒的影响，建筑朝向应坐北朝南，体形系数不宜过大。

② 建筑的主要进风面应当与夏季主导风向成60°到90°，不宜小于45°，并综合考虑避免西晒的问题。

③ 不宜将附属建筑物布置在迎风面一侧。为了避免风力在高大建筑物周围形成的正、负压力区影响与其相邻低矮建筑的自然通风，建筑之间应当留有一定的间距。

④ 南方地区适宜采用以穿堂风为主的自然通风。建筑物迎风面和背风面外墙上的进、排风窗口位置与开口面积应满足自然通风需要。

机械通风是指利用机械手段(如风机、风扇)产生压力差来实现空气流动的通风方式。机械通风的特点是需消耗电能，机械设备及通风管道需要占具一定的空间，初期投资和运行费都比较高，适用于对通风要求较高的场所。但是机械通风可控制性强，可根据需要通过调整风口和风量控制室内气流分布，因此得到了广泛应用。

常见的通风系统类型包括：局部通风、全面通风和置换通风。

全面通风是对整个房间进行通风换气。其基本原理是用清洁空气稀释(或冲淡)室内空气中的有害物浓度，同时不断地把污染空气排至室外，保证室内空气环境达到卫生标准，如图11.4。全面通风也称稀释通风。在设计全面通风系统时应遵守一个基本原则：即应将干净空气直接送至工作人员所在地或污染物浓度较低的地方。

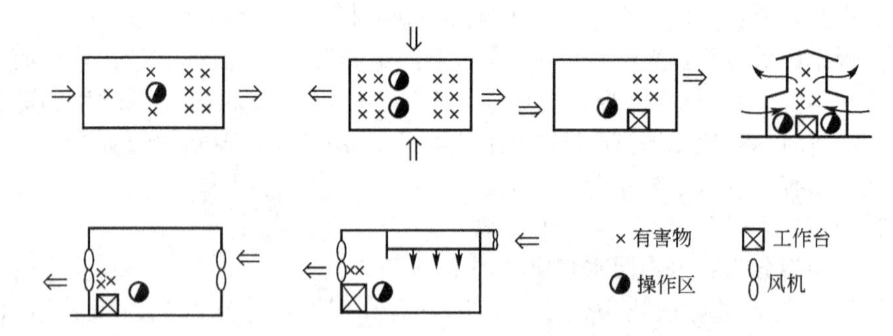

图11.4 全面通风房间气流组织示意图

全面通风常用的送、排风方式有上送上排、下送上排及中间送、上下排等多种形式。具体应用时，应根据下列原则选择。

① 进风口应位于排风口上风侧。

② 送风口应接近工作人员所在地点，或者污染物浓度低的地带。

③ 排风口应设在污染物浓度高的地方。

④ 在整个控制空间内，尽量使室内气流均匀，减少涡流的存在，从而避免污染物在局部地区。

局部通风分为局部进风和局部排风，基本原理是通过控制局部气流，使局部工作范围不受有害物的污染，并且造成符合要求的空气环境 。

置换通风是利用冷空气下沉、热空气上升原理，置换通风送风口和排风口的位置应该遵循：送风口在下，排风口在上。

(3) 空气调节。

空气调节是指将室外空气送到空气处理设备中进行冷却，加热，除湿，加湿，净化(过滤)后，达到所需参数要求，然后送到室内，以消除室内的余热，余湿，有害物，使其满足人们的舒适性要求和产品的生产工艺要求。调节控制的参数主要包括：室内温度，湿度，空气流速，空气的清洁度，空气压力，空气的组成成分等。

空调系统主要由以下几部分组成。

① 工作区也称为空调区。

② 冷热介质输配系统，包括风道，风机，风阀，风口，风机盘管。

③ 空气处理设备，包括冷却，加热，加湿，减湿，除尘，隔噪音。

④ 处理空气所需要的冷热源，包括制冷机，热水锅炉，热泵。

⑤ 自动控制系统。

空调系统按设备布置形式分为：集中式、半集中式和分散式。

(1) 集中式空调系统。

集中式空调系统由集中式空调设备、空气输送管道、冷热源及末端设备组成。由于室内的空气的冷却及加热全部由空气完成的，又称为全空气系统。其优点：管理维修方便，无凝结水产生，室内空气质量好，消声防振容易；缺点：占用建筑空间较多，施工安装工作量大，工期长，可调控性差。集中式空调系统根据所使用的室外新风情况分为封闭式、直流式和混合式三种，如图 11.5。

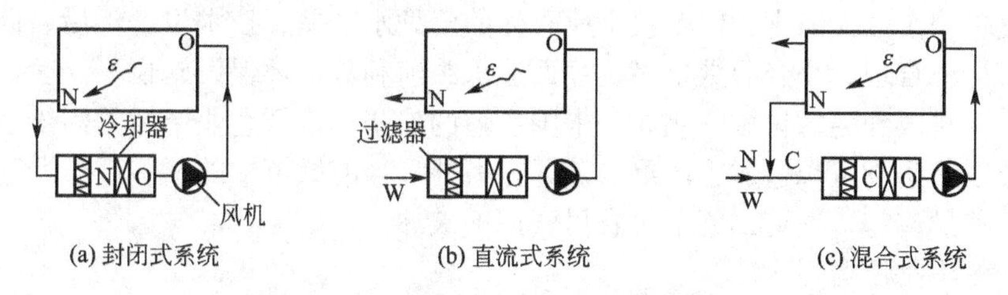

图 11.5 普通集中式空调系统的三种形式

N—室内空气；W—室外空气；C—混合空气；O—冷却器后的空气状态

(2) 半集中式空调系统。

半集中式空调系统中，新风是集中处理与输配，但室内空气的加热和冷却是由房间内的末端装置在各个房间内完成的，所以称为半集中式系统。通常称风机盘管加新风系统。风机盘管加新风系统是目前应用最广的系统形式。风机盘管空调机组的新风供给方式分为：①靠室内机械排风渗入新风；②墙洞引入新风方式；③独立新风系统。

(3) 分散式空调系统。

分散式空调系统又称局部空调机组，冷热源和散热设备合并成一体，分散放置在各个房间里，称为分散式系统。如煤气供暖、电热供暖、窗式空调、分体空调等。分散式系统通常每个房间或家庭设置一套，具有装置简单，易实现的特点，但缺点是效率不高、能源结构不合理。

空调机组按容量大小可分为：窗式空调器和立柜式空调器。

按冷凝器的冷却方式分为：水冷式空调器和风冷式空调器。

按供热方式不同划分为：普通式空调器和热泵式空调器。

11.4.2 室外环境

1）中国环境现状

中国历来对环境污染十分重视，早在1974年就成立了国务院环境保护领导小组，随后各地也相继出现了一大批环境保护机构和环境保护科研单位，进行了一系列的环境保护和环境综合治理工作。虽然经过多年的环境治理与恢复工作，取得了一定的成效，但是治理的速度赶不上破坏的速度，中国目前的环境污染状况仍在继续恶化，主要表现在以下几方面。

（1）城市环境污染日益严重

中国城市大气污染严重，由于工业企业排放污染物以及燃煤、汽车尾气的排放，北方城市大气中降尘和颗粒物浓度100%的超标，南方城市50%～60%超标，且这种情况在冬季尤为突出；在全世界50多座城市的大气质量监测中，中国北京、上海、广州被排在全世界污染最严重城市的前十名中。城市污染还包括工业废水、城市污水等的不合格排放等，这些使得地表水的污染也越来越严重，中国的饮用水水源近年来在逐年减少。这些都说明中国城市的污染情况已相当严重。

（2）农村资源受到破坏

20世纪90年代初，由于中国经济的发展，乡镇企业数量大幅增加。由于乡镇企业造成的污染日益严重，乡镇企业所在的村镇逐渐形成为农村污染的中心。虽然乡镇企业为国家、为人民带来了巨大财富，但乡镇企业总体的管理水平差、技术设备落后、能源资源利用率低、布局不合理、小企业数量多、片面追求眼前利益，环保设施也不配套，从而造成污染物的大量排放和随意排放。例如，中国乡镇的一些小造纸企业产生的污染物直接对土地、水资源以及生物资源造成了严重的破坏。另外，当前城市中的一些污染严重的企业也有向农村迁移的趋势，这更加剧了对农村资源的破坏。

（3）生态环境恶化

生态环境的恶化首先表现在森林资源减少，覆盖率不断下降。中国森林覆盖率原本就比较低，全世界排列在第131位，但在一些地区乱砍、滥伐现象依然很严重。其次，由于森林的减少，土壤的流失情况日益严重，这使得内陆湖泊的淤积现象逐年加剧，内陆湖泊水域面积不断减少，这对于抵御洪水都会带来很不利的影响。

2）室外环境工程的主要内容和任务

环境工程的主要内容为废气污染控制工程、废水污染控制工程、固体废物污染控制工程。

（1）废气污染控制工程。

大气污染主要来源于矿物燃料的燃烧，某些工业生产过程中也会排放大气污染物，另外，火山的大规模爆发也会污染大气。大气中的污染物主要有烟尘、二氧化硫、氮氧化合物(包括一氧化氮、二氧化氮等)、碳氧化合物(包括一氧化碳、二氧化碳)。这些污染物存在于大气中会对环境造成各种不良影响，造成严重的环境问题，同时也会危害人类健康，因此采取相应措施对其控制是十分必要的。

大气污染防治的主要措施：能源革新，用无污染能源(太阳能、风能、水能、地热等)或低污染能源(如燃气)替代煤；设备技术的革新，革新技术设备能有效提高燃烧效率，减少有害气体的排放；提高废气处理技术，废气处理是大气污染防治的最后手段，废气处理的主要内容是采用各种技术手段对对外排放气体中的有害物质进行处理，使其转化成其他物质或将其集中收集。

(2) 废水污染控制工程。

废水污染主要是由于工业废水、农业废水和生活废水未经处理合格而排入水中，从而使水体受到污染。日趋加剧的水污染已对人类的生存安全构成重大威胁，成为经济和社会可持续发展的重大障碍。

废水污染的防治措施：加大城市污水和工业废水的治理力度，大力推行清洁生产，提高污水回收利用率；加强农业污染控制，规范农药、化肥使用，大力扶植生态农业。

(3) 固体废物污染控制工程。

固体废物按来源大致可分为生活垃圾、一般工业固体废物和危险废物3种。此外，还有农业固体废物、建筑废料及弃土。固体废物如不加妥善收集、利用和处理处置，将会污染大气、水体和土壤，危害人体健康。

固体废物具有两重性，也就是说，在一定条件下，某些物品对用户不再有用或暂不需要而被丢弃，成为废物，但对其他用户或者在某种特定条件下，废物可能成为有用的甚至是必要的原料。固体废物污染防治正是利用这一特点，力求使固体废物减量化、资源化、无害化。对那些不可避免地产生和无法利用的固体废物需要进行处理处置。固体废物具有来源广、种类多、数量大、成分复杂的特点。因此防治工作的重点是按废物的不同特性分类收集运输和贮存，然后进行合理利用和处理处置，减少环境污染，尽量变废为宝。

环境工程学是一个庞大而复杂的技术体系。它不仅研究防治环境污染和公害的措施，而且研究自然资源的保护和合理利用，探讨废物资源化技术、改革生产工艺、发展少害或无害的闭路生产系统，以及按区域环境进行运筹学管理，以获得较大的环境效果和经济效益，这些都是未来环境工程学的重要发展方向。

本章小结

给排水工程指用于给水供给、废水排放和水质改善的工程，是市政工程建设的重要组成部分。它是人类文明发展的产物，体现了人类卫生条件和居住环境的改善。给排水工程主要可分为城市公共事业和市政工程的给水排水工程；大中型工业企业生产的给水排水及水处理工程；建筑给水排水工程。随着现代新材料、新设备、新工艺和新的管理思想的出现，给排水工程在规划、设计、施工、维护和管理控制等诸多方面得到不断进步。建筑环境主要针对人们居住的室内环境。随着全球气候变化，单纯靠自然取暖与通风已经很难满足生活需求，因此，室内采暖与空调工程势在必行。中国目前的环境状况堪忧。

思 考 题

11-1　简述城市给水系统的组成。
11-2　什么是建筑给水，它包含哪些内容？
11-3　建筑内部排水系统的组成应能满足哪些基本要求？
11-4　简述室内采暖与空调工程。
11-5　我国目前的环境污染状况仍在继续恶化，其基本表现有哪些？

阅 读 材 料

巴黎的城市排水系统

巴黎作为一个具有悠久历史的欧洲名城，其下水道系统，就像埃及金字塔一样，是一个举世闻名的伟大工程。近代下水道的雏形也是脱胎于法国巴黎，巴黎的下水道系统经过了无数次的改进，今天的下水道总长2300多千米，规模远超巴黎地铁，是世界上最负盛名的排水系统，也是世界上唯一可供参观的下水道。从1867年世博会开始，陆续有外国元首前来参观，现在每年有约10万人来参观学习。巴黎的下水道处于地面以下50m，水道纵横交错，密如蛛网。下水道四壁整洁，管道通畅，地上没有一点脏物，干净程度可与巴黎街道相媲美。而且，下水道宽敞得出人意料：中间是宽约3m的排水道，两旁是宽约1m的供检修人员通行的便道，如图11.6所示。

图11.6　巴黎下水道

巴黎下水道系统享誉世界，因此下水道博物馆已成为巴黎除埃菲尔铁塔、卢浮宫、凯旋门外的又一著名旅游项目。巴黎下水道虽然修建于19世纪中期，但用现在的眼光看，这些高大、宽敞如隧道般的下水道也确实不同凡响。还有一连串数字可以说明这一排水体系的发达：约2.6万个下水道盖、6000多个地下蓄水池、1300多名专业维护工……这哪里是下水道？简直就是一座伟大的地下水库工程！在19世纪能够设计出这样复杂的地下排水系统不得不说是一个创举。这项巨大工程的设计师奥斯曼当然功不可没。奥斯曼是在19世纪中期巴黎爆发大规模霍乱之后设计了巴黎的地下排水系统。当时的设计理念是提高城市用水的分布，将脏水排出巴黎，而不再是按照人们以前的习惯将脏水排入塞纳河，然后再从塞纳河取得饮用水。然而真正对巴黎下水道设计和施工作出巨大贡献的却是贝尔格朗。1854年，奥斯曼让贝尔格朗具体负责施工。到1878年为止，贝尔格朗和他的工人们修建了600km长的下水道。随后，下水道就开始不断延伸，直到现在长达2400km。

截止到1999年，巴黎便完成了对城市废水和雨水的100%完全处理，还塞纳河一个免受污染的水质。这个城市的下水道和其地铁一样，经历了上百年的发展历程才有了今天的模样。除了正常的下水设施，这里还铺设了天然气管道和电缆。此外，多数人或许不知道，在巴黎，如果不小心把钥匙或是贵重的戒指掉进了下水道，是完全可以根据地漏位置，把东西找回来的。下水道里也会标注街道和门牌号码。失主所需要的，只是拨个电话，并且这项服务是免费的！

博斯凯大街的污水干道，浓缩了巴黎下水道的全貌。沿着一条长500m、标着路面街道名的蜿蜒通道前行，脚下是3m多宽的水道，污水在里面哗哗流淌，身边摆放着各种古今的机械，每隔一段又出现岔路和铁梯。再往前是一个陈列馆，陈列着高卢罗曼时代、中世纪、文艺复兴时期、第一帝国和七月王朝、现代和近代巴黎下水道6个历史时期的图片、模型，并配以英、法两种文字说明。陈列品展示了巴黎下水道的历史变迁。早在1200年，菲利普·奥古斯特登基后要为巴黎铺砌路面，曾预见巴黎市区将兴建排水沟。从1370年开始，时任市长的于格·奥布里奥兴建蒙马特大街，将盖有拱顶的砌筑下水道通向河道。1850年，在塞纳省省长奥斯曼男爵和欧仁·贝尔格朗工程师的推动下，巴黎的下水道和供水网获得了迅速发展。

到目前为止，这个有着百余年历史的巴黎下水道仍然在市政排水方面发挥着巨大作用。每天，超过1.5万立方米的城市污水都通过这条古老的下水道排出市区。

第12章 土木工程防灾与加固及改造工程

教学目标

本章主要讲述常见土木工程灾害的种类、形成过程以及预防措施，另外对建筑物的维修加固与平移改造也作了简要介绍。通过本章学习，应达到以下目标。

(1) 了解常见土木工程灾害的种类。

(2) 掌握土木工程灾害的形成原理及预防措施。

(3) 熟悉建筑物的维修加固与平移改造技术。

教学要求

知识要点	能力要求	相关知识
土木工程灾害	(1) 了解土木工程灾害的概念 (2) 熟悉常见土木工程灾害的种类	土木工程灾害的分类
土木工程灾害预防	(1) 理解土工程灾害的形成过程 (2) 熟悉土木工程灾害预防及监控措施	相关土木工程灾害预防及监控
建筑物的维修与加固	(1) 了解建筑维修加固的范围与意义 (2) 熟悉建筑维修加固的程序和方法	建筑加固的未来发展
建筑物的平移与改造	(1) 熟悉建筑物平移与改造的概念 (2) 熟悉建筑物平移原理及其施工步骤	建筑物平移与改造的意义

基本概念

地震、地震带、抗震、地质灾害、滑坡、风灾、火灾、泥石流、检测、鉴定、维修、加固、建筑物平移、建筑物改造。

引例

日本建筑为何震而不倒

地震频发的日本被公认为是世界第一的抗震强国。2011年3月11日，日本发生9.0级大地震，震惊世界，日本建筑物，尤其是东京的许多高层建筑虽然出现了摇摆、墙体开裂等现象，但整栋建筑仍然屹立不倒，以顽强的“不死鸟”形象，从一个侧面展示着第一抗震强国的抗震能力。日本建筑表现出的超强抗震能力也让世人折服。

日本是一个地震多发国，在防震抗震方面经验颇多。其中之一，就是围绕防震抗震制定了多部法律，以立法的形式规定了建筑物的抗震设防要求。其实，早在1923年关东大地震之后，日本就制定法律，要求建造房屋时必须计算防震程度。1995年的阪神大地震重创日本。当年，日本颁布了建筑防震标准《建筑基准法》。《建筑基准法》规定，高层建筑必须能够抵御里氏7级以上的强烈地震。一个建筑工程为获得开工许可，除了设计、施工图纸等文件外，必须提交建筑抗震报告书。日本严格的建筑规范挽救了很多人的生命，从海岸线上的防洪堤到摇摆着抵抗地震的摩天大楼，世界上没有哪个国家在地震防范方面做得比日本更好。

从古至今，人类文明的发展史就是不断与各种灾害作斗争的历史。随着世界经济一体化和社会城市化进程的发展，灾害对现代社会的影响辐射范围越来越广，其引起的破坏程度和造成的损失也越来越引起人们的重视。因此，人们在土木工程建设和使用过程中，应了解和预防土木工程可能受到的各种工程灾害。

这些工程灾害包括自然灾害和人为灾害。自然灾害主要是指地震灾害、风灾、水灾、地质灾害等；人为灾害则包括火灾及由于设计、施工、管理、使用失误造成的工程质量事故。下面简要地介绍土木工程灾害及预防与改造方面的基础知识。

12.1 土木工程灾害

土木工程灾害主要有地震灾害、风灾、地质灾害、火灾和工程质量事故等。

1. 地震灾害

地震是地球上经常发生的一种自然灾害。全球每年发生约550万次。由于地球不断运动和变化，地壳的不同部位受到挤压、拉伸、旋扭等力的作用，逐渐积累了能量，在某些脆弱部位，内部介质局部发生急剧的破裂，岩层就容易突然破裂，引起断裂、错动，产生地震波，从而在一定范围内引起地面震动的现象，于是就引发了地震。地震可通过感觉或仪器察觉到。

地震常常造成严重的人员伤亡及破坏房屋等工程设施，引起火灾、水灾、地质灾害等。

全世界地震主要分布于以下两个地震带。

1）环太平洋地震带

此带主要位于太平洋边缘地区，沿南北美洲西海岸，从阿拉斯加经阿留申至堪察加，然后分成两支，其中一支向南经马里亚纳群岛至伊里安岛，另一支向西南经琉球群岛、中国台湾省、菲律宾、印度尼西亚至伊里安岛，两支在此汇合，经所罗门、汤加至新西兰。全球约90%的地震都发生在这一带。所释放的地震能量占全球地震总能量的80%。

2）欧亚地震带

此带是全球第二大地震活动带，横贯欧、亚两洲并涉及非洲地区。其中一部分从堪察加开始，越过中亚；另一部分则从印度尼西亚开始，越过喜马拉雅山脉。它们在帕米尔会合，然后向西伸入伊朗、土耳其和地中海地区，再出亚速海。所释放的地震能量占全球地震总能量的15%。

中国地处这两大地震带之间，是世界上多地震的国家，发生的地震又多又强，也是蒙受地震灾害较为深重的国家之一。如图12.1所示为某地震后的情形。

图 12.1　地震造成的房屋倒塌

“5·12”汶川特大地震就是印度板块向亚洲板块俯冲，造成青藏高原快速隆升所致。高原物质向东缓慢流动，在高原东缘沿龙门山构造带向东挤压，遇到四川盆地之下刚性地块的顽强阻挡，造成构造应力能量的长期积累，最终在龙门山北川—映秀地区突然释放。该特大地震持续时间较长，因此破坏性巨大。

2. 风灾

风灾包括台风和龙卷风灾害。

1) 台风灾害

台风又称飓风(见图 12.2)，是由于热、湿引起的大气的剧烈扰动，是一个大而强的空气涡旋。其直径为 200～1000km，其形成时的风速为 10～20km/h，从台风中心向外依次是台风眼、眼壁，半径多为 5～30km，再向外是几十千米至几百千米宽、几百千米至几千千米长的螺旋云带，螺旋云带伴随着大风、阵雨成逆时针方向旋向中心区，越靠近中心，空气旋转速度越大，并突然转为上升运动。因此，距中心 10～100km 范围内形成一个由强对流云团组成的约几十千米厚的云墙、眼壁，这里会发生摧毁性的暴风骤雨；再向中心，风速和雨速骤然减小，到达台风眼时，气压达到最低，湿度最高，天气晴朗，与周围天气相比似乎风平浪静，但转瞬一过，新的灾难又会降临。

台风带来的灾害有 3 种，即狂风引起的摧毁力、强暴雨引起的水灾和巨浪暴潮的冲击力。图 12.2 所示为一张台风的卫星照片，图像中部的为台风眼，周围的风速比台风眼处要大得多。

2) 龙卷风灾害

龙卷风是一种强烈的、小范围的空气涡旋，是在极不稳定的天气下由空气强烈对流运动而产生的，由雷暴云底伸展至地面的漏斗状云(龙卷)产生的强烈的旋风(见图 12.3)，其风力可在 10 级以上，最大可为 100m/s 以上，一般伴有雷雨，有时也伴有冰雹。如图 12.3 所示为龙卷风灾害的情形。

龙卷风是大气中强烈的涡旋现象，影响范围虽小，但破坏力极大。它往往使成片庄稼、成万株果木瞬间被毁，令交通中断，房屋倒塌，人畜生命遭受损失。龙卷风的水平范围很小，直径几米到几百米，平均为 250m 左右，最大为 1000m 左右。在空中的直径可有几千米，最大有10km。极大风速为150～450km/h，龙卷风持续时间一般仅几分钟，最长不过几十分钟，但造成的灾害很严重。

图12.2 2000年夏“杰拉华”台风的卫星照片

图12.3 龙卷风照片

3. 地质灾害

地质灾害是诸多灾害中与地质环境或地质体的变化有关的一种灾害，主要是由于自然的和人为的地质作用，导致地质环境或地质发生变化，当这种变化达到一定程度，其产生的后果给人类和社会造成的危害称为地质灾害，如地震、火山、滑坡、泥石流、砂土液化等。其他如崩塌、地裂缝、地面沉降、地面塌陷、岩爆、坑道突水、突泥、突瓦斯、煤层自燃、黄土湿陷、岩土膨胀、土地冻融、水土流失、土地沙漠化及沼泽化、土壤盐碱化、地热害等也属于地质灾害。如图12.4和图12.5所示，分别为滑坡和泥石流灾害。中国地质灾害的防治方针是“以防为主、防治结合、综合治理”。

图12.4 滑坡灾害

图12.5 泥石流灾害

4. 火灾

火灾是指在时间和空间上失去控制的燃烧所造成的灾害。在各种灾害中，火灾是最经常、最普遍地威胁公众安全和社会发展的主要灾害。火灾可分为人为破坏产生的火灾和无意识行为造成的火灾。随着城市化发展进程的加快，火灾越来越成为城市的严重危害。如图12.6所示为高层建筑火灾。

根据2007年6月26日公安部下发的《关于调整火灾等级标准的通知》，新的火灾等

图 12.6　高层建筑火灾

级标准由原来的特大火灾、重大火灾、一般火灾 3 个等级调整为特别重大火灾、重大火灾、较大火灾和一般火灾 4 个等级。

(1) 特别重大火灾：指造成 30 人以上死亡，或者 100 人以上重伤，或者 1 亿元以上直接财产损失的火灾。

(2) 重大火灾：指造成 10 人以上 30 人以下死亡，或者 50 人以上 100 人以下重伤，或者 5000 万元以上 1 亿元以下直接财产损失的火灾。

(3) 较大火灾：指造成 3 人以上 10 人以下死亡，或者 10 人以上 50 人以下重伤，或者 1000 万元以上 5000 万元以下直接财产损失的火灾。

(4) 一般火灾：指造成 3 人以下死亡，或者 10 人以下重伤，或者 1000 万元以下直接财产损失的火灾。

5. 工程质量事故

工程质量事故是指结构设计存在缺陷和施工质量差的“豆腐渣”工程，它属于人为的工程事故，工程质量事故对社会的危害是巨大的，在工程设计、施工、管理、应用中需要尽可能避免人为灾害。

12.2 土木工程灾害预防及监控

1. 地震灾害的预防

地震灾害预防工作主要包括工程性预防措施与非工程性预防措施两个方面。

工程性预防措施：提高各类建筑物和构筑物的抗震能力，有针对性地开展抗震加固工作。

非工程性预防措施：各级政府和有关部门要制定防震减灾规划，加强防震减灾的宣传工作、制定破坏性地震应急预案、开展地震保险。

防灾具体措施如下。

(1) 建(构)筑物的抗震处理，包括地基抗震处理、结构抗震加固、节点抗震处理等。

(2) 震前预报。通过监测资料分析和地震前兆研究进行地震区域划分的长期预报和短期临时预报。

(3) 城市布局的避震减灾措施。它是最经济、最有效的抗震减灾措施，主要有选择地势平坦开阔的地方作为城市用地，尽量避开断裂带、液化土等地址不良地带；建筑群布局时保留必要空间与间距；城市规划中保证一些道路宽度；充分利用绿地、广场等作为地震时疏散场地。

2. 风灾的预防

加强台风的监测和预报，是减轻台风灾害的重要措施。对台风的探测主要是利用气象卫星。在卫星云图上，能清晰地看见台风的存在和大小，如图 12.2 所示利用气象卫星资料，可以确定台风中心的位置，估计台风强度，监测台风移动方向和速度，以及狂风暴雨出现的地区等，对防止和减轻台风灾害起关键作用。当台风到达近海时，还可用雷达监测台风动向。应建立城市的预警系统，提高应急能力，建立应急响应机制。

龙卷风的防范：在家时，务必远离门、窗和房屋的外围墙壁，躲到与龙卷风方向相反的墙壁或小房间内抱头蹲下。躲避龙卷风最安全的地方是地下室或半地下室。在电杆倒、房屋塌的紧急情况下，应及时切断电源，防止电击人体或引起火灾。野外遇龙卷风时，应就近寻找低洼地伏于地面，但要远离大树、电杆等；千万不能开车躲避，也不要在汽车中躲避，应立即离开汽车，到低洼处躲避。

目前将土木工程设计成能直接抵御风灾的破坏是不可能的。但在容易发生风灾的地区，将屋面板、屋盖、幕墙等加以特殊锚固是必要的；对核能等重要设施需要重点防范。

3. 地质灾害的防治

防治滑坡的具体措施：改变滑坡体外形、消除和减轻地表水和地下水的危害；降低孔隙水压力和动水压力，防止岩土体的软化及溶蚀分解，消除和减少水的冲刷和浪击作用。具体做法：防止外围地表水进入滑坡区，可在滑坡边界修截水沟；在滑坡区内，可在坡面修筑排水沟；在覆盖层上可用浆砌片石或人造植被铺盖，防止地表水下渗；对于岩质边坡还可用喷混凝土护面或挂钢筋网喷混凝土。

改善边坡岩土体的力学强度。通过一定的工程技术措施，改善边坡岩土体的力学强度，提高其抗滑力，减少滑动力。常用措施：削坡减载、用降低坡高或放缓坡角来改善边坡的稳定性；边坡人工加固，如采用挡土墙、钢筋混凝土抗滑桩、预应力锚杆或锚索、固结灌浆或电化学加固，边坡柔性防护技术等。

地面塌陷是指地表岩、土体在自然或人为因素作用下向下陷落，并在地面形成塌陷坑的自然现象。它的发生有内在和外部原因。

事前采取一些必要措施，避免或减少灾害的损失。

(1) 采取措施减少地表水的下渗。统计分析表明水是塌陷发生不可忽视的触发因素之一；首先应注意雨季前疏通地表排水沟渠，降雨季节时刻提高警惕，加强防范意识，发现异常情况及时躲避；加强地下输水管线的管理，发现问题及时解决；做好地表和地下排水系统的防水工作。

(2) 合理采矿。科学合理的采矿方案，可以防止或减少塌陷的发生。

（3）防治结合，加强工程自身防护能力，如缩短变形缝、防渗漏；对勘察工作确定的重点塌陷危险区，坚决采取搬迁措施。

4. 其他土木工程灾害的防治

除了上述自然灾害外，一些人为灾害给人类造成的损失也非常惨重。人为灾害主要是由于管理失误或漠视安全生产造成的，如火灾和因质量问题造成的“豆腐渣”工程等。对于这类土木工程灾害的预防主要是应该加强安全意识和安全管理。

预防火灾的基本原则：严格控制火源、监视酝酿期特征、采用耐火材料、阻止火焰的蔓延、限制火灾可能发展的规模、组织训练消防队伍、配备相应的消防器材，做好预见性防范和应急性防范两个方面的工作。

对工程质量问题则应从源头上加以预防，对工程设计人员、施工人员等加强安全意识的培养，加强法制教育。做到精心设计、精心施工，以确保工程质量，严厉查处“豆腐渣”工程，防止事故发生。

12.3 建筑物的维修与加固

12.3.1 建筑维修与加固的范围和意义

20世纪50年代以来，世界各国建造了大批办公楼、厂房和公共建筑等钢筋混凝土结构物。这些建筑至今大多使用超过了50年，在使用过程中由于各种原因，许多建筑存在不同的问题，有些甚至已相当严重，危及结构安全。然而，由于土建工程投资较大，所以尽管有些建筑存在一些问题，往往并不会因此拆除重建，而是采用结构维修和加固的办法，恢复其承载力，这样既可以继续确保建筑安全使用，又可以节省大笔建设资金。

目前，在发达国家建筑维修与加固已成为建筑业的重要组成部分，如在丹麦，用于维修加固工程与新建工程的投资比例达到6∶1。在中国，随着改革开放产生了大量新建建筑，当今中国建筑已由大规模新建转向了新建与维修加固并重。

一般来说，在下列情况下要对建筑进行鉴定和加固。

（1）由于使用不当、年久失修、结构有损伤破坏、不能满足目前使用要求或安全度不足时，要进行鉴定和加固。

（2）由于设计或施工中发生差错引起工程质量事故时，对原结构要进行鉴定或加固。这种情况在新建工程和已建成投入使用的工程中都可能遇到。

（3）由于灾害性事件的影响结构产生开裂和破坏时，需要对原结构进行鉴定和加固（如地震、台风和火灾等影响后）。

（4）对一些重要的历史性建筑、有纪念意义的建筑需要进行保护时，要对结构进行鉴定和加固。

（5）当对建筑物进行改建、扩建和加层时，需对原结构进行鉴定和加固。

（6）在对建筑物进行装修中，需对结构构件布置有重大改变而影响原结构受力体系时，应对结构进行鉴定和加固。

(7) 当在已有建筑附近有深大基坑开挖，并且这种开挖会引起土体位移进而会对基坑周围的已有建筑产生有害影响时，应对这些建筑进行鉴定和加固。这也是确保基坑周围已有建筑的安全、确保基坑工程和新建工程顺利进行的重要措施之一。

12.3.2 建筑结构加固的程序

1) 建筑结构的检测

建筑结构的检测主要包括：①收集原有的设计和施工资料，进行结构材料力学性能的检测；②完损性主要是指建筑结构目前的破损状态，评定完损性等级主要是为维修和加固提供依据，主要以外观检查为主；③安全性主要是指构件和结构的安全程度，鉴定安全性主要是为构件和结构的加固提供依据，主要是以内力分析和载荷验算为主。

2) 制定结构加固方案

有了完损性评价结果和安全性鉴定结果后，就可以制定具体的加固方案。这时应综合考虑多种因素，最主要的是建筑物的使用要求和可能的加固施工条件。

3) 绘制结构加固施工图

要根据加固方案进行施工图设计，要特别注意加强新老结构之间的连接，保证协同工作，并注意被加固结构在施工期间的安全。

4) 工程验收

工程验收是工程项目中的最后一道程序，也是至关重要的一环。在工程施工完成后，有关人员要进行工程验收。它包括检验施工是否与设计相符，结构的承载和力学性能等方面是否符合实际要求。

12.4 建筑物的平移与改造

12.4.1 概述

所谓建筑物平移与改造，是指在保持房屋整体性和可用性不变的情况下，将其从原址移到新址，包括纵横向、转向或者移动加转向移动。建筑物的整体平移是一项技术含量较高，具有一定风险性的工程，要求通过平移和转动，不仅使移位后的建筑物能满足规划、市政方面的要求，而且还不能对建筑物的结构造成损坏。在移动过程中，对一些重要的结构(如地基)所造成的损伤，应当给予补强和加固。

建筑物的平移在国外已有100多年的历史，在中国也有近20年的发展实践。该项技术与拆除再重建相比具有明显的优势，能为社会带来较大的经济效益，避免造成浪费。中国目前正处于前所未有的大规模基础设施建设时期，旧城区的改造、道路的扩宽等城市基建的发展非常迅速，但这个过程往往伴随着原有历史建筑物保护以及一些新建大型建筑物拆迁，如果对有条件的建筑物采取整体平移，可起到事半功倍的效果。

到目前为止，国内外在建筑物整体平移方面已有许多成功的实践。例如，1998年，美国的一所豪华别墅，建筑面积约 1100m²，从博卡罗顿长途跋涉 100 多英里(约 160km)到皮斯城，建筑物在进行顶升托换时用了 64 个 150kN 的千斤顶，这座平移工程的特殊之处在于其在行进过程中必须经过一条运河，在这段路程上采用一艘特殊的船体作为运输工具，通过调节船中的水量来保证该建筑物从陆地到船上的平稳性。在中国，建筑物平移工程也越来越多，如 1992 年山西常村煤矿巨型井塔的平移，2001 年南京江南大酒店的平移，2002 年云南澄江县水利局大楼平移等。

12.4.2 建筑平移的原理及其施工过程

1) 建筑平移原理

建筑物的平移就是将建筑物上部结构托换到整个托架上，形成一个整体，然后在托架下布置轨道和滚轴，再将建筑物与基础切断，这样建筑物成了一个可移动体，然后在牵引设备的动力作用下将其移动到预定的位置上。

2) 建筑物整体平移的基本施工步骤

(1) 将建筑物的某一水平面切断，使其与基础分离，变成一个可搬动的“重物”。

(2) 在建筑物切断处设置托换梁，形成一个可托架，其托换梁同时作为上轨道梁。

(3) 既有建筑物基础及新设行走基础作下轨道梁，对原有基础进行承载力验算复核，如承载力不满足要求，须经加固后方可作下轨道梁。

(4) 在就位处设置新基础。

(5) 在上下轨道梁间安置行走机构。

(6) 施加顶推力或牵引力将建筑物平移至新基础处。

(7) 拆除行走机构，将建筑物上部结构与新基础进行可靠连接。

(8) 修复验收。

本章小结

工程灾害包括自然灾害和人为灾害。自然灾害主要是指地震灾害、风灾、水灾、地质灾害等，人为灾害则包括火灾及由于设计、施工、管理、使用失误造成的工程质量事故。对于自然灾害要做好工程性预防措施与非工程性预防；面对其他灾害应该加强安全意识和安全管理，防止事故发生。

建筑在使用过程中由于各种原因，会存在多种问题，甚至危及结构安全，此时可采用结构维修和加固的办法，恢复其承载力，以达到建筑安全使用和节省建设资金的目的。在合适的情况下，也可对建筑物进行平移，即在保持房屋整体性和可用性不变的情况下，将其从原址移到新址，包括纵横向、转向或者移动加转向移动。

思考题

12-1 如何进行地震灾害的预防？

12－2 什么是台风和龙卷风？防范措施有哪些？

12－3 怎样认识火灾？简述火灾的预防措施。

12－4 简述建筑结构加固的程序。

12－5 简述建筑平移的原理。

12－6 简述建筑物整体平移的基本施工步骤。

阅读材料

南京江南大酒店的平移工程

江南大酒店位于南京市模范马路南侧，房屋结构为整体6层，局部7层框架，占地面积约700m²，总建筑面积5424m²，大楼总重近8000t。

2001年5月，为了进一步改善城市环境，南京市决定对玄武湖地区进行整体改造，江南大酒店正好位于拓宽后的新马路中间。江南大酒店建成于1995年，连同装潢在内总投资是1860万元。如果拆除损失巨大，而且拆除重建至少需要两年时间。因此，有关方面决定将这幢大楼整体向后平行移动26m，而平移费用约为400万元，仅为原大楼造价的1/4。

据该项目的负责人——东南大学教授卫龙武介绍："平移总的来说就是将房屋托换到一个支架上，这个托架下部有滚轴，滚轴下部有轨道，然后将房屋与地基切断，房屋就变成一个可移动的物体。然后用千斤顶等设备推动房屋，到达预定位置后固定在新基础上就可以了。"

在平移的过程中，底部经过切断的建筑物将通过托架和滚轴转移到下轨道梁上，然后在15个液压千斤顶的作用下以0.5m/s的速度向南移至26m处的新基础位置，如图12.7所示。此次平移从5月20日正式开始，当天就平移了2.13m。7天的施工过程中，江南大酒店最多一天"走"了4.24m，平移工程于26日晚上8时全部完成。由于工程中新技术的运用以及地基的加固，酒店与新基础连接后，其牢固程度不仅不会有丝毫下降，而且抗震能力要比原来的建筑物有较大的提高。

图12.7 江南大酒店平移

这次平移工程中，对接方法还采用了一项新技术——基础滑移隔震，就是在房屋基础部位设隔震装置，使房屋的主体结构与基础隔开，地震时阻止地震作用向上传递，从而减小上部结构受到的地震力。专为江南大酒店设计的隔震支座能够减少地震力60%左右。大楼桩基也由原来的12m加深到18m。也就是说，楼房整体平移后，其抗震性能不仅没有降低，反而得到较大提高。如果单从抗震角度来说，平移后设置隔震支座的大楼还可以加层。

此次的万吨大楼整体位移，由东南大学特种基础工程公司进行方案设计和工程施工。在这项工程中，除了基础滑移隔震这一新技术是第一次在建筑平移中使用外，它还拥有另外两项“第一”。首先，此次平移为了减小大楼在移动中的不均匀沉降，在下轨道梁中采用了预应力技术，这是世界上首次将预应力技术应用到平移工程中；其次，江南大酒店的平移工程建筑面积是目前国内最大的，达 5424m^2。

第13章 土木工程建设管理

教学目标

本章主要讲述土木工程项目建设中的招投标程序与项目管理。通过本章学习，应达到以下目标。

(1) 熟悉项目建设主要程序。

(2) 了解工程项目管理的内容。

(3) 熟悉工程项目招投标的主要程序与项目监理的任务。

教学要求

知识要点	能力要求	相关知识
土木工程项目建设	(1) 了解项目建设的概念 (2) 熟悉项目建设的基本程序	项目建设的主要过程
工程项目管理	(1) 了解工程项目管理的概念与方式 (2) 了解现代项目管理的发展过程与特点	工程项目管理发展的几个阶段
工程招投标与承包	(1) 熟悉工程项目招投标的基本概念与主要程序 (2) 熟悉工程项目监理的概念与任务 (3) 了解国际工程承包的特点	(1) 工程项目招投标的范围与作用 (2) 国际工程招投标的程序与特点

基本概念

建设程序、工程项目、项目管理、竣工验收、承包、总承包、联合承包、单独承包、国际工程承包、招标、投标、发标、中标、监理。

引例

什么是CEO

提到管理，人们自然而然想起CEO。CEO是Chief Executive Officer的简称，即首席执行官的意思，是美国在20世纪60年代进行公司结构改革时的产物。在亚洲大多数资本市场比较成熟的国家或地区的中小企业中，CEO也是“老板”的代名词，并非严谨的专指行政总裁，而被直接作为中小企业管理者的英文简称使用。

CEO不是总经理，也不是总裁，概括地说，CEO向公司的董事会负责，而且往往也是董事会的成员之一。在公司或组织内部拥有最终的执行经营管理决策的权力。在国外，CEO是在公司法人治理结构已建立并运转成熟的基础上出现的。1980年以来，随着跨国公司全球业务的拓展，企业内部的信息交流日渐繁忙。由于决策层和执行层之间存在的信息传递阻滞和沟通障碍，影响了经理层对企业重大决策的快速反应和执行能力，一些企业开始对传统的董事会—董事长—总经理式的公司治理结构进行变革。CEO就是这种变革的产物之一，企业首席执行官制度的出现是对传统公司治理结构的新挑战。从根本上来说，公司的拥有权和经营权的分离，就是CEO出现的原因。

项目管理不是今天才有，其实中国古代就有，如现存的许多古代建筑，如长城、都江堰水利工程、大运河、故宫等，建筑规模宏大、施工工艺精湛，至今还发挥着经济和社会效益。虽然人们从史书上看不到当时项目管理的情景，但可以肯定，在这些工程建设中各活动之间必然有统筹的安排，必然有一套严密的甚至是军事化的组织管理：有时间(工期)上的安排(计划)和控制；有费用的计划和核算；有预定的质量要求、质量检查和控制。

工程实践表明，违反建设程序，疏于管理，工程就会出现问题，甚至会带来不可挽回的重大损失。土木工程建设的复杂性和特殊性，更需要建立和完善建设法规，严格按基本建设程序办事，科学统筹，严格管理，在国家宏观调控的前提下，形成以市场化运作为主的机制。

13.1 建设程序

建设程序反映了建设项目发展的内在规律和过程。建设程序分为若干阶段，这个先后次序就是通常说的建设程序。

建设程序是建设全过程中各项工作必须遵循的先后顺序，不能任意颠倒。这个法则是人们在认识客观规律的基础上总结出来的，是建设项目科学决策和顺利进行的重要保证。

项目的建设程序并非中国独有。世界各国包括世界银行在内，在进行项目建设时，大多有各自的建设程序。以世界银行为例，它对项目管理一般分为5个步骤：项目的选定、项目的准备、项目的评估、贷款谈判签约、项目总结。在中国，按现行规定，一般大中型和限额以上的项目从建设前期工作到建设、投产要经历以下几个阶段的工作，如图13.1所示。

1）项目建议书阶段

项目建议书是要求建设某一具体工程项目的建设文件，是基本建设程序中最初阶段的工作，是投资决策前对拟建项目的展望。它主要是从宏观上来分析项目建设的必要性，看其是否符合国家长远规划的方针和要求；同时初步分析建设的可能性，看其是否具备建设条件，是否值得投资。项目建议书经批准后，可以进行详细的可行性研究工作，但并不表明项目非实施不可、项目建议不是项目的最终决策。

2）可行性研究报告阶段

项目建议书一经批准，即可以着手可行性研究，形成可行性研究报告。可行性研究报告是确定建设项目，编制设计文件的重要依据。所有的项目都要在可行性研究通过的基础上，选择经济效益最好的方案编制可行性研究报告。通过可行性研究从技术、经济和财务

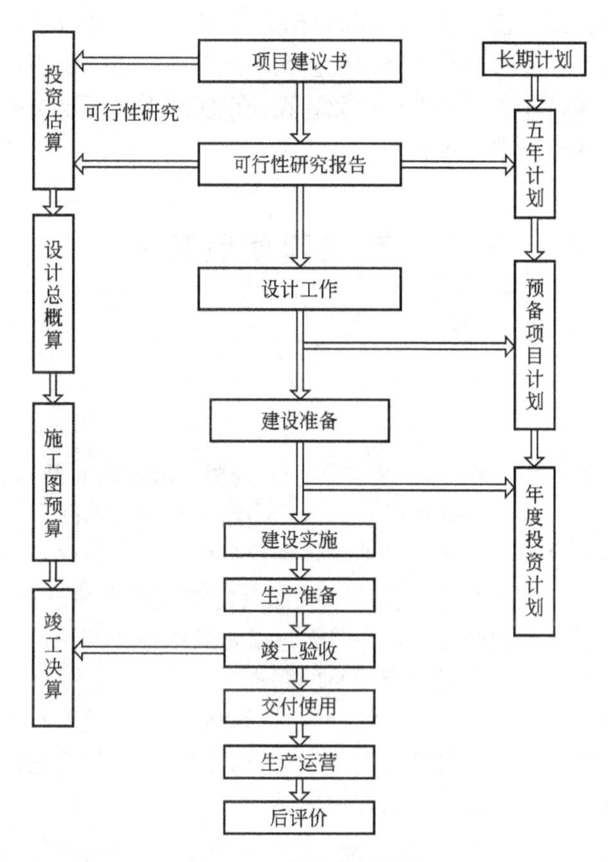

图 13.1 基本建设程序

等几个方面论证建设项目是否得当，以减少项目投资的盲目性。因此本阶段的主要目标是通过投资机会的选择和对工程项目投资的必要性、可行性、如何实施等重大问题进行科学论证和多方案比较，保证工程项目决策的科学性、客观性。

3）设计文件阶段

设计文件一般由建设单位通过招标投标或直接委托设计单位编制。对一般不太复杂的中小型项目采用两阶段设计，即扩大初步设计(或称初步设计)和施工图设计。对重要的、复杂的、大型的项目，经主管部门指定，可采用三阶段设计，即初步设计、技术设计和施工图设计。

4）建设实施阶段

建设项目在实施之前须做好各项准备工作，其主要内容为：征地拆迁、工程地质勘察、设备及材料订货、组织施工招标投标、择优选定施工单位等。建设实施阶段是根据设计图纸进行建筑安装施工。建筑施工是建设程序中的一个重要环节，要严格执行施工验收规范，按照质量检验评定标准进行工程质量验收，确保工程质量。

5）竣工验收阶段

按批准的设计文件和合同规定的内容建成的工程项目，凡是经试运转合格或是符合设计要求、能正常使用的，都要及时组织验收，办理移交手续，交付使用。它是工程建设过程中的最后一环，也是基本建设转入生产或使用的标志。

按基本建设程序办事，还要区别不同的情况，具体项目具体分析。各行各业的建设项目，具体情况千差万别，都有自己的特殊性。而一般的基本建设程序，只反映它们共同的规律性，不可能反映各行业的差异性。因此，在建设实践中，还要结合行业项目的特点和条件，有效地去贯彻执行基本建设程序。

13.2 工程项目管理

13.2.1 概述

项目是指在一定的约束条件下(主要是限定的资源、限定的时间)，具有专门组织、特定目标的一次性任务。工程项目管理随着其发展被赋予了两种不同含义的定义。

传统的定义：项目管理是以高效率地实现项目目标为目的，以项目经理个人负责制为基础，能够对工程项目，或其他一次性事业按照其内在逻辑规律进行有效地计划、组织、协调、控制的管理系统。现代的定义：项目管理就是运用各种知识、技能、手段和方法去满足或超出项目有关利害关系者对某个项目的要求。

工程项目管理的特点：①工程项目管理的目标明确；②工程项目管理把管理对象作为一个系统进行管理；③工程项目管理是按项目运行规律规范化的管理；④有丰富的专业内容；⑤有适用的方法体系；⑥有专业的知识体系。

13.2.2 工程项目管理的研究对象

工程项目管理是研究建设领域中既有投资行为，又有建设行为的建设项目的管理问题，是一门研究建设项目从策划到建成交付使用全过程的管理理论和管理方法的科学，是一门新兴的经济管理学科。工程项目管理是以投资者或经营者(项目业主)的投资目标为目的，按照建设项目自身的运行规律和建设程序，进行计划、组织、协调、控制和总结评价的管理过程。以工程建设作为基本任务的项目管理，其核心内容可概括为“三控制、二管理、一协调”，即进度控制、质量控制、费用控制，合同管理、信息管理，组织协调。在有限的资源条件下，运用系统工程的观点、理论和方法，对项目的全过程进行管理。所以项目管理基本目标有3个最主要的方面：专业目标(功能、质量、生产能力等)、工期目标和费用(成本、投资)目标，它们共同构成项目管理的目标体系。工程项目管理职能如图13.2所示。

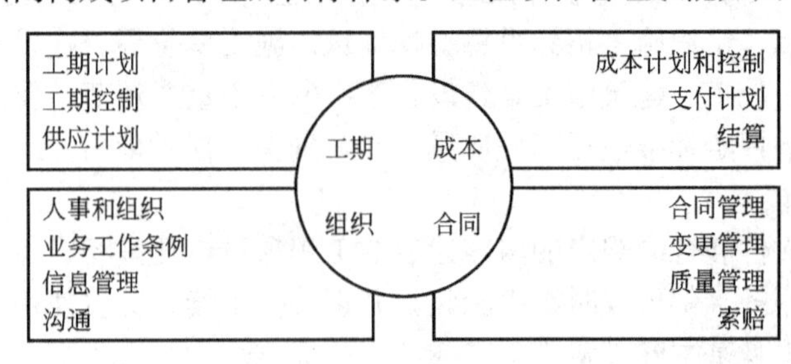

图13.2 工程项目管理职能

13.2.3 工程项目管理的方式

工程项目管理的具体方式及服务内容、权限、取费和责任等，由业主与工程项目管理企业在合同中约定。工程项目管理主要有如下方式。

1）项目管理服务

项目管理服务是指工程项目管理企业按照合同约定，在工程项目决策阶段，为业主编制可行性研究报告，进行可行性分析和项目策划；在工程项目实施阶段，为业主提供招标代理、设计管理、采购管理、施工管理和试运行(竣工验收)等服务，代表业主对工程项目进行质量、安全、进度、费用、合同、信息等管理和控制。工程项目管理企业一般应按照合同约定承担相应的管理责任。

2）项目管理承包

项目管理承包是指工程项目管理企业按照合同约定，除完成项目管理服务的全部工作内容外，还可以负责完成合同约定的工程初步设计(基础工程设计)等工作。对于需要完成工程初步设计工作的工程项目管理企业，应当具有相应的工程设计资质。项目管理承包企业一般应当按照合同约定承担一定的管理风险和经济责任。

根据工程项目的不同规模、类型和业主要求，还可采用其他项目管理方式。

13.2.4 现代工程项目管理

现代化的项目管理是在20世纪50年代以后发展起来的。

20世纪50年代，人们将网络技术应用于工程项目的工期计划和控制，取得了很大成功。最重要的是美国1957年的北极星导弹研制和后来的登月计划。当时以及后来很长一段时间，人们一谈起项目管理便是网络，一举例便是上述两个项目。

20世纪60年代，利用大型计算机进行网络计划的分析计算已经成熟，人们可以用计算机进行项目工期的计划和控制。但当时计算机还不普及，一般的项目不可能使用计算机进行管理，而且当时有许多人对网络技术接受迟缓，所以网络技术仍未十分普及。

20世纪70年代，计算机网络分析程序已十分成熟，人们将信息系统方法引入项目管理中，提出项目管理信息系统。这使人们对网络技术有更深的理解，扩大了项目管理的研究深度和广度，同时扩大了网络技术的作用和应用范围，在工期计划的基础上实现了用计算机进行资源和成本计划、优化和控制。

20世纪80年代，计算机得到了普及，这使项目管理理论和方法的应用走向了更广阔的领域。由于计算机及软件价格降低，数据获得更加方便，计算时间缩短，调整容易，程序与用户友好等优点，使寻常的项目管理公司和企业都可以使用现代化的项目管理方法和手段。这使项目管理工作大为简化和高效，取到了显著的经济和社会效益。

20世纪90年代，人们扩大了项目管理的研究领域，包括合同管理、项目形象管理、项目风险管理、项目组织行为。在计算机应用上则加强了决策支持系统和专家系统的研究。

如今计算机技术，尤其是网络技术的发展为解决建设项目信息管理的上述问题提供了新的机遇。利用互联网促进建设项目参与各方突破时间和距离的限制，及时、有效地进行信息的交流与共享。

现代化的项目管理具有如下特点。

1）项目管理理论、方法、手段的科学化

这是现代化项目管理最显著的特点。现代管理理论的应用，如系统论、信息论、控制论、行为科学等在项目管理中的应用。现代管理方法的应用，如预测技术、决策技术、数学分析方法、数理统计方法、模糊数学、线性规划、网络技术等。管理手段的现代化，最显著的是计算机的应用，以及现代图文处理技术、精密仪器的使用，多媒体的使用等。

2）项目管理的社会化和专业化

在现代社会中，需要专业化的项目管理公司，项目管理现在不仅是学科，而且成为一门职业。专门承接项目管理业务，提供全套的专业化咨询和管理服务，这是世界性的潮流。现在不仅发达国家，甚至发展中国家大型的工程项目都聘请或委托项目管理(咨询)公司进行项目管理，这样能取得高效益，达到投资小、进度快、质量好的目标。

3）项目管理的标准化和规范化

项目管理是一项技术性非常强的十分复杂的工作，要符合社会化大生产的需要，项目管理必须标准化、规范化。这样项目管理工作才有通用性，才能专业化、社会化，才能提高管理水平和经济效益。这使得项目管理成为人们通用的管理技术，逐渐摆脱经验型管理以及管理工作“软”的特征，而逐渐“硬”化。

4）项目管理国际化

项目管理的国际化趋势不仅在中国而且在全世界越来越明显。项目管理的国际化，即按国际惯例进行项目管理。国际惯例能把不同文化背景的人包罗进来，提供一套通用的程序，通行的准则和方法，这样统一的文件就使得项目中的协调有一个统一的基础。

工程项目管理国际惯例通常有如下几个：世界银行推行的工业项目可行性研究指南；世界银行的采购条件；国际咨询工程师联合会颁布的 FIDIC 合同条件和相应的招投标程序；国际上处理一些工程问题的惯例和通行准则等。

13.3 项目招投标与建设监理

13.3.1 项目的招投标

招标单位又称发标单位，中标单位又称承包单位。“标”指发标单位标明的项目的内容、条件、工程量、质量、工期、标准等的要求，以及不公开的工程价格(标底)。实行招标和投标制，改变过去单纯用行政手段分配建设任务的方法，把建筑企业置于竞争环境中去，是中国建筑业管理体制的一项重大改革。它有利于鼓励先进，鞭策后进，不断提高企业的素质和工程项目的社会经济效益。《中华人民共和国招标投标法》已于 2000 年 1 月起施行。

根据《中华人民共和国招标投标法》，在中国境内进行下列工程建设项目，包括项目的勘察、设计、施工、监理以及与工程建设有关的重要设备、材料的采购，必须进行招标。

(1) 大型基础设施、公用事业等关系社会公共利益、公众安全的项目。

(2) 全部或者部分使用国有资金投资或国家融资的项目。

(3) 使用国际组织或者外国政府贷款、援助资金的项目。

招标投标是市场经济中的一种交易方式，它的特点是由唯一的买主(或卖主)设定标的，招请若干个卖主(或买主)通过秘密报价进行竞争，从中选择优胜者与之达成交易协议，随后按协议实现标的。因而招投标是一项经济活动的两个侧面，是招标单位和投标单位共同完成的交易过程。

招标投标的标可以是不同的商品，但以建筑产品最为常见，因而在实践中常常很自然地把招标投标与建筑工程联系在一起。在这种情况下，招标可以看做建筑产品需求者的一种购买方式；而投标则可以看做建筑产品生产者的一种销售方式；从招标和投标双方共同的角度来看，招标投标就是建筑产品的交换方式。

建筑工程采用招标投标方式决定承建者是市场经济、自由竞争发展的必然结果。这种方式已成为国际建筑市场中广泛采用的主要交易方式。

工程项目招标投标中的所谓"招标"，是指项目建设单位(业主)将建设项目的内容和要求以文件形式标明，招引项目承包单位(承包商)来报价(投标)，经比较，选择理想承包单位并达成协议的活动。对于业主来说，招标就是择优。由于工程的性质和业主的评价标准不同，择优可能有不同的侧重面，但一般包含如下4个主要方面：较低的价格、先进的技术、优良的质量和较短的工期。业主通过招标，从众多的投标者中进行评选，既要从其突出的侧重面进行衡量，又要综合考虑上述4个方面的因素，最后确定中标者。

所谓"投标"，是指承包商向招标单位提出承包该工程项目的价格和条件，供招标单位选择以获得承包权的活动。对于承包商来说，参加投标就如同参加一场赛事竞争。因为，它关系到企业的兴衰存亡。这场赛事不仅比报价的高低，而且比技术、经验、实力和信誉。特别是当前国际承包市场上，工程越来越多的是技术密集型项目，势必给承包商带来两方面的挑战：一方面是技术上的挑战，要求承包商具有先进的科学技术，能够完成高、新、尖、难工程；另一方面是管理上的挑战，要求承包商具有现代先进的组织管理水平，能够以较低价中标，靠管理和索赔获利。

招投标的适用范围包括工程项目的前期阶段(可行性研究、项目评估等)，以及建设阶段的勘测设计、工程施工、技术培训、试生产等阶段的工作。由于这两个阶段的工作性质有很大差异，实际工作中往往分别进行招投标，也有实行全过程招投标的。

标底是建设项目造价的表现形式之一。其由招标单位自行编制或委托经建设行政主管部门批准具有编制标底资格和能力的中介机构代理编制，并经当地工程造价管理部门(招投标办公室)核准审定最终形成发包价格，是招标者对招标工程所需费用的自我测算和预期，也是判断投标报价合理性的依据。

建设项目投标报价是指施工单位、设计单位或监理单位根据招标文件及有关计算工程造价的资料，按一定的计算程序计算工程造价或服务费用，在此基础上，考虑投标策略以及各种影响工程造价的因素，然后提出投标报价。项目招标方式主要有公开招标、邀请招标和协商议标3种。

公开招标是指招标人(依《中华人民共和国招标投标法》规定提出招标项目、进行招标的法人或者其他组织)以招标公告的方式邀请不特定的法人或其他组织投标。邀请招标是指招标人以投标邀请书邀请特定的法人或者其他组织投标。协商议标，即由开发商直接邀请某一承包企业进行协商，协商不成再邀请另一家承包企业，直至达成协议。

建筑工程招投标的主要程序如图 13.3 所示。

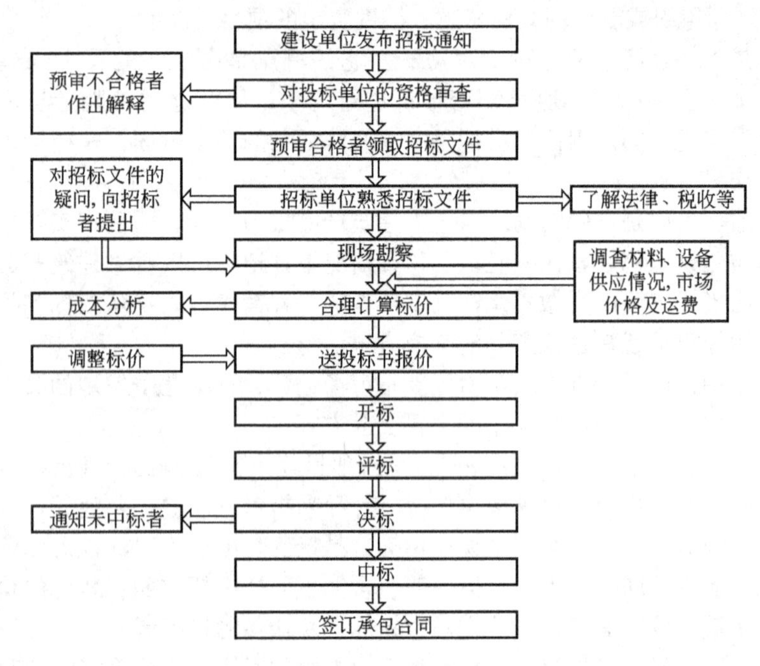

图 13.3　建筑工程招投标的主要程序

13.3.2　建设监理

1. 建设监理的概念

建设监理是指监理单位对工程建设及其参与者的行为所进行的监督和管理。这里所指的工程建设参与者是指建设单位、设计单位、施工单位、材料设备供应单位等。建设监理的目的是促进建设者行为符合国家法律、法规、技术标准和有关政策，约束建设行为的随意性和盲目性，确保建设行为的合法性、科学性，并对建设进度、费用、质量目标进行有效的控制，实现合同的要求。

建设监理是随着市场经济的发育而形成和发展起来的。最初，业主们感到单靠自己来监督管理工程建设具有局限性和困难性。专业化和劳动分工理论的建立，使建设监理的必要性逐步被人们认识。目前，建设监理已贯穿于建设活动的全过程。在西方国家的工程建设活动中已形成了业主、承包商和监理工程师三足鼎立的基本格局。世界银行和亚洲、非洲开发银行等国际金融机构，都把实行建设监理作为提供贷款的条件之一，建设监理成为工程建设必须遵循的制度。中国正在加强培训、积极实践并参与国际建设监理竞争；目前已基本达到产业化、规范化、国际化的程度(参与国际监理竞争)，使建设监理成为一大产业。2000 年 12 月 7 日中华人民共和国建筑部与国家质量监督局联合发布了《建设工程监理规范》。建设监理制度正向法制化、程序化发展，正逐步成为工程建设管理组织体系中的一个重要组成部分。

2. 建设监理的任务

在工程建设中，无论是全过程的建设监理，还是某一阶段的建设监理，建设监理主要有“控制、管理、协调”这3方面的任务。

1）控制

所谓控制，是指投资控制、进度控制及质量控制，通常称为“三控制”。投资控制分为项目设计和项目施工两个阶段。在项目设计阶段，以工程项目概算为基础，审核并设计方案，估算造价能控制在投资范围内。在项目施工阶段，应根据合同价，控制在施工过程中可能新增加的费用，监测施工过程中各种费用的实际支出，正确处理索赔事宜，达到对工程实际价的控制。

进度控制是对项目的各个阶段的进度都要进行的控制，因此要有一个总的控制进度计划。由于施工阶段是工程实体形成的阶段，项目建设工期和进度很大程度上取决于施工阶段的工期长短。因此，对施工进度进行的控制，是整个项目进度控制的关键阶段。

质量控制是指在项目设计和施工的全过程中对形成工程实体的质量进行的控制，包括设计方案质量和材料、半成品、机具以及施工工艺质量。设计质量控制是工程项目质量控制的起点。施工阶段的质量控制是整个项目质量控制的重点阶段。要建立健全有效的质量监督工作体系确保工程项目的质量达到预定的标准和等级要求。

2）管理

管理任务涉及合同管理和信息管理两个方面。合同管理是进行投资控制、质量控制、进度控制的有效手段。监理工程师通过有效的合同管理，确保工程项目的投资、质量和进度三大目标的最优实现。监理工程师在现场进行合同管理，就是要一切按照合同办事；要注意防止被索赔的可能，还要寻找向对方索赔的机会。

信息管理又称信息处理。监理工程师在监理过程中使用的主要方法是控制，控制的基础就是信息。因此，要及时掌握准确、完整的信息，并迅速进行处理，使监理工程师对工程项目的实施情况有清楚的了解，以便及时采取措施，有效地完成监理任务。信息处理要有完善的建设监理信息系统，充分利用计算机进行辅助管理，同时加强建设监理文件档案的管理。

3）协调

协调是指业主和承包商之间出现各种矛盾和问题时，作为监理工程师，及时、公正地进行协调和仲裁，维护双方利益的任务。由于业主与承包商只有各自的经济利益，对问题有着不同的理解，因此协调是经常性的任务。

三大目标控制及合同管理与有关单位的关系，即监理任务，如图13.4所示。

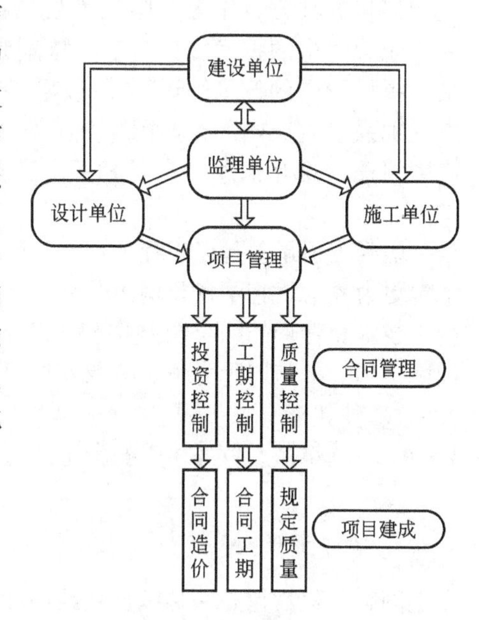

图13.4 监理任务

3. 工程建设监理程序

监理人按合同约定派出监理工作需要的监理

机构(派驻本工程现场实施监理业务的组织)，委派总监理工程师及其监理机构的主要成员，迅速实施工程建设监理。工程建设监理一般应按下列程序进行：编制工程建设监理规划；按工程建设进度，分专业编制工程建设监理细则；按照建设监理细则进行建设监理；参与工程竣工预验收，签署建设监理意见；建设监理业务完成后，向委托人提交工程建设监理档案资料。

4. 建设监理的发展

中国的建设监理已经取得了有目共睹的成就，并且已被社会各界认同和接受，但是目前还处在发展的初级阶段，与西方发达国家还有很大的差距。因此，为了使中国的建设监理更好地实现预期的效果，今后应从以下几个方面来改善：①加强法制建设，走法制化的道路；②以市场需求为导向，向全方位全过程监理；③适应市场需求，优化工程监理企业结构；④加强培训工作，不断提高从业人员素质；⑤与国际接轨，走向世界。在这些方面，大型、综合素质较高的监理企业应当率先采取行动。

13.4 国际工程承包

13.4.1 概述

国际工程承包是国际上普遍采用的一种综合性的国际经济合作方式。国际工程承包是指一个国家的政府部门、公司、企业或项目所有人(一般称为工程业主或发包人)委托国外的工程承包人负责按规定的条件承担完成某项工程任务。国际工程承包是一种综合性的国际经济合作方式，是国际技术贸易的一种方式，也是国际劳务合作的一种方式。之所以将这种方式作为国际技术贸易的一种方式，是因为国际承包工程项目建设过程中，包含大量的技术转让内容，特别是项目建设的后期，承包人要培训业主的技术人员，提供所需的技术知识(专利技术、专有技术)，以保证项目的正常运行。世界经济的发展加强了生产国际化与国际分工协作，使世界各国的经济活动在更高、更宽的领域里高度渗透、相互依赖、利益相关，其资本、技术、劳力的国际间流动和交换规模日趋扩大。

国际工程承包是以工程项目为对象的跨国技术商务活动。与劳务输出相比，国际工程承包更为复杂，它不仅要输出劳务，还要输出资金、技术和设备等。因此，对承包商的资金、技术和管理的综合能力要求很高，承包的风险大，但盈利也很大，这是中国建筑业在国际市场上参与国际竞争、赚取外汇的重要渠道。

13.4.2 国际工程承包的特点、方式与基本程序

1. 国际工程承包的特点

国际工程承包是一种综合性的国际交易活动，是国际经济合作的一个重要组成部分，其主要特点如下。

1）交易内容和程序复杂

由于国际工程承包和劳务合作涉及的面比较广，程序复杂，从经济和法律等方面来看，比一般商品贸易和一般经济合作的要求高得多。在技术上，包括勘探、设计、建筑、施工、设备制造和安装、操作使用、产品生产；在经济上，包括商品贸易、资金信贷、技术转让、招标与投标、项目管理等；在法律上，既要遵循国际惯例，又要熟悉东道国法律、法规、税收等；此外，派出人员还必须了解东道国的风俗习惯，才能签订一个平等互利并能顺利实施的工程承包项目。

2）工程营建时间长、风险大

一项国际工程承包劳务合作项目，从投标及接受委托到工程完成，一般要经过很长的时间，项目金额一般在几百万美元以上，有的甚至高达几十亿美元。在国际政治经济形势多变，有些国家又经常发生政府更迭或政策变动的情况下，承包人承担的风险很大。此外，投标承包项目，投标人的报价必须是实盘，一经报出，不得撤回，如果要撤回，不但投入的费用无法收回，而且投标保证金也将被没收。因此，承包人必须量力而行，认真研究，慎之又慎。

3）政府的支持和影响

国际工程承包是一种综合性的交易，许多国家政府都直接开设公司或支持本国的工程承包公司开展这方面的业务，并采取措施使本国的承包公司从单纯的劳务输出向承包工程发展，从小型项目到大型项目发展，从劳动密集型项目向技术密集型项目发展。许多外国公司利用自身先进技术和高水平管理的有利条件，与东道国的承包公司进行联合，以期在该国项目竞标中获取优势。

4）国际工程承包涉及面广

虽然国际工程承包的当事人是业主和承包人，但在项目实施过程中，却要涉及多方面的关系。例如，业主方面涉及聘用的咨询公司、建筑工程师；承包人方面涉及到合伙人或分包商、各类设备和材料供应商等。此外，工程承包还涉及银行、保险公司一类的担保人或关系人。规模大、技术复杂的大型工程项目可能有多个国家的承包商共同承包，所涉及的关系更为复杂。因此，对业主和承包人来说，要使工程项目顺利完成，必须有处理好各种复杂关系的能力。

5）国际工程承包履约具有连续性

国际工程承包履约具有渐进性和连续性。在工程承包中，施工过程就是履约过程。在整个施工期间，对工程的质量，承包人始终承担责任，并根据合同不断接受业主的检查直至最后确认。

2. 国际工程承包的方式

1）单独承包

承包公司从外国业主那里独立承包某项工程。这种方式下，承包公司对整个工程项目负责，工程竣工后，经业主验收才结束整个承包活动。工程建设所需的材料、设备、劳动力、临时设施等全部由承包公司负责。

2）总承包

总承包是指一家承包公司总揽承包某一项工程，并对整个工程负全部责任。但是它可以将部分工程分包给其他承包商，该分承包商只对总承包公司负责，而不与业主直接发生关系。国际工程承包上普遍采用总承包的方式。

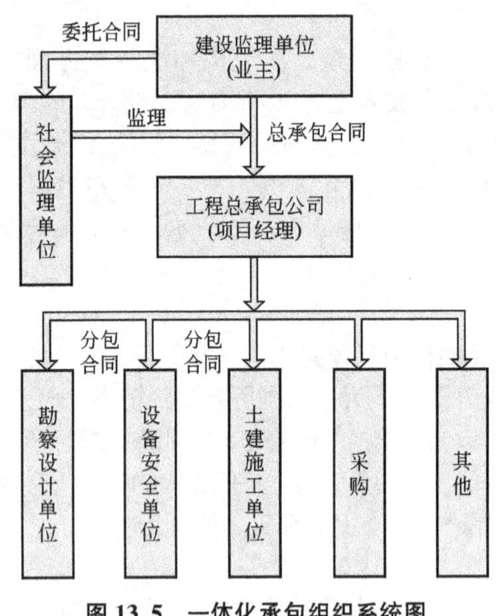

图 13.5　一体化承包组织系统图

3）联合承包

几家承包公司根据各自所长，联合承包外国的一项工程。各自负责所承包的一部分建设任务，并各自独立向业主负责。一体化承包组织系统图如图 13.5 所示。

3. 国际工程承包的基本程序

国际工程承包是一项涉及经济、技术、法律等方面的综合性劳务贸易。它具有合同金额大、周期长、风险大等特点。因而，在进行国际工程承包时，必须做好充分的准备，还要具备高水平的技术条件及管理经验。进行这项工程的基本程序如下。

（1）广泛地收集招标信息，并对项目所在国进行各项调查。

（2）详细准备好报送的预审资料。

（3）深入研究招标文件并参加标前会议。

（4）正确确定报价水平。

（5）评价、中标后签订承包合同。

4. 国际工程项目的招投标

国际工程项目通过招标投标签订合同，用合同管理工程项目，使业主在合理的计划工期内按预定的质量目标以竞争性的价格实施工程项目。完善、严密、详实的合同是实现工程项目目标的基本保证，是工程项目管理的关键。而招标投标则是实施工程项目合同管理的程序和手段，起保证作用。

国际工程项目招标投标的运作过程是严格按照世界银行所确认的规范化的程序进行操作的。这一操作程序最大限度地体现了公开、公平、公正的竞争原则。

和一般的招标一样，国际工程项目招标的本质也是一种手段，是一种经济行为，目的是规范竞争，降低成本，让招标方得到性价比高的工程或服务。通过招投标这种买卖方式可以使招标人依法买到合乎标的以及竞争性价格的标的物或者服务；同时，可以使投标人得到公平竞争的机会，所以国际工程项目通行招投标。国际工程项目招标的形式一般有 4 种：①以公开的方式招标；②用书面邀请的方式招标；③议标或委托信任标；④分段招标。

认真解读招标文件的主要目的在于充分理解业主单位的要求，制定有针对性的技术方案，使工程引用的相关规范、标准能够满足业主单位要求的最低标准，适当的技术方案是投标报价重要的影响性因素。

本章小结

工程项目管理是研究建设领域中既有投资行为，又有建设行为的建设项目的管理问题，是一门研究建设项目从策划到建成交付使用全过程的管理理论和管理方法的科学，是一门新兴的经济管理学科。工程项目管理以投资目标为目的，按照建设项目自身的运行规律和建设程序，进行计划、组织、协调、控制和总结评价的管理过程，它以工程建设作为基本任务，项目管理的核心内容为进度控制、质量控制、费用控制，合同管理、信息管理和组织协调。工期目标和费用(成本、投资)目标，它们共同构成项目管理的目标体系。

思 考 题

13-1 中国按现行规定对一般大中型和限额以上的项目从建设前期工作到建设、投产要经历的建设程序有哪些?

13-2 分析工程项目管理的特点。

13-3 描述工程项目管理的职能。

13-4 简述现代工程项目管理的特点。

13-5 如何理解招投标的定义?

13-6 简述建设监理的任务。

13-7 简述国际工程承包的特点。

阅读材料

BOT的融资模式

BOT是英文单词建设(Build)、经营(Operate)、移交(Transfer)的缩写，是政府或相关部门将一个基础设施项目的特许权授予承包商，承包商在特许期内负责项目设计、融资、建设和运营，并通过收取使用费或服务费，回收成本、偿还债务、赚取合理利润，特许期结束后将项目所有权无偿移交政府或相关部门。BOT既是一种融资方式，也是一种投资方式。BOT融资的运作有8个阶段，即项目的确定、拟定、招标、选标、开发、建设、运营和移交。

BOT模式的概念是由土耳其总理厄扎尔于1984年正式提出的。中国将BOT模式称为“特许权融资方式”，它具有民营化、全额投资、特许期和垄断经营4个基本特征。实质上，BOT模式是指私营机构(含国外资本)参与国家公共基础设施项目，在互利互惠的基础上分配该项目的资源、风险和利益的项目融资方式，是政府与承包商合作经营基础设施项目的一种特殊运作模式，如图13.6所示。

BOT模式具有以下特点：①项目发起人对项目没有直接控制权，在融资期间也无法获得任何经营利润，只能通过项目的建设和运行获得间接的经济效益和社会效益；②由于采用BOT模式融资的项目涉及巨额资金，又有政府的特许权协议作为支持，投资者愿意将融资安排成为有限追索的形式，在项目中注入一定的股本资金，承担直接的经济责任和风险；③通过采取让本国公司或外国公司筹资、建设、经营的方式来参与基础设施项目，项目融资的所有责任和风险都转移到项目公司，这样可以减轻政府财政负担，同时又有利于提高项目公司的运作效率。

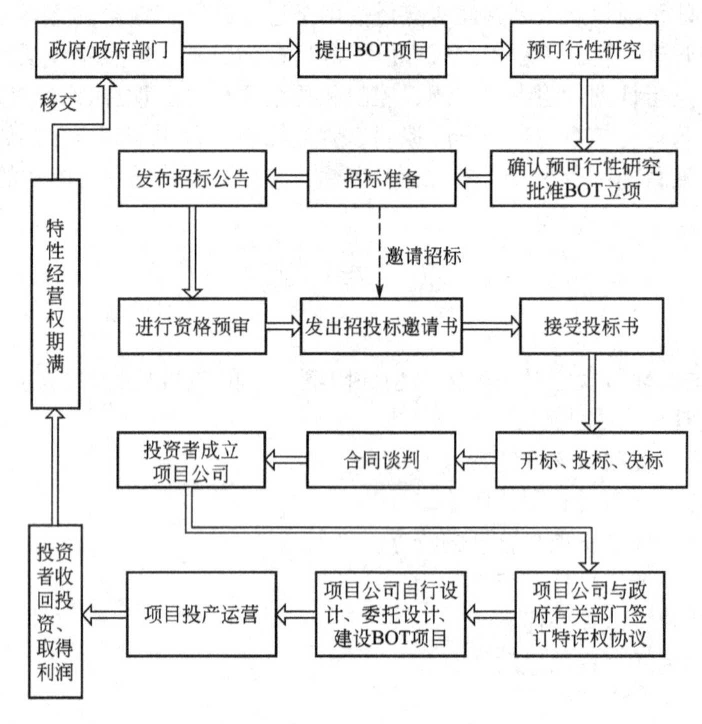

图 13.6　BOT 项目运作程序

20 世纪 70 年代末～80 年代初，世界经济形势发生了很大的变化，人口增长，城市化导致对交通、能源和供水等基础设施的需求急剧膨胀。经济危机和巨额赤字使政府投资能力大为减弱，而债务危机又使许多国家的借贷能力锐减。赤字和债务负担迫使这些国家在编制财政预算时实行紧缩政策，转而寻求私营部门的投资。各国逐渐重视挖掘私营部门的潜力和创造性，利用私营部门的资金进行基础设施建设。在这种背景下，BOT 模式开始在一些国家得到运用和推广。发达的市场体系和健全的法制体系与 BOT 作用的发挥密切相关。一般而言，发达国家各类经济法规健全，政策透明度高，市场竞争有序而高效，为 BOT 的发育提供了良好的土壤。因此，BOT 在发达国家运作比较规范，政府对 BOT 的管理方式也比较成熟。

BOT 投资方式在中国的运作是从电力行业开始的。中国内地第一个 BOT 项目是 1984 年由广东省政府授权香港合和实业公司开发建设的深圳沙角火力发电 B 厂，虽然未直接称之为“BOT 项目”，但可以说是中国第一次 BOT 模式的实践。不久，上海黄浦江延安东路隧道复线工程、广州深圳高速公路、海南东线高速公路、三亚凤凰机场等项目相继采用 BOT 模式引进外资建设。不久广州深圳高速公路、上海黄浦江延安东路隧道复线工程、三亚凤凰机场、海南东线高速公路等项目相继采用 BOT 模式引进外资建设。1995 年 5 月，中华人民共和国国家计划委员(现名为国家发展和改革委员会)批复广西来宾电厂二期工程采用 BOT 方式建设，使该项目成为中国第一个经国家批准的 BOT 试点项目。该项目获得批准和协议的签署实施，标志着中国在能源、交通等领域试点进行 BOT 规范化管理的正式开始。迄今为止，中国已陆续建设了数十个 BOT 项目，吸引了数十亿美元的外资，对推动中国经济的发展起到了积极作用。

第14章 房地产与物业管理

教学目标

本章主要讲述房地产与物业管理的概念、房地产开发经营的过程以及物业管理的内容。通过本章学习，应达到以下目标。

(1) 理解房地产与物业管理的概念。

(2) 熟悉房地产开发的程序与特点。

(3) 熟悉物业管理的内容。

教学要求

知识要点	能力要求	相关知识
房地产与物业管理的概念	(1) 理解房地产的概念 (2) 理解物业管理的概念	房地产与物业管理的概念
房地产开发	(1) 熟悉房地产开发的原则与程序 (2) 了解房地产经营的特点	(1) 房地产开发的几种形式 (2) 房地产的开发、经营及其风险
物业管理	(1) 物业管理的原则 (2) 熟悉物业管理的内容与特点	(1) 物业管理的发展历史 (2) 物业管理的现代化

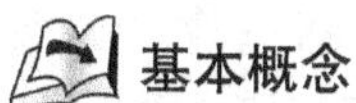

基本概念

房产、地产、业主、开发商、按揭、物业、物业管理。

引例

中国古代房地产交易是怎样的

现在房地产市场上所有的现象在古代也有，考古实物和历史文献证明，中国在西周时就出现了土地交易，在战国时就有房屋买卖。在一个称为“盉”的西周青铜器上，刻有一段关于地产交易的铭文，其意是在公元前919年农历三月，一个叫矩伯的人分两次把1300亩(约 $8.68\times10^5 m^2$)土地抵押给一个叫裘卫的人，换来了价值100串贝壳的几件奢侈品，包括两块玉、一件鹿皮披肩、一条带花的围裙。这是目前发现的最早的一宗地产交易。

在古代，住宅的第一代业主一般不是从市场上买来的，而是第一代业主自己盖的。房子盖好后，因为种种原因，这套房子被卖掉，卖给第二代业主，以后又因各种原因再卖给第三代……总的来说，从战国到明清，中国古代房地产市场交易的主要是二手房，因此一般不存在产权年限。

14.1 概　　述

房地产又称不动产，是房产和地产的总称，包括土地和土地上永久性建筑物及其衍生的权利和义务关系的总和。物业管理是房地产综合开发的派生物。作为房地产市场的消费环节，物业管理实质上是房地产综合开发的延续和完善，是一种社会化和专业化的服务方式。

房地产经营管理主要侧重在物业的开发建设方面，而物业管理则主要从事物业的维护、保养以及对环境的绿化和物业所有人的服务方面。房地产经营的工作性质是开发物业，物业管理的主要任务则是售后服务。因此，物业管理是房地产业发展到一定阶段的必然产物。中国的物业管理也就是改革开放以来房地产业迅速发展的派生结果。

14.2 房地产的开发与经营

14.2.1 房地产的开发

房地产业是从事房地产开发、经营、管理和服务的产业，其内涵包括土地的开发，房屋的建设、维修、管理，土地使用权的有偿出让、转让、房屋所有权的买卖、租赁、房地产的抵押贷款，以及因此而形成的房地产市场。

房地产业与建筑业之间既有区别，又密切联系。建筑业是第二产业，完全是物质生产部门，而房地产业则兼有生产(开发)、经营、管理和服务等性质，因而房地产业属于服务业，是第三产业的重要领域。

房地产开发是指在依法取得国有土地使用权的土地上进行基础设施、房屋建设的行为。因此，取得国有土地使用权是房地产开发的前提，而房地产开发也并非仅限于房屋建设或者商品房屋的开发，而是包括土地开发和房屋开发在内的开发经营活动。

1. 房地产开发的形式

房地产开发包括土地开发和房屋开发。土地开发主要是指房屋建设的前期工作，主要有两种情形：一是新区土地开发，即把农业或者其他非城市用地改造为适合工商业、居民住宅、商品房以及其他城市用途的城市用地；二是旧城区改造或二次开发，即对已经是城市土地，但因土地用途的改变、城市规划的改变以及其他原因，需要拆除原来的建筑物，并对土地进行重新改造，投入新的劳动。就房屋开发而言，一般包括 4 个层次：第一层次为住宅开发；第二层次为生产与经营性建筑物开发；第三层次为生产、生活服务性建筑物的开发；第四层次为城市其他基础设施的开发。

2. 房地产开发的原则

房地产开发基本原则是指在城市规划区国有土地范围内从事房地产开发并实施房地产开发管理中应依法遵守的基本原则。依据中国法律的规定，中国房地产开发的基本原则主要有如下几点。

(1) 依法在取得土地使用权的城市规划区国有土地范围内从事房地产开发的原则。在中国，通过出让或划拨方式依法取得国有土地使用权是房地产开发的前提条件，房地产开发必须是国有土地。中国另一类型的土地，即农村集体所有土地不能直接用于房地产开发，集体土地必须经依法征用转为国有土地后，才能成为房地产开发用地。

(2) 房地产开发必须严格执行城市规划的原则。城市规划是城市人民政府对建设进行宏观调控和微观管理的重要措施，是城市发展的纲领，也是对城市房地产开发进行合理控制，实现土地资源合理配置的有效手段。科学制定和执行城市规划，是合理利用城市土地，合理安排各项建设，指导城市有序、协调发展的保证。

(3) 坚持经济效益、社会效益和环境效益相统一的原则。经济效益是房地产所产生的经济利益的大小，是开发企业赖以生存和发展的必要条件。社会效益指房地产开发给社会带来的效果和利益。环境效益是指房地产开发对城市自然环境和人文环境所产生的积极影响。以上3方面是矛盾统一的辩证关系，既有联系，又有区别，还会产生冲突。这就需要政府站在国家和社会整体利益的高度上，进行综合整合和管理。

(4) 应当坚持全面规划、合理布局、综合开发、配套建设的原则。即综合开发原则。综合开发较之以前的分散建设，具有不可比拟的优越性。综合开发有利于实现城市总体规划，加快改变城市的面貌；有利于城市各项建设的协调发展，促进生产，方便生活，有利于缩短建设周期，提高经济效益和社会效益。

(5) 符合国家产业政策、国民经济与社会发展计划的原则。国家产业政策、国民经济与社会发展计划是指导国民经济相关产业发展的基本原则和总的战略方针，房地产业作为第三产业应受国家产业政策、国民经济与社会发展计划的制约。

3. 房地产开发的主要程序

1) 投资决策分析

投资决策分析类似可行件研究，是开发过程中最为重要的一环。投资决策分析主要包括市场分析和财务估价两部分。这必须在尚未签协议之前进行，给开发者以充分的时间和自由度加以考虑。目前，人们对房地产开发项目的财务估价已经比较普遍，而对至关重要的市场分析却没有足够的重视。

2) 前期工作

当通过投资决策研究确定了具体的开发项目后，就要着手准备实施前期工作。它包括研究地块的特性与范围；分析将要购买的地块用途及获益能力大小；获取土地使用权；征地、拆迁、安置、补偿；规划设计及建设方案的确定；与规划管理部门协商，获得规划许可；施工现场的“七通一平”；安排短期或长期信贷；寻找预租(售)顾客；初步确定租金或售价水平、开发成本和工程量进行详细估算和概算等。

3) 建设阶段

建设阶段是将开发过程中所涉及的所有原材料聚集在一个空间和时间点上，项目建设一开始，对有些问题的处理就不像前面两个阶段具有弹性。尤其对许多小项目而言，一旦签署了承包合同，就几乎不再有变动的机会了。为了防止追加成本和工期拖延，开发商必须密切注意项目建设过程的进展，定期视察施工现场，以了解整个建设过程的全貌。

4）租售阶段

在很多情况下，开发商为了分散投资风险，减轻借贷压力，在项目建设前就通过预租或预售的形式落实了入住的客户，但许多情况下，还是在项目完工或接近完工时才去寻找客户。对出租或出售两种处置方式而言，要根据市场状况，开发商对回收资金迫切程度及开发项目的类型来选择，对于居住楼，通常以出售为主，对写字楼、酒店、商业用房常以出租为主。

14.2.2 房地产的经营

房地产开发经过前期准备阶段，项目实施阶段和竣工验收阶段这一系列过程，最终形成了完整的、可以发挥使用价值的房地产品。房产作为一种商品，要实现其价值，就需要进行有效的房地产的经营，要在激烈竞争的市场中发展壮大，具有一定的房地产经营管理知识是必需的。系统地学习和研究经营管理的理论，是培养房地产经营管理人才，提高房地产企业经营管理水平的重要途径。

房地产经营有狭义和广义之分。狭义的房地产经营是指房地产经营者对房屋和建筑地块的销售、租赁及售后服务管理等活动。而广义的房地产经营是指房地产经营者对房屋的建造、买卖、交换、维修、装饰以及土地使用权的出让、转让等按价值规律所进行的有目标、有组织的经济活动。其活动范围贯穿于房地产业全部过程，不仅仅局限于流通领域。本文将从广义的角度，即房地产经济活动的全过程来研究其经营问题。

1. 房地产经营的主要特点

房地产经营与一般商品经营相比，虽然都属商品经营，都要受供求规律、价值规律、竞争规律的影响，但由于房地产商品的特殊性，表现出不同于一般商品经营的特点。

1）房地产经营的风险性大

从房地产开发经营的内在情况分析，房地产投入资金大、产出周期长、环节多，在全部投入产出过程中若有一个环节发生障碍就会影响整个经营活动的正常进行。特别是房地产开发的资金一般都采用贷款等方式，在房地产价值形成和实现的较长过程中，开发商往往要承受沉重的利息。这些情况就构成房地产经营风险大的内在因素。

2）房地产经营对象具有空间的不移动性

房地产商品不可移动，因而其交易过程不是商品位置的流动，而是商品所有者或使用者的更替。

3）房地产商品交易形式多样化

房地产商品价格昂贵。对于大多数用户而言，往往不可能一次性拿出全款来购买房屋。因而，房地产商品交易形式便有了与众不同的多种形式。除一般的买卖交易外，还有租赁、抵押贷款、分期付款等形式。

4）房地产经营具有垄断性

中国房产和地产都比较稀缺，因此在房地产经营中，实行有节制的垄断是必然的和必要的。垄断性主要体现在国家对城市国有土地使用权出让的垄断经营，即一级地产市场由国家垄断，城市土地批租只能由代表国家的土地管理部门进行。由于政府必然要对某些低收入阶层采取某些住房补贴的福利性政策，在房地产市场中，价格机制、竞争机制将不是唯一起作用的因素。

2. 房地产经营风险及风险分析

房地产经营风险是指由于随机因素所引起的房地产项目实际价值与估计价值或预期价值之间的差异。

房地产经营风险来源于国家风险、市场风险和企业风险3个方面。国家风险主要是国家经济发展状况、国家经济政策及产业政策变化带来的经营风险，如优惠政策的变化、贷款利率的增加、各种税率的变动等。市场风险是指市场条件的改变所引起的风险。企业风险是指企业自身的经营风险，包括由于信息、决策以及经营可能造成的风险等。

房地产经营风险分析是指通过对经营项目的不确定性因素所作的分析。不确定因素是指那些由于主客观条件的变化将会引起改变的某些因素。对不确定因素进行敏感性分析，将有助于确定这些因素变化时经营决策的影响程度。如果一种因素虽然在一定范围内发生变化，但对经营决策不会产生大的影响，那么拟采取的决策对这种因素是不敏感的；如果一种因素有变化，就会引起经营决策很大的变动，那么拟采取的经营决策对这种因素便是高度敏感的。显然，进行这类不确定因素的敏感性分析，对于预测经营风险，进行以经营方案选择为中心的经营决策是非常重要的。

14.3 物业管理

14.3.1 概述

“物业”一词来自香港方言。它译自Real Property或Real Estate，表示房地产或不动产。在中国港澳地区及东南亚一些国家，物业一词往往作为房地产或不动产的别称或同义词。它既可以是单元性的地产，也可以是单元性的房产；既可以是一套住宅，也可以是一栋楼宇或房屋，因而物业所涉及的范围非常广泛。应注意的是，尽管物业一词常常作为房地产的同义词，但是物业的概念与房地产的概念在很多方面还存在着差别。一般来说，房地产一词涉及宏观领域，泛指一个国家或地区的整个房地产；而物业则是一个微观的概念，它一般是指一个单项的房地产或一项具体的实物资产。

物业管理是指物业管理经营人受物业所有人的委托，依照国家有关法律规范，按照合同或契约行使管理权，运用现代管理科学和先进维修养护技术，以经济手段对物业实施多功能全方位的统一管理，并为物业所有人和使用人提供高效、周到的服务，使物业发挥最大的使用价值和经济价值。

14.3.2 物业管理的原则

1）用户至上、服务第一的原则

物业管理要面向业主和使用人，满足他们在物业使用过程中的各项要求，并提供周到的服务。因此，物业管理者在经营过程中要始终坚持用户至上、服务第一的原则，尽心尽职地提供尽善尽美的服务，这是物业管理的首要原则，也是物业管理的根本宗旨。

2）企业化、社会化原则

物业管理工作由物业服务公司实施。物业服务公司是具有中介性质的执行信托职能的服务性法人企业，是自主经营、自负盈亏、自我发展的经济实体，因此，物业管理要实行企业化经营的原则。同时，物业管理行业的产生又是社会分工细化和专业化的结果，物业服务公司正是顺应这一潮流所产生的一种服务性企业，因此，物业管理还必须坚持社会化原则。

3）统一经营、综合管理原则

现代物业的多元化产权关系以及物业的多功能性，使少数业主和使用人产生了自主经营的意向，但由于具体物业的结构、电气、供水等设备无法实施分割，从而使物业管理在实际操作中无法分离。像住宅小区这样的具有多功能的特征，因此，决定了它只能通过统一经营，综合管理，才能使各类物业和工作、居住环境相协调，发挥整体效用。

4）专业管理、自我管理的原则

物业管理的复杂性，不仅要求有专业技术的专业管理，而且要求有更多的人参与管理。充分调动业主或使用人的管理积极性，在部分非专业化管理内容上，由业主或使用人自行管理，往往会得到出人意料的效果，这样不仅降低了物业管理费用开支，而且有利于物业公司与业主增加了解，从而共同达到管理好物业的目的。

5）有偿服务、经济合理的原则

要想物业管理持久有效，物业服务企业得以生存发展，必须要有稳定的管理费用做基础。服务收费是市场经济的必然要求，是物业管理的经费来源。物业管理企业应当以物业为依托，开展多种经营，走"取之于民，用之于民"的经营之道，从而保证经营管理的良性循环。同时，物业管理不能盲目地增加服务项目，提高收费标准，强制收费，不然便会引起纠纷，造成管理的被动。

14.3.3 物业管理的特点

物业管理是一种与传统的房产管理不同的新型的管理模式，它主要是以提供物业管理服务为内容的第三产业。物业管理除了具备管理的一般属性与特点外，由于行业的特殊性，还具有以下几个方面的特性。

1）社会化

物业管理的社会化指物业管理将分散的社会工作集中起来统一管理。除了房屋及机电设备的维修维护外，其他如水电管理、保洁、绿化、家政服务等直接关系到人们日常生活的工作都由物业管理公司承担。每位业主只需要选择一个物业管理公司，就能把所有事物安排好，业主只需要依据收费标准按时缴纳管理费与服务费，就可以获得相关的服务。

物业管理社会化包含了两个基本的内容：一是物业的所有权人以招标的方式从社会上选聘物业管理公司；二是物业管理通过投标的方式在社会上选择可代管的物业。

2）专业化

物业管理的专业化是指物业管理公司通过合同或契约的签订，按照产权人和使用人的意志与要求来实施专业化管理。因此，物业管理公司必须具备一定的专业资质并达到一定的专业管理水平。要有专门的组织机构，专业的人员配备，有科学、规范的管理措施与工作程序，应用现代管理科学和先进的维修技术来实施专业化管理。

3）有偿化

物业管理的有偿化又称商业化。物业服务企业根据业主的需求，按照物业服务合同的约定，提供管理、经营形式的服务，其服务是有偿的。但物业管理目标是合理收费，保本微利，不以高额利润为目的。

4）合同化

物业管理的合同化是指物业服务企业通过物业服务合同接受业主的委托，并通过物业服务合同来约定双方的权利与义务，即物业管理的范围、内容、标准，包括利润目标，是由合同约定的。双方是按照物业服务合同约定，相互配合，共同合作，实现物业保值的。

14.3.4 物业管理的内容

物业管理产业性质属于服务性行业，其基本出发点是根据社会生产力发展水平和人们对生活需求的变化，利用先进的维修养护技术和现代管理科学知识，通过经济手段来管理物业，为业主、住户以及居民提供健康、和谐的生活环境和工作环境。物业管理的内容相当广泛，服务项目呈现多元化、全方位的态势，而且不同类别的物业有着不同的管理侧重点。具体地讲，物业管理主要包括如下内容。

1）基本业务

（1）房屋建筑的维护、修缮与改造。

（2）物业附属设备、设施的维护、保养与更新。

（3）相关场地的维护与管理。

（4）消防设备的维护、保养与更新。

2）专项业务

（1）治安保卫。通过值班看守、巡逻所进行的防火、防盗、防事故以及突发事件的处理。

（2）清扫保洁。对管辖区域内的废弃物的定时、定点的收集清运，以及对公共部位的日常清扫保洁。

（3）庭院绿化。对管辖区域内的公共绿地、宅旁绿地和道路绿化的日常养护。

（4）车辆管理。对进入管辖区域内各种机动车辆的限制，除了必要的特许车辆外，其他车辆经过允许才能驶入，并在规定地点停放。

3）特色业务

物业管理的特色业务主要是接受业主或使用人的委托而提供的各种服务：代办各种公用事业费；代购车、船、机票；代订、送报纸杂志；代聘请家教、保姆、家庭护理；代室内清洁；业主或使用人委托的其他服务。

4）经营业务

物业管理企业可根据不同的服务对象，开展各种经营业务：室内装潢、电器维修、商务中心、咨询、中介、代理租赁、房屋交换、其他。

上述基本业务、专项业务、特色业务和经营业务的项目具有内在的联系。前两项是物业管理的基本工作，既是物业保值、增值，又是为业主和使用人提供基本的居住环境、工作环境和生产环境必不可缺的；后两项业务是在基础工作上的进一步拓展，是从深度和广度上进一步满足业主和使用人的需要，以达到物业管理的社会效益、经济效益和环境效益的统一。

本章小结

房地产包括土地和土地上永久性建筑物及其衍生的权利和义务关系的总和。物业管理是房地产综合开发的派生物。房地产经营管理主要侧重在物业的开发建设方面，而物业管理则主要从事物业的维护、保养以及对环境的绿化和物业所有人的服务方面。

房地产开发是指在依法取得国有土地使用权的土地上进行基础设施、房屋建设的行为。物业管理是指物业管理经营人受物业所有人的委托，依照国家有关法律规范，按照合同或契约行使管理权，对物业实施多功能全方位的统一管理，并为物业所有人和使用人提供高效、周到的服务，使物业发挥最大的使用价值和经济价值。物业管理是房地产业发展到一定阶段的必然产物。我国的物业管理也就是改革开放以来房地产业迅速发展的派生结果。

思考题

14-1　房地产开发的概念是什么?

14-2　房地产开发应该依据哪些原则?

14-3　简述物业管理的特点。

14-4　物业管理的原则和内容是什么?

阅读材料

房地产的按揭

“按揭”源于“mortqage”一词，本意是“抵押”，这词发音的后半部，经过粤语的洋泾浜式改造，读成“按揭”，现在已运用于正式文本，按揭可分为法定按揭和衡平法按揭。房地产按揭指由于用户购房资金不足，向银行提出以房产抵押的方式帮其提前支付房款，然后用户再以每月返还银行本金及利息的这种过程。香港回归祖国前，香港对按揭的规定分为广义和狭义两种。广义的按揭是指任何形式的质押(质押是动产的抵押)和抵押；狭义的按揭是指将房地产转移到贷款人名下，等还清贷款后，再将房地产转回到借款人(抵押人)名下。《中华人民共和国城市房地产管理法》和《中华人民共和国担保法》所规定的抵押与香港的按揭有一定的类似，即这两个法律对抵押的界定都以转移占有为条件。

由于房屋价值量大，即使在人均收入较高的国家或地区，购房者一次筹足购房的款项也是有一定困难的。如果所有的购房者都要等到购房款齐备后再买房，少则要十多年，多则要数十年，而且在这漫长的等待时间里还要交付因租用房屋而承担的费用。

近几年来，由于金融机构的参与，银行向购房者发放贷款，使购房者得以提前获得住房。对房地产开发公司来说，银行向购房者发放贷款，使购房者提前买房，有利于房地产开发公司回收资金的周转，以获得更多的利润。

对银行来说，如果直接向房地产开发公司发放贷款，开发公司用贷款来建造的房屋并不能很快地全部销售出去，这势必影响开发公司的还贷能力。如果直接向购房者发放贷款，购房者将所得的贷款全部用于购房，由于给予购房者的贷款额要低于房价，购房者自己还要投入一笔资金用于购买房屋，又由于购房者在获取贷款时以购得的房屋作抵押，所以还贷的可靠性得到充分的保证。

这种抵押贷款，对于购房者、房地产开发公司和银行都是有利的，而且促进了房地产市场的繁荣。因此，近几年来比较流行。一些房地产开发公司便开始将这种抵押贷款称为“按揭”，有的售房广告标明“提供 * * 成按揭”，即银行可以提供给购房者的贷款比例，如“六成”就是可以提供房价60％的贷款。银行为了贷款的安全，一般最高只能提供房价70％的贷款。

按揭与抵押贷款不完全相同，对按揭较为贴切的解释是向购房者提供的购房抵押贷款，其贷款的目的是购买房屋(主要是住宅)，并不是所有的以房屋为抵押的贷款都可以称为按揭。

第15章 现代土木工程与计算机技术

教学目标

本章主要讲述计算机技术在土木工程中的应用、人工智能系统的发展与土木工程健康监测系统的组成与工作原理。通过本章学习，应达到以下目标。

(1) 熟悉计算机技术在土木工程中的应用。

(2) 了解智能系统的概念、优缺点及其发展趋势。

(3) 熟悉土木工程健康监测系统。

教学要求

知识要点	能力要求	相关知识
计算机技术的应用	(1) 了解计算机辅助设计的概念与发展 (2) 熟悉常用土木工程计算机软件	(1) 计算机辅助设计软件 (2) 计算机技术在土木工程中的应用
智能系统的发展	(1) 理解人工智能与专家系统的概念 (2) 了解智能系统的优缺点	(1) 人工智能在土木工程中的应用 (2) 智能系统的研究内容与发展方向
土木工程健康监测	(1) 了解健康监测系统的概念与发展过程 (2) 熟悉健康监测系统的组成与监测内容	(1) 土木工程健康监测原理 (2) 土木工程健康监测实例

基本概念

电子技术、CAD、信息技术、自动控制、传感器、报警器、健康监测。

引例

西尔斯大厦的消防系统和102部电梯

西尔斯大厦有110层，一度是世界上最高的办公楼。每天约有1.65万人到该楼工作。在第103层有一个距地面412m的观望台，可供观光者俯瞰全市，天气晴朗时还可看到美国的4个州。大厦内有两个电梯转换厅，分设于第33层和第66层；有5个机械设备层。大厦采用了当时最先进的技术和设备。在房间内和各种管井、管道内普遍装设烟火传感器、报警器和电子自动控制的消防系统。楼内的自动喷水装置在火警发生时可将水自动喷洒于任何地点。位于大厦不同高度上的屋顶平台在火警时可用于安全疏散。大厦中安装了102部电梯。一组电梯分区段停靠，从底层有高速电梯分别直达第33层和66层，再换乘区段电梯至各层；另一组从底层至顶层每层都可停靠。大楼所有这些设备的正常运行都必须有计算机技术的辅助。

15.1 计算机辅助设计

15.1.1 概述

计算机辅助设计(Computer Aided Design，CAD)是指在设计活动中，利用计算机作为工具，帮助工程技术人员进行设计的一切适用技术的总和。

计算机辅助设计是人和计算机相结合各尽所长的新型设计方法。在设计过程中，人可以进行创造性的思维活动，完成设计方案构思、工作原理拟定等，并将设计思想、设计方法经过综合、分析，转换成计算机可以处理的数学模型和解析这些模型的程序。计算机可以帮助设计人员担负计算、信息存储和制图等项工作。设计人员通常用草图开始设计，将草图变为工作图的繁重工作可以交给计算机完成；由计算机自动产生的设计结果，可以快速作出图形显示出来，使设计人员及时对设计作出判断和修改；利用计算机可以进行与图形的编辑、放大、缩小、平移和旋转等有关的图形数据加工工作。CAD能够减轻设计人员的劳动，缩短设计周期和提高设计质量。

15.1.2 计算机辅助设计的发展

20世纪50年代，在美国诞生第一个计算机绘图系统，开始出现具有简单绘图输出功能的被动式的计算机辅助设计技术。60年代初期出现了CAD的曲面片技术，中期推出商品化的计算机绘图设备。70年代，完整的CAD系统开始形成，后期出现了能产生逼真图形的光栅扫描显示器，推出了手动游标、图形输入板等形式的图形输入设备，促进了CAD技术的发展。80年代，随着强有力的超大规模集成电路制成的微处理器和存储器件的出现，工程工作站问世，CAD技术在中小型企业逐步普及。80年代中期以来，CAD技术向标准化、集成化、智能化方向发展。一些标准的图形接口软件和图形功能相继推出，为CAD技术的推广、软件的移植和数据共享起了重要的促进作用；系统构造由过去的单一功能变成综合功能，出现了计算机辅助设计与辅助制造连成一体的计算机集成制造系统；固化技术、网络技术、多处理机和并行处理技术在CAD中的应用，极大地提高了CAD系统的性能；人工智能和专家系统技术引入CAD，出现了智能CAD技术，使CAD系统的问题求解能力大为增强，设计过程更趋自动化。现在，CAD已在电子和电气、科学研究、机械设计、软件开发、机器人、服装业、出版业、工厂自动化、土木建筑、地质、计算机艺术等领域得到广泛应用。

中国对CAD的应用和研究，开始于20世纪70年代。在80年代中期进入了全面的应用阶段，并给土木工程设计工作带来了越来越大的影响。常用的CAD软件有AutoCAD、

PKPM、MIDAS、SAP、3D3S 等。下面简单介绍土木工程学生应该掌握的两套 CAD 系统：AutoCAD、PKPMCAD。

1）绘图软件 AutoCAD

AutoCAD 是美国 Autodesk 公司推出的通用 CAD 和设计软件包。1982 年 12 月推出的 AutoCAD 1.0 版本，在 IBM－PC 机上仅是一个绘图包，它的功能只是绘图。AutoCAD 1.0 版本内嵌了 Lisp 语言，可用 C 语言构造，从绘图软件向绘图发展。AutoCAD 2000 版本，提供了内容丰富的开发平台，为开发提供了强大的工具。它既可以交互式绘图，也可以编程方式实现自动绘图。在土木工程中，AutoCAD 是建筑施工图绘制的主要工具，图 15.1 给出了 AutoCAD 绘图软件的用户界面。

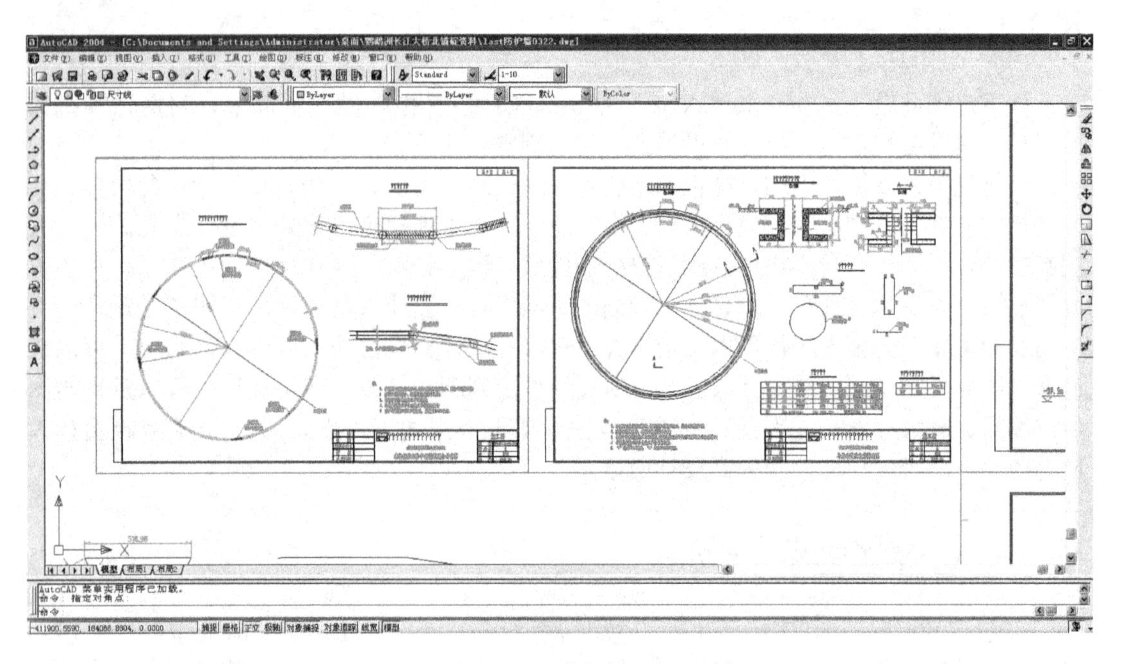

图 15.1　Auto CAD 的用户界面

2）结构设计软件 PKPM

PKPM 系统是由中国建筑科学研究院研究开发的一套计算机辅助设计软件，在中国土木工程领域中应用很广。PKPM 是面向钢筋混凝土框架、排架、框剪、砖混等结构，适用于一般多层工业与民用建筑、100 层以下复杂体型的高层建筑，是一个比较完整的设计软件。其中 PMCAD 软件采用人机交互方式，引导用户逐层对要设计的结构进行布置，建立起一套描述建筑物整体结构的数据。软件具有较强的荷载统计和传导计算功能，它能够方便地建立起要设计对象的荷载数据。PMCAD 成为 PK、PM 系列结构设计各软件的核心，为各功能设计提供了数据接口。PMCAD 软件用户界面如图 15.2 所示。

PKPM 系统的另一个主要部分是 PK 软件，它是钢筋混凝土框架、框排架、连续梁结构计算与施工图绘制软件。它是按照结构设计规范编制，其绘图方式有整体式与分开绘制式，能实现各种构件施工图的绘制。

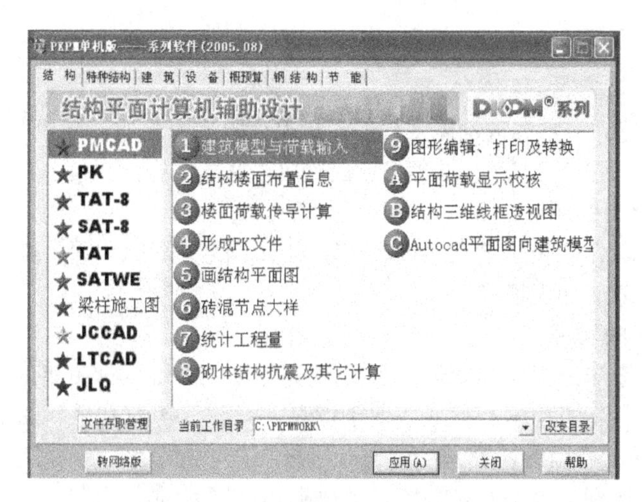

图 15.2 PMCAD 软件用户界面

15.2 人工智能与专家系统

15.2.1 人工智能

人工智能是计算机科学、控制论、信息论、神经生理学、语言学等学科互相渗透而发展起来的一门学科。40 多年来，人工智能(Artificial Intelligence，AI)获得了很大的发展，引起众多学科的日益重视，已成为一门具有广泛应用的交叉学科和前沿学科。人工智能的发展虽然已走过了 40 多年的历程，但是，人工智能至今尚无统一的定义。尽管学术界有各种各样的说法和定义，但就其本质而言，人工智能是研究、设计和应用智能机器或智能系统，来模拟人类智能活动的能力，以延伸人类智能的科学。人类智能活动的能力是指人类在认识世界和改造世界的活动中，经过脑力劳动表现出来的能力。一般地说，可概括为以下几方面。

(1) 通过视觉、听觉、触觉等感官活动，接受并理解文字、图像、声音、语言等外界信息，这就是认识和理解外界环境的能力。

(2) 通过人脑的生理与心理活动以及有关的信息处理过程，将感性知识抽象为理性知识，并能对事物运行的规律进行分析、判断和推理，这就是提出概念、建立方法，进行演绎和归纳推理、作出决策的能力。

(3) 通过教育、训练和学习过程，日益丰富自身的知识和技能，这就是学习的能力。

(4) 对不断变化的外界环境条件(如干扰、刺激等外界作用)能灵活地作出正确地反应，这就是自适应能力。

无论从什么角度来研究人工智能，都是通过计算机等现代工具来实现的。计算机科学与技术的飞速发展和计算机应用的日益普及，为人工智能的研究和应用奠定了良好的物质基础。

1. 人工智能的研究内容

1）人工智能的理论体系研究

人工智能都要建立完整的理论体系。需要在现有的知识表达、知识存储、知识推理等技术的基础上，进一步研究知识库、推理机、前置机以及人工智能系统分析和设计的理论。

2）广义知识模型的研究

人工智能需要研究能表达定性知识和定量知识，浅层知识和深层知识，阐述性、过程性和控制性知识的广义知识模型。

3）联想知识库的研究

为了解决大容量知识存储和管理，需要研究具有联想和学习功能的知识库、大型分布式知识库，能够进行高速检索和存取，便于增删、修改、扩充和更新的知识库。

4）专家系统开发环境的研究

研制第三代多学科综合型专家系统，解决知识“窄台阶”问题，需要建立高效率、通用性能好的专家系统开发环境，以便批量生产专家系统，扩大应用范围，推动知识工程的发展。

5）对智能控制与智能管理的研究

目前，计算机应用最广泛、最重要的是控制和管理领域，研究和开发智能控制与智能管理技术，具有重要的学术意义和实用价值。

6）高智能机器人及其应用研究

需要进一步研究新一代机器人的视觉、听觉和触觉，行动规划、协调控制、智能管理及其应用等问题。

2. 人工智能的研究目标

人工智能的研究目标可以分为远期目标和近期目标。远期目标是要制造智能机器。具体来说，就是要使计算机具有看、听、说、写的感知和交互功能，具有联想、推理、理解、学习的高级思维能力，还要有分析问题、解决问题的能力。即计算机像人一样具有自动获取知识和利用知识的能力，从而扩展和延伸人的智能。

从目前的技术水平来看，要全面地实现上述目标，还存在很多困难。人工智能的近期目标是实现机器智能，即先部分地或某种程度地实现机器的智能，从而使现有的计算机更加灵活、更好用，成为人类的智能化信息处理工具。

15.2.2 专家系统

专家系统(Expert System，ES)是一种计算机程序，是基于知识的智能程序，是以专家的水平来完成一些重要问题的计算机应用系统，是人工智能的一个分支。专家系统内部含有大量的某个领域的专家水平的知识与经验，能够运用人类专家的知识和解决问题的方法进行推理和判断，模拟人类专家的决策过程，来解决该领域的复杂问题。

1. 专家系统的特点

1）启发性

专家系统能运用专家的经验和知识进行推理、判断和决策。世界上大部分工作和知识都是非数学的，只有一小部分人类活动是以数学公式为核心，即使是化学和物理学科，大部分也是靠推理进行思考的，对于生物学、大部分医学、全部法律情况也是这样。企业管理的思考几乎全靠符号推理，而不是数值计算。因此，专家系统主要是利用领域专家的知识与经验进行推理，在推理过程中，利用专家的思维模式，用一些启发性知识引导整个过程的进行。

2）透明性

如同一个专家在解决实践中的问题一样，用户可以通过询问而知道专家为什么要问一些问题、专家解决这些问题的思维过程是怎么样的。专家系统能够解释本身的推理过程和回答用户提出的问题，以便让用户能够了解推理过程，提高对专家系统的信赖度。

3）灵活性

随着专家系统理论和实践的发展，其灵活性与日俱增。知识库和推理机的分离，使得原有知识不断更新，专家系统知识库中的知识可以不断地增长，不断更新，这样就极大地增强了它在生产中的应用范围，延长了专家系统的使用寿命。专家系统的工作原理如图 15.3 所示。

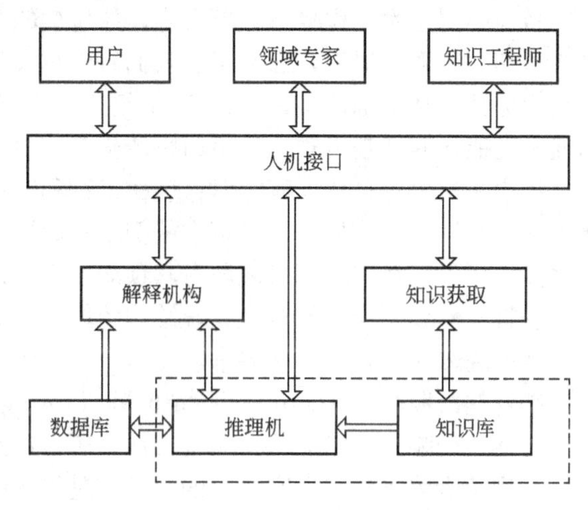

图 15.3　专家系统的工作原理

2. 专家系统的优点

(1) 专家系统能够高效、准确、周到、迅速和不知疲倦地进行工作。

(2) 专家系统解决实际问题时不受周围环境的影响，也不会遗漏或忘记。

(3) 专家系统的使用不受时间和空间的限制，可以在人不能工作的环境中进行工作，也可以使专家知识在专家奇缺的环境中得到推广和应用。

(4) 专家系统能够促进各领域的发展，它使各个领域的专家知识和经验得到总结和精练，能够广泛和有力地传播专家的知识、经验和能力。

(5) 专家系统能汇集领域专家的知识和经验以及他们协作解决重大问题的能力，它拥有更渊博的知识、更丰富的经验和更强的工作能力。

3. 专家系统的缺陷

1）推理能力相对较弱

专家系统的本质特征是基于规则的推理思维，由于逻辑推理理论还不完善、推理方法简单、控制策略不灵活，当多个设计专家的知识间发生矛盾时，容易出现匹配冲突、组合爆炸等问题，使专家系统的处理能力受到很大的影响。

2）知识受限于系统的知识域

专家系统不能像人那样，通过类比来推广知识以获得新的求解问题的方法。虽然通过规则的归纳，专家系统可以获得少许的新知识。但是创建一个专家系统的常用方法，即知识工程师访问专家、设计原型、测试，然后再重复，既费时，又费精力。实际上，把人类知识转化到专家系统这一问题是如此的繁杂，以至于人们称它为知识获取的瓶颈。

15.3 大型土木工程的健康监测

15.3.1 健康监测的概念

目前中国土木工程事故频繁发生，如桥梁的突然折断、房屋骤然倒塌等，造成了重大的人员伤亡和财产损失，已经引起人们对于重大工程安全性的关心和重视。另外，中国有一大部分桥梁和基础设施都是在20世纪50～60年代建造的，经过这么多年的使用，它们的安全性能如何、是否对人的生命财产构成威胁，这些都是亟待解决的问题。近些年，地震、洪水、暴风等自然灾害也对这些建筑物和结构造成不同程度的损伤；还有一些人为的爆炸等破坏性行为，如美国世贸大楼倒塌对周围建筑物的影响。这些越来越引起人们的密切关注，如果能在灾难到来之前对其预测，进行评估以趋利避害成为目前的焦点。对结构性能进行监测和诊断，及时地发现结构的损伤，对可能出现的灾害提前预警，评估其安全性已经成为未来工程的必然要求，也是土木工程学科发展的一个重要领域。

结构健康监测(Structural Health Monitoring，SHM)是指利用现场的无损传感技术，通过包括结构响应在内的结构系统特性分析，达到检测结构损伤或退化的目的。

结构健康监测技术研究的目的就是通过结构中的传感器网络来实时获取结构对环境激励(人为的或自然的)的响应，并从中提取结构的损伤和老化信息，为结构的使用和维护工作提供参考，因而可降低维护费用，预报灾难性事件的发生，将损失降低至最小。结构健康监测对结构的维护和及时加固以及对人们生命财产的营救有很大的作用。因此，鉴定结构物的健康状态是一件极具意义的工作。

15.3.2 健康监测的发展

结构健康监测技术在航天航空及机械工程领域已有成功运用的实例，但直到20世纪80年代中后期，结构健康监测才开始在桥梁结构上得到应用，许多国家在一些已建和在建的大跨径桥梁上进行了有益的尝试。土木工程结构健康监测开始得到充分的重视和推广，在一些经济发达地区，如美国、加拿大、日本、德国等，健康监测系统在大型桥梁、高层建筑、大型复杂结构、重要历史建筑中得到应用；日本在一栋大楼上安装了健康监测系统，该大楼安装有阻尼缓冲板，在经过一次较大规模的地震后增设FBG光纤传感器，用以监测结构的完整性和大楼的地震反应，实测结果表明该系统工作良好；德国在柏林新建的莱特火车站大楼安装了健康监测系统，该火车站位于柏林的市中心，屋顶由几千个玻璃方格组成，相邻支柱的垂直位移差要求不超过10mm；意大利在一个著名教堂安装了健康监测系统；Robert等开展了轻轨架空水泥结构的监测，实现了8个轨段在不同条件下，如施工时逐渐增加荷载、移动火车载荷作用等的在线监视和结构健康诊断；80年代后期，英国对在北爱尔兰的总长522m的三跨变高度连续钢箱梁桥Foyle桥安装了监测仪器，监测大桥运营阶段在车辆与风荷载作用下主梁的振动、挠度和应变等响应，同时监测环境风和结构温度场。该系统是最早安装的较为完整的健康监测系统之一，它实现了实时监测、实时分析和数据网络共享，试图探索一套有效的、可广泛应用于类似结构的监测系统。

土木工程结构健康监测在中国也得到迅速发展，国家科委重大应用基础性研究项目“攀登计划B”中就设立了“确保大型结构安全性与耐久性的综合监测系统”子课题。国内一些重要的大跨度桥梁工程应用健康监测的实例日渐增多，中国自20世纪90年代起也在一些大型桥梁上建立了不同规模的结构健康监测系统，香港的青马大桥、汲水门大桥和汀九大桥上安装了实时安全监测系统；重庆大佛寺长江大桥、钱江四桥、南京长江大桥等也先后完成了实时监测系统的安装，在高层建筑及新颖建筑，如地王大厦及深圳市民中心也建立了实时结构健康监测系统。对海洋平台结构，建立了海洋平台结构实时安全监测系统，对渤海JZ20－2MUQ石油平台实时监测。

15.3.3 健康监测系统

一般认为健康监测系统应包括下列几部分。

(1) 传感系统：由传感器、二次仪表及高可靠性的工控机等部分组成，用于将待测物理量转变为电信号。

(2) 信号采集与处理系统：一般安装于待测结构中，实现多种信息源、不同物理信号的采集与预处理，并根据系统功能要求对数据进行分解、变换以获取所需要的参数，以一定的形式存储起来。

(3) 信息系统：将处理过的数据传输到监控中心。

(4) 监控中心和报警设施：利用可实现诊断功能的各种软硬件对接收到的数据进行诊断，包括结构是否受到损伤以及损伤位置、损伤程度等。传感器监测到的实时信号，经过采集与处理，由通信系统传送到监控中心进行分析，判断损伤的发生、位置、程度，从而对结构的健康状况作出评估。一旦发现异常，则发出报警信息。

15.3.4 土木工程结构常见监测内容

土木工程结构的监测内容是可列举的，只要在通用结构监测系统中尽可能包括所有可能遇到的监测内容，同时在系统中设置自定义格式监测内容，以便对可能遇到的特别监测内容进行处理，就能够实现在同一平台下对不同结构建立监测方案。通常的土木工程结构的监测内容如下。

(1) 几何监测：测结构各部位的静态位置和静态位移，如桥梁墩、塔、锚碇的沉降和倾斜，主缆、主梁的线形变化，塔顶、楼顶的最大偏移等。

(2) 索力监测：监测预应力索、斜索、吊索、主缆的股索等索结构中索的内力变化。

(3) 应力、变应监测：监测结构局部构件的静动态荷载下应变、应力状态。

(4) 振动监测：监测结构动态荷载下的位移、速度、加速度或应变等随时间的变化，应用实验模态分析技术可以得到结构的位移模态或应变模态参数。

(5) 环境及荷载监测：监测交通荷载、人流荷载、温度、湿度、地震、风速风向、雨雪、风浪等结构荷载情况。

(6) 构件耐久性监测：监测混凝土强度、混凝土碳化深度、混凝土氯离子渗透深度、混凝土盐侵入程度、混凝土盐结晶程度、混凝土抗冻、钢筋锈蚀、钢梁锈蚀等。

(7) 构件表观检查：混凝土表面裂缝、钢筋保护层的剥落、构件连接状况、斜索防护层、锚固系统和减振装置状况等。

(8) 结构附属设施检查：对照明灯具、护栏等附属设施检查等。

健康监测系统各子系统之间的关系与流程如图 15.4 所示。

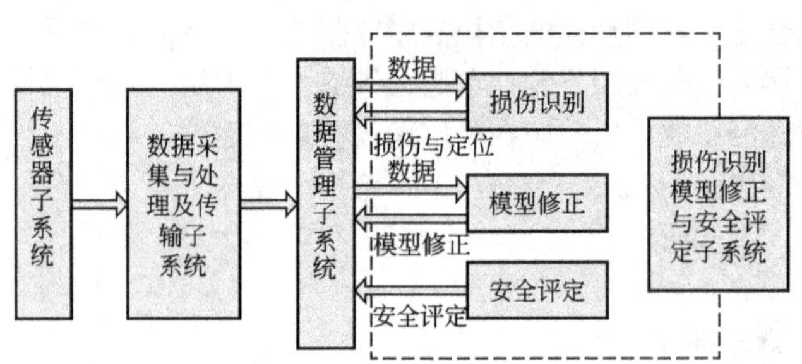

图 15.4　健康监测系统各子系统之间的关系与流程

本 章 小 结

随着计算机技术的发展，土木工程中也逐渐被融入了计算机技术。在设计过程中，人可以将创造性的思维活动，转换成计算机可处理的模型和程序，由计算机担负计算、信息存储和制图等工作。随着科技的发展，人们希望能实现机器智能，即先部分地或某种程度地实现机器的智能，从而使现有的计算机更加灵活；甚至希望计算机像人一样具有自动获取知识和利用知识的能力，从而扩展和延伸人的智能。在土木工程事故频发的现在还可通过工程的健康监测降低维护费用，预报灾难性事件的发生，将损失降低至最小。结构健康监测就是通过结构中的传感器网络来实时获取结构对环境激励(人为的或自然的)的响应，并从中提取结构的损伤和老化信息，为结构的使用和维护工作提供参考。

思 考 题

15-1　什么是专家系统，其特点是什么?

15-2　试分析专家系统的优缺点。

15-3　什么是结构健康监测?

15-4　通常的土木工程结构的监测内容有哪些?

15-5　请利用课余时间，熟悉 AutoCAD 和 PKPM 的对话框。

阅 读 材 料

香港青马大桥的健康监测

结构健康监测是指对工程结构实施损伤检测和识别。

青马大桥是配合香港国际机场而建的十大核心工程之一，于1992年5月开始兴建，历时5年竣工，造价71亿港元。青马大桥横跨青衣岛及马湾，桥身总长度2200m，主跨长度1377m。由于香港位于台风多发地区，而且悬索桥对风荷载比较敏感，为保证桥梁运营阶段的安全并获取桥梁运营期科研数据，香港路政署在这些桥上安装了监测系统，以便对桥梁的结构健康进行监测。

青马大桥采用的是LFC－WASHMS(Lantau－Fixed Crossings)监测系统。该系统在青马大桥上共装有283个传感器，是当时世界上规模最大、最复杂的大型桥梁健康监测系统。该系统中的传感器包括加速度传感器、应变计、温度传感器、位移传感器、水准仪、GPS系统、风速仪、车速车轴仪。监测内容主要包含荷载输入，如风荷载、车辆荷载等；结构特性，如结构整体动力特性等；结构响应，如挠度、应力、索力等。其监测仪器布置图如图15.5所示。

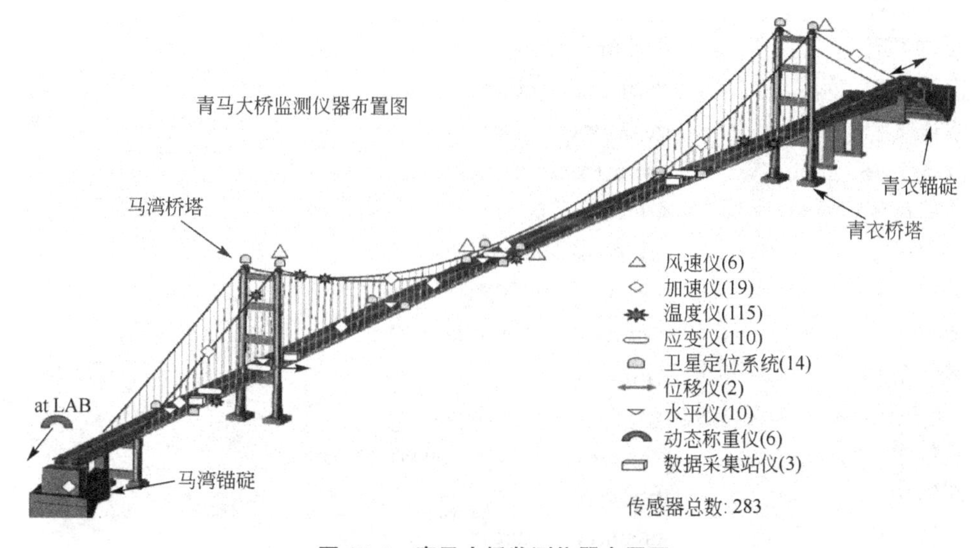

图15.5 青马大桥监测仪器布置图

健康监测系统分为6个部分：传感器系统、数据采集与传输系统、数据处理与控制系统、桥梁健康评估系统以及便携式数据采集与检测系统。这些系统相互联系，将桥梁数据进行采集、处理和反馈，并在结构超过预警线后进行预警，以提醒管理者采取适当措施去加以解决。这些健康监测系统代表了当时健康监测技术的世界级水平，综合运用了现代测量技术、数据通信技术、计算机图形与数据分析技术以及桥梁设计与养护技术等不同领域在当时的最新成果。

附录
土木工程常用的专业英语词汇

第1章 绪　　论

土木工程	civil engineering
建筑工程	building project
道路工程	road engineering
铁道工程	railway engineering
机场工程	airport engineering
隧道工程	tunneling
桥梁工程	bridge structure
港口工程	port engineering
地下工程	underground works
水利工程	water project
水电工程	hydroelectric engineering
给排水工程	water supply and sewerage works
木结构	timber structure
砖石结构	masonry structure
钢筋混凝土	reinforced concrete
预应力混凝土	prestressed concrete
钢结构	steel structure
施工机械	construction machinery
高层建筑	high - rise building

第2章 城市规划与建筑设计

城市群	city agglomeration
城市化	urbanization
城市规划	urban planning
基础设施	infrastructure
交通规划	traffic planning
建筑设计	architectural design

建筑结构	building structure
建筑材料	building material
建筑施工	building construction

第3章　土木工程材料

土木工程材料	civil engineering material
石灰	lime
石膏	gypsum
水泥	cement
混凝土	concrete
高强混凝土	high strength concrete
骨料	aggregate
砂浆	mortar
外加剂	admixture
胶凝材料	cementing material
墙体材料	walling material
功能材料	functional material
防水材料	waterproofing material
保温材料	thermal insulation material
装饰材料	decorative materials
合成高分子材料	synthetic high molecular
建筑钢材	construction steel
木材	timber
新建筑材料	new building material
生态混凝土	ecological concrete

第4章　地基与基础工程

地基	foundation
浅基础	shallow foundation
不均匀沉降	unequal settlement
深基础	deep foundation
桩基础	pile foundation
地基处理	ground treatment

第5章　建筑工程

构件	member
板	plate
梁	beam
柱	column
铰接	hinged connection
刚性连接	rigid coupling
剪力墙	shear wall
筒体结构	tube structure
绿色建筑	green building
智能建筑	intelligent building
特种结构	special structure

第6章　交通土建工程

路基	subgrade
涵洞	culvert
高速公路	free way
生态护坡	eco - protection slope
钢轨	steel rail
轨枕	sleeper
道床	ballask bed
地铁	subway
高速铁路	high speed railway
磁悬浮铁路	magnetic suspended railway
航站楼	terminal
隧道	tunnel
坡度	slope
衬砌	lining
盾构施工法	shield construction
新奥法	New Austrian Tunnelling Method
掘进机法	tunnel boring machine method
沉管法	immersed tunnelling method
管道工程	pipe engineering
管道系统	piping system
给水管道	water pipeline
排水管道	drainage pipeline

第7章 桥梁工程

立交桥	grade separation bridge
高架桥	viaduct
公路桥	highway bridge
公铁两用桥	bi - purposed bridge
梁桥	beam bridge
简支梁	simple supported beam
悬臂梁	cantilever beam
连续梁	continuous beam
跨度	span
拱桥	arch bridge
抗弯刚度	fle xural rigidity
抗震	earthguake - proof
斜拉桥	cable - stayed bridge
塔柱	pylon
悬索桥	suspension bridge
沉井	open caisson
沉降量	settlement
锚碇	anchorage
加劲梁	stiffening beam
弯矩	bending moment
剪力	shear force
静定结构	statically determinate structure
超静定结构	statically indeterminate structure
箱梁	box girder
圬工材料	masonry materiel
大跨度桥梁	large span bridge
钢管混凝土	concrete filled steel tube
斜拉杆	diagonal tie
加筋梁	stiffeing beam
主缆	main cable
主跨	main span
鞍座	saddle set

第 8 章　港口工程

港口	harbor
港口建筑	harbor construction
勘测	exploration and surveying
可行性研究	feasibility study
吞吐量	throughput
码头	wharf
承台	pile cap
失稳	unstability
防波堤	breakwater

第 9 章　地下工程

地下空间	underground space
国际隧道协会	International Tunnelling Association
人防工程	civil air defence works
地下街	underground street
地下商场	underground market
地下停车场	underground parking

第 10 章　水利水电工程

径流量	runoff
水利水电工程	hydraulic and hydro - power engineering
地下水	ground water
水利工程	water project
水库	reservoir storage
库容	reservoir capacity
水利枢纽	hydro complex
水电站	hydroelectric station
可再生能源	renewable energy source
水头	hydraulic head
大坝	dam
水轮机	hydraulic turbine
防洪工程	flood control works

堤防工程	dyke building
橡胶坝	rubber dam
三峡工程	Three Gorges Project
装机容量	installed capacity
混凝土重力坝	concrete gravity dam

第11章　市政工程和建筑环境

给水工程	water supply engineering
给水系统	feed water system
排水工程	waste water engineering
水处理	water treatment
管网	pipe network
中水	intermediate water
工业废水	industrial waste water
环境工程	environmental engineering
可持续发展	sustainable development

第12章　土木工程防灾与加固及改造工程

工程灾害	engineering disasters
地震带	seismic belt
地质灾害	geologic hazard
滑坡	landslide
地面塌陷	Surface collapse
灾害预防	disaster prevention
建筑加固	building reinforcement
建筑平移	building movement

第13章　土木工程建设管理

项目管理	project management
建筑管理	building management
地质勘察	geological exploration
工程项目	project item
工程预算	project cost budget
工程造价	project cost

工程验收	acceptance of project
招标	call for bids
投标	biding
建设监理	supervision of civil construction
信息处理	information procession
工程承包	contraction of project

第 14 章　房地产与物业管理

房产	house property
地产	landed estate，landed property
房地产	real estate
物业管理	estate management
房地产开发	real estate development
抵押贷款	mortgage load

第 15 章　现代土木工程与计算机技术

计算机辅助设计	computer aided design
人工智能	artificial intelligence
智能管理	intelligent management
专家系统	expert system
结构健康监测	structural health monitoring

参考文献

[1] 丁大钧，蒋永生. 土木工程概论 [M]. 2版. 北京：中国建筑工业出版社，2010.

[2] 段树金. 土木工程概论 [M]. 北京：中国铁道出版社，2005.

[3] 阎兴华，黄新. 土木工程概论 [M]. 北京：人民交通出版社，2005.

[4] 白茂瑞，胡长明. 土木工程概论 [M]. 北京：高等教育出版社，2005.

[5] 王绍周，关文吉，王维新. 管道工程设计施工与维护 [M]. 北京：中国建材工业出版社，2000.

[6] 周先雁，王解军. 桥梁工程 [M]. 北京：北京大学出版社，2008.

[7] 关宝树，杨其新. 地下工程概论 [M]. 成都：西南交通大学出版社，2001.

[8] 贾正甫，李章政. 土木工程概论 [M]. 成都：四川大学出版社，2006.

[9] 陶龙光，包肇伦. 城市地下工程 [M]. 北京：科学出版社，1996.

[10] 邵旭东. 桥梁工程 [M]. 2版. 北京：人民交通出版社，2007.

[11] 张光碧. 建筑材料 [M]. 北京：中国电力出版社，2006.

[12] 朱永全，宋玉香. 隧道工程 [M]. 北京：中国铁道出版社，2005.

[13] 徐礼华. 土木工程概论 [M]. 武汉：武汉大学出版社，2005.

[14] 叶志明. 土木工程概论 [M]. 3版. 北京：高等教育出版社，2009.

[15] 白丽华，王俊安. 土木工程概论 [M]. 北京：中国建材工业出版社，2002.

[16] 左云，陈明宪，赵跃宇. 桥梁健康监测及传感器的优化布置 [J]. 公路，2004，4：90-94.

[17] 周太全，郭力，陈鸿天. 香港青马大桥在交通荷载作用下的疲劳评估 [J]. 地震工程与工程振动，2002，22(5)：24-29.

[18] 程晓敏，史初例. 高分子材料导论 [M]. 合肥：安徽大学出版社，2006.

[19] 沈浦生. 混凝土结构设计 [M]. 3版 . 北京：高等教育出版社，2009.

[20] 茅以升. 彼此的抵达 [M]. 天津：百花文艺出版社，1998.

[21] 陈锦富. 城市规划概论 [M]. 北京：中国建筑工业出版社，2006.

[22] 邓友生. 树脂基碳纤维智能层检测混凝土梁裂缝 [J]. 华中科技大学学报(自然科学版)，2010，38(2)：94-96.

[23] 李德华. 城市规划原理 [M]. 3版. 北京：中国建筑工业出版社，2001.

[24] 田学哲. 建筑初步 [M]. 2版. 北京：中国建筑工业出版社，1999.

[25] 邢丽贞. 给排水管道设计与施工 [M]. 北京：化学工业出版社，2004.

[26] 张广忠，罗兆辉，易大和. 生态混凝土的研究进展与问题探讨 [J]. 福建建材，2009，6：4-6.

[27] 成桂枝. 建筑材料 [M]. 郑州：黄河水利出版社，2006.

[28] 刘光忱，刘志杰. 土木建筑工程概论 [M]. 大连：大连理工大学出版社，1999.

[29] 韩继云. 某文物建筑的平移改造工程 [J]. 特种结构，2011，28(2)：109-113.

[30] 吕西林. 建筑结构加固设计 [M]. 北京：科学出版社，2001.

[31] 刘富勤. 整体平移技术在城区改造中的应用研究 [D]. 武汉理工大学，2005.

[32] 万墨林，韩断云. 混凝土结构加固技术 [M]. 北京：中国建筑工业出版社，1995.

[33] 程大章. 智能建筑工程设计与实施 [M]. 上海：同济大学出版社，2001.

[34] 张九根，丁玉林. 智能建筑工程设计 [M]. 北京：中国电力出版社，2007.

[35] 邓友生，孙宝俊. 智能材料系统及其在土木工程中的应用研究 [J]. 建筑技术，2005，36(2)：92-95.

[36] 宓永宁，梁雪坷，孔德辉. 生态混凝土在生态护坡中的应用 [J]. 农业科技与装备，2009(2)：69-71.

[37] 李湘洲，邢克华，谢英文．建筑漫谈［M］．长春：长春出版社，1998.
[38] 李开周．千年楼市：穿越时空去古代置业［M］．广州：花城出版社，2009.
[40] 交通部公路管理司，中国公路学会．公路工程技术标准(JTJ 001—1997)［S］．北京：人民交通出版社，1998.
[41] 邓友生．苏通大桥主塔超大群桩基础沉降特性研究［J］．武汉理工大学学报，2008，30(7)：66-70.
[42] 江见鲸，叶志明．土木工程概论［M］．北京：高等教育出版社，2001.
[43] 张庆贺，朱合华，庄荣．地铁与轻轨［M］．北京：人民交通出版社，2002.
[44] 邓友生，刘钊，曹三鹏．智能预应力系统初探［J］．公路，2005(4)：24-28.
[45] 邓友生，孙宝俊．岩土生态加固的应用技术［J］．建筑技术，2004，35(2)：131-132.
[46] 邓友生，龚维明．考虑桩身压缩的高承台超长群桩沉降计算［J］．工程勘察，2008(1)：25-27.
[47] 邓友生，龚维明，袁爱民．超长大直径群桩沉降计算方法探讨［J］．铁道学报，2007，29(4)：87-90.
[48] 邓友生，彭晓钢，袁爱民．挤扩支盘单桩沉降计算［J］．重庆建筑大学学报，2007，29(4)：95-98.
[49] 邓友生，龚维明．苏通大桥主塔超大群桩基础沉降特性研究［J］．武汉理工大学学报，2008，30(7)：66-70.
[50] H. F. 温特科恩，方晓阳．基础工程手册［M］．钱鸿缙，叶书麟，等译．北京：中国建筑工业出版社，1983.
[51] 中国建筑科学研究院．建筑桩基技术规范(JG J 94—2008)［S］．北京：中国建筑工业出版社，2008.
[52] 铁道第三勘测设计院．铁路桥涵地基和基础设计规范(TB 10002.5—2005)［S］．北京：中国铁道出版社，2006.
[53] 中国建筑科学研究院．建筑地基基础设计规范(GB 50007—2002)［S］．北京：中国建筑工业出版社，2002.
[54] 交通部第三航务工程勘察设计院．港口工程桩基规范(JTJ 254—1998)［S］．北京：人民交通出版社，1998.
[55] 王伯惠，上官兴．中国钻孔灌注桩新发展［M］．北京：人民交通出版社，1999.
[56] 刘自明．桥梁深水基础［M］．北京：人民交通出版社，2003.
[57] 中交公路规划设计院有限公司．公路桥涵地基与基础设计规范(JTG D063—2007)［S］．北京：人民交通出版社，2007.
[58] 邓友生．超大钻孔灌注群桩基础沉降特性研究［D］．东南大学，2005.
[59] 吴鸣，赵明华．可持续发展的生态公路建设研究［J］．环境科学与管理，2009，34(10)：143-147.
[60] 吴鸣，曾伟波．公路建设的生态影响与生态公路［J］．华东公路，2008(1)：71-72.
[61] 周德培，张俊云．植被护坡工程技术［M］．北京：人民交通出版社，2003.
[62] 高增华．关于山区生态公路建设的探讨［J］．交通世界，2008(1)：157-159.
[63] 赵明华．岩质边坡生态防护现场及室内抗冲刷试验研究［J］．湖南大学学报(自然科学版)，2004，31(5)：77-81.
[64] 陈丽华．林木根系固土力学机制［M］．北京：科学出版社，2008.
[65] 蒋德松，蒋冲，赵明华．城市岩质边坡生态防护机理及试验［J］．中南大学学报(自然科学版)，2008，39(5)：1087-1093.
[66] 肖本林．根系生态护坡的机理及实验研究［J］．湖南大学学报(自然科学版)，2011，38(5)：19-23.
[67] 肖本林．根系生态护坡的有限元分析［J］．岩土力学，2011，32(6)：1881-1886.

北京大学出版社土木建筑系列教材(已出版)

序号	书名	主编	定价	序号	书名	主编	定价
1	*房屋建筑学(第 3 版)	聂洪达	56.00	53	特殊土地基处理	刘起霞	50.00
2	房屋建筑学	宿晓萍 隋艳娥	43.00	54	地基处理	刘起霞	45.00
3	房屋建筑学(上:民用建筑)(第2版)	钱 坤	40.00	55	*工程地质(第 3 版)	倪宏革 周建波	40.00
4	房屋建筑学(下:工业建筑)(第2版)	钱 坤	36.00	56	工程地质(第 2 版)	何培玲 张 婷	26.00
5	土木工程制图(第 2 版)	张会平	45.00	57	土木工程地质	陈文昭	32.00
6	土木工程制图习题集(第 2 版)	张会平	28.00	58	*土力学(第 2 版)	高向阳	45.00
7	土建工程制图(第 2 版)	张黎骅	38.00	59	土力学(第 2 版)	肖仁成 俞 晓	25.00
8	土建工程制图习题集(第 2 版)	张黎骅	34.00	60	土力学	曹卫平	34.00
9	*建筑材料	胡新萍	49.00	61	土力学	杨雪强	40.00
10	土木工程材料	赵志曼	38.00	62	土力学教程(第 2 版)	孟祥波	34.00
11	土木工程材料(第 2 版)	王春阳	50.00	63	土力学	贾彩虹	38.00
12	土木工程材料(第 2 版)	柯国军	45.00	64	土力学(中英双语)	郎煜华	38.00
13	*建筑设备(第 3 版)	刘源全 张国军	52.00	65	土质学与土力学	刘红军	36.00
14	土木工程测量(第 2 版)	陈久强 刘文生	40.00	66	土力学试验	孟云梅	32.00
15	土木工程专业英语	霍俊芳 姜丽云	35.00	67	土工试验原理与操作	高向阳	25.00
16	土木工程专业英语	宿晓萍 赵庆明	40.00	68	砌体结构(第 2 版)	何培玲 尹维新	26.00
17	土木工程基础英语教程	陈 平 王凤池	32.00	69	混凝土结构设计原理(第 2 版)	邵永健	52.00
18	工程管理专业英语	王竹芳	24.00	70	混凝土结构设计原理习题集	邵永健	32.00
19	建筑工程管理专业英语	杨云会	36.00	71	结构抗震设计(第 2 版)	祝英杰	37.00
20	*建设工程监理概论(第 4 版)	巩天真 张泽平	48.00	72	建筑抗震与高层结构设计	周锡武 朴福顺	36.00
21	工程项目管理(第 2 版)	仲景冰 王红兵	45.00	73	荷载与结构设计方法(第 2 版)	许成祥 何培玲	30.00
22	工程项目管理	董良峰 张瑞敏	43.00	74	建筑结构优化及应用	朱杰江	30.00
23	工程项目管理	王 华	42.00	75	钢结构设计原理	胡习兵	30.00
24	工程项目管理	邓铁军 杨亚频	48.00	76	钢结构设计	胡习兵 张再华	42.00
25	土木工程项目管理	郑文新	41.00	77	特种结构	孙 克	30.00
26	工程项目投资控制	曲 娜 陈顺良	32.00	78	建筑结构	苏明会 赵 亮	50.00
27	建设项目评估	黄明知 尚华艳	38.00	79	*工程结构	金恩平	49.00
28	建设项目评估(第 2 版)	王 华	46.00	80	土木工程结构试验	叶成杰	39.00
29	工程经济学(第 2 版)	冯为民 付晓灵	42.00	81	土木工程试验	王吉民	34.00
30	工程经济学	都沁军	42.00	82	*土木工程系列实验综合教程	周瑞荣	56.00
31	工程经济与项目管理	都沁军	45.00	83	土木工程 CAD	王玉岚	42.00
32	工程合同管理	方 俊 胡向真	23.00	84	土木建筑 CAD 实用教程	王文达	30.00
33	建设工程合同管理	余群舟	36.00	85	建筑结构 CAD 教程	崔钦淑	36.00
34	*建设法规(第 3 版)	潘安平 肖 铭	40.00	86	工程设计软件应用	孙香红	39.00
35	建设法规	刘红霞 柳立生	36.00	87	土木工程计算机绘图	袁 果 张渝生	28.00
36	工程招标投标管理(第 2 版)	刘昌明	30.00	88	有限单元法(第 2 版)	丁 科 殷水平	30.00
37	建设工程招投标与合同管理实务(第 2 版)	崔东红	49.00	89	*BIM 应用：Revit 建筑案例教程	林标锋	58.00
38	工程招投标与合同管理(第 2 版)	吴 芳 冯 宁	43.00	90	*BIM 建模与应用教程	曾浩	39.00
39	土木工程施工	石海均 马 哲	40.00	91	工程事故分析与工程安全(第 2 版)	谢征勋 罗 章	38.00
40	土木工程施工	邓寿昌 李晓目	42.00	92	建设工程质量检验与评定	杨建明	40.00
41	土木工程施工	陈泽世 凌平平	58.00	93	建筑工程安全管理与技术	高向阳	40.00
42	建筑工程施工	叶 良	55.00	94	大跨桥梁	王解军 周先雁	30.00
43	*土木工程施工与管理	李华锋 徐 芸	65.00	95	桥梁工程(第 2 版)	周先雁 王解军	37.00
44	高层建筑施工	张厚先 陈德方	32.00	96	交通工程基础	王富	24.00
45	高层与大跨建筑结构施工	王绍君	45.00	97	道路勘测与设计	凌平平 余婵娟	42.00
46	地下工程施工	江学良 杨 慧	54.00	98	道路勘测设计	刘文生	43.00
47	建筑工程施工组织与管理(第 2 版)	余群舟 宋会莲	31.00	99	建筑节能概论	余晓平	34.00
48	工程施工组织	周国恩	28.00	100	建筑电气	李 云	45.00
49	高层建筑结构设计	张仲先 王海波	23.00	101	空调工程	战乃岩 王建辉	45.00
50	基础工程	王协群 章宝华	32.00	102	*建筑公共安全技术与设计	陈继斌	45.00
51	基础工程	曹 云	43.00	103	水分析化学	宋吉娜	42.00
52	土木工程概论	邓友生	34.00	104	水泵与水泵站	张 伟 周书葵	35.00

序号	书名	主编	定价	序号	书名	主编	定价
105	工程管理概论	郑文新　李献涛	26.00	130	*安装工程计量与计价	冯　钢	58.00
106	理论力学(第 2 版)	张俊彦　赵荣国	40.00	131	室内装饰工程预算	陈祖建	30.00
107	理论力学	欧阳辉	48.00	132	*工程造价控制与管理(第 2 版)	胡新萍　王　芳	42.00
108	材料力学	章宝华	36.00	133	建筑学导论	裘　鞠　常　悦	32.00
109	结构力学	何春保	45.00	134	建筑美学	邓友生	36.00
110	结构力学	边亚东	42.00	135	建筑美术教程	陈希平	45.00
111	结构力学实用教程	常伏德	47.00	136	色彩景观基础教程	阮正仪	42.00
112	工程力学(第 2 版)	罗迎社　喻小明	39.00	137	建筑表现技法	冯　柯	42.00
113	工程力学	杨云芳	42.00	138	建筑概论	钱　坤	28.00
114	工程力学	王明斌　庞永平	37.00	139	建筑构造	宿晓萍　隋艳娥	36.00
115	房地产开发	石海均　王　宏	34.00	140	建筑构造原理与设计(上册)	陈玲玲	34.00
116	房地产开发与管理	刘　薇	38.00	141	建筑构造原理与设计(下册)	梁晓慧　陈玲玲	38.00
117	房地产策划	王直民	42.00	142	城市与区域规划实用模型	郭志恭	45.00
118	房地产估价	沈良峰	45.00	143	城市详细规划原理与设计方法	姜　云	36.00
119	房地产法规	潘安平	36.00	144	中外城市规划与建设史	李合群	58.00
120	房地产测量	魏德宏	28.00	145	中外建筑史	吴　薇	36.00
121	工程财务管理	张学英	38.00	146	外国建筑简史	吴　薇	38.00
122	工程造价管理	周国恩	42.00	147	城市与区域认知实习教程	邹　君	30.00
123	建筑工程施工组织与概预算	钟吉湘	52.00	148	城市生态与城市环境保护	梁彦兰　阎　利	36.00
124	建筑工程造价	郑文新	39.00	149	幼儿园建筑设计	龚兆先	37.00
125	工程造价管理	车春鹂　杜春艳	24.00	150	园林与环境景观设计	董　智　曾　伟	46.00
126	土木工程计量与计价	王翠琴　李春燕	35.00	151	室内设计原理	冯　柯	28.00
127	建筑工程计量与计价	张叶田	50.00	152	景观设计	陈玲玲	49.00
128	市政工程计量与计价	赵志曼　张建平	38.00	153	中国传统建筑构造	李合群	35.00
129	园林工程计量与计价	温日琨　舒美英	45.00	154	中国文物建筑保护及修复工程学	郭志恭	45.00

标*号为高等院校土建类专业"互联网+"创新规划教材。

如您需要更多教学资源如电子课件、电子样章、习题答案等，请登录北京大学出版社第六事业部官网 www.pup6.cn 搜索下载。

如您需要浏览更多专业教材，请扫下面的二维码，关注北京大学出版社第六事业部官方微信（微信号：pup6book），随时查询专业教材、浏览教材目录、内容简介等信息，并可在线申请纸质样书用于教学。

感谢您使用我们的教材，欢迎您随时与我们联系，我们将及时做好全方位的服务。联系方式：010-62750667，donglu2004@163.com，pup_6@163.com，lihu80@163.com，欢迎来电来信。客户服务 QQ 号：1292552107，欢迎随时咨询。